"十三五"国家重点出版物出版规划项目

面向可持续发展的土建类工程教育丛书

21世纪高等教育给排水科学与工程系列规划教材

# 建筑消防工程

## 第 2 版

李亚峰 唐 婧 余海静 等编著

机械工业出版社

本书在第 1 版的基础上，依据新的建筑消防相关规范和标准，参考了用户反馈的意见和建议，对相关内容进行了更新和调整。

本书介绍了建筑消防工程的基本知识、工程设计基本要求等，主要内容包括建筑火灾的特点与规律、建筑设计防火要求、建筑防烟排烟系统、建筑消防系统、火灾自动报警系统、地下工程与人防工程的消防、灭火器的配置等，重点讲述消火栓灭火系统、自动喷水灭火系统及其他灭火系统的组成、灭火原理、适用条件、设计计算方法等。

本书可作为高等学校给排水科学与工程、建筑环境与能源应用工程、安全工程、环境工程等专业的教材，也可作为消防培训教材，同时可供相关专业的工程技术人员参考。

本书配有电子课件，免费提供给选用本书的授课教师。需要者请根据书末的"信息反馈表"索取。

## 图书在版编目（CIP）数据

建筑消防工程/李亚峰等编著. —2 版. —北京：机械工业出版社，2019. 7（2024. 8 重印）

（面向可持续发展的土建类工程教育丛书）

"十三五"国家重点出版物出版规划项目　21 世纪高等教育给排水科学与工程系列规划教材

ISBN 978-7-111-63118-7

Ⅰ.①建…　Ⅱ.①李…　Ⅲ.①建筑物-消防-高等学校-教材　Ⅳ.①TU998.1

中国版本图书馆 CIP 数据核字（2019）第 133809 号

机械工业出版社（北京市百万庄大街 22 号　邮政编码 100037）
策划编辑：刘　涛　责任编辑：刘　涛　舒　宜
责任校对：佟瑞鑫　封面设计：陈　沛
责任印制：郜　敏
中煤（北京）印务有限公司印刷
2024 年 8 月第 2 版第 7 次印刷
184mm×260mm · 16 印张 · 396 千字
标准书号：ISBN 978-7-111-63118-7
定价：43.00 元

电话服务　　　　　　　　　网络服务
客服电话：010-88361066　　机 工 官 网：www.cmpbook.com
　　　　　010-88379833　　机 工 官 博：weibo.com/cmp1952
　　　　　010-68326294　　金 书 网：www.golden-book.com
**封底无防伪标均为盗版**　机工教育服务网：www.cmpedu.com

# 第2版前言

《建筑消防工程》第1版自2013年出版以来，得到了广大读者的认可，多次印刷。随着建筑业的快速发展，新技术、新工艺、新材料、新能源得到了广泛的应用，诱发火灾发生的因素也越来越多，发生火灾的危险性越来越大，因此对建筑消防提出了更高的要求。为了适应新的形势和技术要求，国家相关部门组织编制了《消防给水及消火栓系统技术规范》（GB 50974—2014）；将普通建筑和高层建筑设计防火规范进行了合并，颁布了新的《建筑设计防火规范》（GB 50016—2014）；同时修订了《自动喷水灭火系统设计规范》（GB 50084—2017）、《建筑防烟排烟系统技术标准》（GB 51251—2017）、《汽车库、修车库、停车场设计防火规范》（GB 50067—2014）等。为了能及时反映建筑消防工程的新技术及应用、相关规范新的技术要求，编者在第1版的基础上，对内容进行了更新和完善。

第2版由原来的7章调整为8章，将灭火器的配置单列一章，同时对部分章节的结构进行了微调。内容均按现行的设计规范编写，如建筑防火与消火栓系统不再分高层建筑和普通建筑，而是按《建筑设计防火规范》（GB 50016—2014）和《消防给水及消火栓系统技术规范》（GB 50974—2014）重新编写；自动喷水灭火系统、建筑防烟排烟系统和汽车库、修车库、停车场的防火设计也分别依据新的规范进行了修订。

本书共8章，第1章由李亚峰、满心祁、李倩倩编写；第2章由唐婧、杨嗣靖编写；第3章由余亚琴、刘梦佳编写；第4章由余海静、伍健伯编写；第5章由武利、赵斌鑫编写；第6章由吴昊、伍健伯编写；第7章由刘丽娜、张策编写；第8章由马学文、王思琪编写。全书由李亚峰统稿和定稿。

本书是沈阳建筑大学立项建设教材。

由于编写水平有限，对于书中缺点和错误之处，请读者不吝指教。

编者

# 第1版前言

　　建筑消防技术的推广与应用，对预防火灾和及时扑灭初期火灾，保证人民生命安全，减少火灾损失具有重要意义。随着高层建筑、地下建筑、大空间建筑和各类工业企业建筑的大量兴建，以及新型建筑材料、装饰材料的广泛应用，诱发建筑火灾发生的因素越来越多，发生火灾的危险性也越来越大，对建筑消防工程技术要求也越来越高。同时，建筑消防工程中应用的新技术和新设备也越来越多，及时掌握和了解消防新技术和新设备是十分必要的。

　　本书结合国家新的《建筑设计防火规范》，系统地介绍了建筑设计防火、建筑防排烟、建筑消防系统、火灾自动报警系统等相关内容。主要内容包括建筑火灾的特点与规律、建筑设计防火、建筑防排烟、消火栓灭火系统、自动喷水灭火系统、其他灭火系统、地下工程与人防工程的消防、火灾自动报警系统、灭火器的配置等，重点讲授各种消防系统的组成、灭火原理、适用条件、设计计算方法等。

　　本书共分7章，第1章由李亚峰、李军编写；第2章由李亚峰、蒋白懿编写；第3章由李亚峰、余亚琴编写；第4章的4.1~4.4由余海静编写；第4章的4.5~4.8、第6章由刘丽娜编写；第5章由吴昊编写；第7章由马学文编写。全书由李亚峰统编定稿。

　　由于我们的编写水平有限，书中缺点和错误之处，请读者不吝指教。

编者

2013 年 5 月

# 目　　录

第 2 版前言

第 1 版前言

第 1 章　建筑火灾与建筑消防工程 ……………………………………………… 1

　1.1　火灾的分类 …………………………………………………………………… 1

　1.2　燃烧的基本条件与灭火方法 ………………………………………………… 2

　1.3　常用灭火剂 …………………………………………………………………… 4

　1.4　建筑消防工程 ………………………………………………………………… 13

　1.5　消防管道常用材料及连接方式 ……………………………………………… 27

　1.6　常用消防设施图例 …………………………………………………………… 27

　思考题与习题 ……………………………………………………………………… 29

第 2 章　消火栓灭火系统 ………………………………………………………… 30

　2.1　室外消火栓给水系统 ………………………………………………………… 30

　2.2　室内消火栓给水系统 ………………………………………………………… 35

　思考题与习题 ……………………………………………………………………… 73

第 3 章　自动喷水灭火系统 ……………………………………………………… 74

　3.1　自动喷水灭火系统设置场所与火灾危险等级 ……………………………… 74

　3.2　自动喷水灭火系统的类型与系统选型 ……………………………………… 75

　3.3　闭式自动喷水灭火系统 ……………………………………………………… 76

　3.4　雨淋自动喷水灭火系统 ……………………………………………………… 102

　3.5　水幕系统 ……………………………………………………………………… 111

　3.6　水喷雾灭火系统 ……………………………………………………………… 116

　思考题与习题 ……………………………………………………………………… 123

第 4 章　其他灭火系统 …………………………………………………………… 124

　4.1　二氧化碳灭火系统 …………………………………………………………… 124

　4.2　蒸汽灭火系统 ………………………………………………………………… 130

　4.3　干粉灭火系统 ………………………………………………………………… 133

　4.4　泡沫灭火系统 ………………………………………………………………… 140

　4.5　消防炮灭火系统 ……………………………………………………………… 156

　4.6　气体灭火系统 ………………………………………………………………… 163

　4.7　SDE 灭火系统 ………………………………………………………………… 177

　思考题与习题 ……………………………………………………………………… 183

第 5 章　灭火器的配置 …………………………………………………………… 184

　5.1　灭火器配置场所的火灾种类和危险等级 …………………………………… 184

　5.2　灭火器与灭火器选择 ………………………………………………………… 186

　5.3　灭火器的设置 ………………………………………………………………… 195

5.4　灭火器的配置与设计计算 …………………………………………………………… 196

思考题与习题 …………………………………………………………………………… 203

第6章　地下工程与人防工程的消防 ………………………………………………… 204

6.1　地下工程的消防 …………………………………………………………………… 204

6.2　人防工程的消防 …………………………………………………………………… 209

思考题与习题 …………………………………………………………………………… 212

第7章　建筑防烟排烟系统 …………………………………………………………… 213

7.1　概述 ………………………………………………………………………………… 213

7.2　防烟系统 …………………………………………………………………………… 214

7.3　排烟系统 …………………………………………………………………………… 219

思考题与习题 …………………………………………………………………………… 230

第8章　火灾自动报警系统 …………………………………………………………… 231

8.1　火灾自动报警系统的组成与工作原理 …………………………………………… 231

8.2　火灾探测器 ………………………………………………………………………… 232

8.3　火灾报警控制器 …………………………………………………………………… 234

8.4　火灾自动报警控制系统的设计 …………………………………………………… 236

思考题与习题 …………………………………………………………………………… 246

附录　给水钢管（水煤气管）水力计算表 …………………………………………… 247

参考文献 ………………………………………………………………………………… 249

# 第1章
# 建筑火灾与建筑消防工程

## 1.1 火灾的分类

在时间和空间上失去控制的燃烧所造成的灾害称为火灾。火灾可以按燃烧对象、火灾损失严重程度或起火直接原因等进行分类。

### 1.1.1 按燃烧对象分类

火灾按燃烧对象可分为 A 类火灾、B 类火灾、C 类火灾和 D 类火灾。

#### 1. A 类火灾

A 类火灾是指普通固体可燃物燃烧而引起的火灾。这类火灾燃烧对象的种类很繁杂，包括木材及木制品、纤维板、胶合板、纸张、棉织品、化学原料及化工产品、建筑材料等。A 类火灾的燃烧过程非常复杂，其燃烧模式一般可分为以下四类：

1）熔融蒸发式燃烧，如蜡的燃烧。

2）升华式燃烧，如萘的燃烧。

3）热分解式燃烧，如木材、高分子化合物的燃烧。

4）表面燃烧，如木炭、焦炭的燃烧。

#### 2. B 类火灾

B 类火灾是指油脂及一切可燃液体燃烧而引起的火灾。油脂包括原油、汽油、煤油、柴油、重油、动植物油等；可燃液体主要包括酒精、乙醚等各种有机溶剂。这类火灾的燃烧实质上是液体的蒸气与空气进行燃烧。根据闪点的大小，可燃液体被分为三类：闪点小于 28℃ 的可燃液体为甲类火险物质，如汽油；闪点大于及等于 28℃、小于 60℃ 的可燃液体为乙类火险物质，如煤油；闪点大于及等于 60℃ 可燃液体为丙类火险物质，如柴油、植物油。

#### 3. C 类火灾

C 类火灾是指可燃气体燃烧而引起的火灾。按可燃气体与空气混合的时间，可燃气体燃烧分为预混燃烧和扩散燃烧。可燃气体与空气预先混合好后的燃烧称为预混燃烧；可燃气体与空气边混合边燃烧称为扩散燃烧。根据爆炸下限（可燃气体与空气组成的混合气体遇火源发生爆炸的可燃气体的最低含量）的大小，可燃气体被分为两类：爆炸下限小于 10%（体积分数）的可燃气体为甲类火险物质，如氢气、乙炔、甲烷等；爆炸下限大于及等于 10%（体积分数）的可燃气体为乙类火险物质，如一氧化碳、氨气、某些城市煤气。可燃气体绝大多数是甲类火险物质，只有极少数才属于乙类火险物质。

#### 4. D 类火灾

D 类火灾是指可燃金属燃烧而引起的火灾。可燃的金属有锂、钠、钾、钙、锶、镁、铝、钛、锌、锆、钍、铀、铪、钚。这些金属在处于薄片状、颗粒状或熔融状态时很容易着火，而且燃烧热很大，为普通燃料的 5~20 倍，火焰温度也很高，有的甚至超过 3000℃。另外，在高温条件下，这些金属能与水、二氧化碳、氮、卤素及含卤化合物发生化学反应，使常用灭火剂失去作用，必须采用特殊的灭火剂灭火。正是因为这些特点，才把可燃金属燃烧引起的火灾从 A 类火灾中分离出来，单独作为 D 类火灾。应该指出，虽然建筑物中钢筋、铝合金在火灾中不会燃烧，但受高温作用后，强度会降低很多。在 500℃ 时，钢材抗拉强度降低 50% 左右，铝合金则几乎失去抗拉强度。这一现象在火灾扑救时应给予足够的重视。

### 1.1.2 按火灾损失严重程度分类

按火灾损失严重程度可分为特大火灾、重大火灾和一般火灾。

#### 1. 特大火灾

特大火灾是指死亡 10 人以上（含 10 人），重伤 20 人以上，或死亡、重伤 20 人以上，或受灾 50 户以上，或烧毁财务损失 100 万元以上的火灾。

#### 2. 重大火灾

重大火灾是指死亡 3 人以上，受伤 10 人以上，或死亡、重伤 10 人以上，或受灾 30 户以上的火灾，或烧毁财务损失 30 万元以上的火灾。

#### 3. 一般火灾

不具备重大火灾的任一指标的火灾称为一般火灾。

### 1.1.3 按起火直接原因分类

火灾起火的直接原因可分为放火、违反电气安装安全规定、违反电气使用安全规定、违反安全操作规定、吸烟、生活用火不慎、玩火、自燃、自然灾害及其他。

## 1.2 燃烧的基本条件与灭火方法

### 1.2.1 燃烧的基本条件

燃烧是一种放热发光的化学反应。凡发生燃烧就必须同时具备燃烧的必要条件和充分条件。

发生燃烧的必要条件有三个：

第一是有可燃物。凡能与空气中的氧或其他氧化剂起剧烈反应的物质，都可称为可燃物。可燃物的种类繁多，按其物理状态，分为气体可燃物、液体可燃物和固体可燃物三种类别，如木材、纸张、汽油、乙炔、金属钠和钾等。

第二是有氧化剂（助燃物）。凡能帮助和支持燃烧的物质，即能与可燃物发生氧化反应的物质称为助燃物，如空气、氧、氯、氯酸钾、高锰酸钾、过氧化钠等。

第三是有着火源（温度）。着火源是指供给可燃物与氧或助燃剂发生反应的能量来源，最常见的有明火焰、赤热体、火星、电弧和电火花等。

所谓明火焰是最常见而且比较强的点火源，如一根火柴、一个烟头都会引起火灾。

所谓赤热体是指受到高温或电流因素作用，由于蓄热而具有较高温度的物体，如烧红了的铁块、金属设备等。

火星是在铁器与铁器或铁器与石头之间强力摩擦撞击时产生的火花。火星的能量虽小，但温度很高，约有 1200℃，故也能点燃如棉花、布匹、干草、糠类等易燃固体物质。

电弧和电火花是在两极间放电放出的火花，或者是击穿产生的电弧光，这些火花能引起可燃气体、液体蒸气和固体物质着火，是一种较危险的着火源。

在某些情况下，虽然具备了燃烧的三个必要条件，也不一定能发生燃烧。只有当可燃物的含量达到一定程度，并提供充足的氧，才能使燃烧发生并继续下去。如 $H_2$ 在空气中的体积分数达到 4% 以上才有可能发生燃烧和爆炸，否则就不会。因此，可燃物的含量和最低含氧量是发生燃烧的充分条件。

## 1.2.2　防火的基本措施

防火就是防止燃烧发生，实际上就是防止发生燃烧的三个必要条件同时具备。因此，一切防火措施都应该从这几个方面考虑：

（1）控制可燃物　用难燃或不燃的材料代替易燃、可燃材料；用水泥或混凝土结构代替木结构；用防火涂料代替可燃材料，提高耐火极限；对散发可燃气体或蒸气的场所加强通风换气，防止积聚形成爆炸性混合物；对装有易燃气体或可燃气体的容器关闭紧密，防止泄漏。

（2）隔绝助燃物　对使用生产易爆化学物品的生产设备实行密闭操作，防止与空气接触形成可燃混合物。如炼油厂的仓库，常用泡沫灭火系统隔绝空气防止冷却爆炸。

（3）消除着火源　防止可燃物附近有火源，消除火灾隐患，如仓库、油库、加油站严禁任何火源，在爆炸危险的场所安装整体防爆电气设备等。

（4）阻止火势蔓延　为防止火势蔓延，在建筑分区之间要设防火通道、防火墙、防火安全门或留防火间距；在面积较大的场所划分防火分区，用卷帘门隔开；在可燃气体管道上安装阻火器；塑料管道易燃，一旦着火，下层火舌会顺着管道蔓延到上层，所以在楼板下层管道上设阻火圈。

## 1.2.3　灭火方法及原理

灭火的技术关键就是破坏维持燃烧所需要的条件，使燃烧不能继续进行。灭火方法可归纳成冷却、窒息、隔离和化学抑制四种。前三种灭火方法是通过物理过程进行灭火，后一种方法是通过化学过程进行灭火。不论是采用哪种方法灭火，火灾的扑救都是通过上述四种方法的一种或综合几种方法作用而实现的。

### 1. 冷却法灭火

可燃物燃烧的条件（因素）之一，是在火焰和热的作用下，达到燃点、裂解、蒸馏或蒸发出可燃气体，使燃烧得以持续。冷却法灭火就是采用冷却措施使可燃物达不到燃点，也不能裂解、蒸馏或蒸发出可燃气体，使燃烧终止。如可燃固体冷却到自燃点以下，火焰就将熄灭；可燃液体冷却到闪点以下，并隔绝外来的热源，就不能挥发出足以维持燃烧的气体，火灾就会被扑灭。

水具有较大的热容量和很高的汽化热，是冷却性能最好的灭火剂，如果采用雾状水流灭火，冷却灭火效果更为显著。

建筑水消防设备不仅投资少、操作方便、灭火效果好、管理费用低，且冷却性能好，是冷却法灭火的主要灭火设施。

### 2. 窒息法灭火

窒息法灭火就是采取措施降低火灾现场空间内氧的含量，使燃烧因缺少氧气而停止。窒息法灭火常采用的灭火剂一般有二氧化碳、氮气、水蒸气及烟雾剂等。在条件许可的情况下，也可用水淹窒息法灭火。

重要的计算机房、贵重设备间可设置二氧化碳灭火设备扑救初期火灾，高温设备间可设置蒸汽灭火设备，重油储罐可采用烟雾灭火设备，石油化工等易燃易爆设备可采用氮气保护。采取恰当的方法利于及时控制或扑灭初期火灾，减少损失。

### 3. 隔离法灭火

隔离法灭火就是采取措施将可燃物与火焰、氧气隔离开来，使火灾现场没有可燃物，燃烧无法维持，火灾也就被扑灭。

石油化工装置及其输送管道（特别是气体管路）发生火灾，应关闭易燃、可燃液体的来源，将易燃、可燃液体或气体与火焰隔开，残余易燃、可燃液体（或气体）烧尽后，火灾就会被扑灭。电机房的油槽（或油罐）可设一般泡沫固定灭火设备；汽车库、压缩机房可设泡沫喷洒灭火设备；易燃、可燃液体储罐除可设固定泡沫灭火设备外，还可设置倒罐转输设备；气体储罐除可设置倒罐转输设备外，还可设置放空火炬设备；易燃、可燃液体和可燃气体装置，可设置消防控制阀等。一旦这些设备发生火灾事故，可采用隔离法灭火。

### 4. 化学抑制法灭火

化学抑制法灭火就是采用化学措施有效地抑制游离基的产生或者降低游离基的含量，破坏游离基的链锁反应，使燃烧停止。如采用卤代烷（1301、1211）灭火剂灭火，就是降低游离基的灭火方法。

抑制法灭火对于有焰燃烧火灾效果好，但对深部火灾，由于渗透性较差、灭火效果不理想，在条件许可情况下，应与水、泡沫等灭火剂联用，会取得满意的效果。

卤代烷灭火剂可以抑制易燃和可燃液体火灾（汽油、煤油、柴油、醇类、酮类、酯类、苯及其他有机溶剂等）、电气设备（发电机、变压器、旋转设备及电子设备）、可燃气体（甲烷、乙烷、丙烷、城市煤气等）、可燃固体物质（纸张、木材、织物等）的表面火灾。

由于卤代烷对大气臭氧层的破坏作用，应尽量限定特殊场所采用，一般不宜采用。

与卤代烷灭火效果相似或可以替代卤代烷的灭火剂，国内外正在研究中，有可能替代卤代烷的灭火剂有 FE-232、FE-25、CGE410、CEA614、HFC-23、HFC-227、NAF-S-Ⅲ、氟碘烃等。

干粉灭火剂的化学抑制作用也很好，且近年来不少类型干粉可与泡沫联用，灭火效果很显著。凡是卤代烷能抑制的火灾，干粉均能达到同样效果，但干粉灭火的不足之处是有污染。

化学抑制法灭火，灭火速度快，若使用得当，可有效地扑灭初期火灾，减少人员和财产的损失。

## 1.3　常用灭火剂

灭火剂的种类很多，其中常用的有水、卤代烷灭火剂、泡沫灭火剂、干粉灭火剂、二氧化碳灭火剂等。近几年，洁净环保型灭火剂应用越来越广泛，如 SDE 灭火剂、七氟丙烷、气溶胶等。

### 1.3.1 水

水是最常用的一种天然灭火剂。灭火时可以利用高压水泵和水枪产生直流水或开花水，直接喷射在燃烧面上灭火；或通过水泵加压并由喷雾水枪射出雾状水流进行灭火；也可以以水蒸气的形式施放到燃烧区使燃烧物质因缺氧而停止燃烧。

水的灭火机理主要有冷却作用、窒息作用、对水溶性可燃液体的稀释作用、冲击乳化作用及水力冲击作用等。灭火时，往往不是一种作用的单独结果，而是几种作用的综合结果，但一般情况下，冷却是水的主要灭火作用。当然，灭火时水流的形态不同，水的各种灭火作用在灭火中的地位也就不同，如直流水或开花水灭火的主要作用是冷却和水力冲击，水蒸气灭火的主要作用是窒息，喷雾水灭火的主要作用是冲击乳化。灭火的对象不同，水的主要灭火作用也不相同，如用水扑救水溶性可燃液体火灾时，水的主要灭火作用是稀释。

用水作灭火剂，具有灭火效果好、使用方便、价格便宜、器材简单等优点，而且适用于多种类型的火灾。因此，水是建筑最主要的灭火剂。

但水不是万能的灭火剂，对下列火灾不能用水扑救。

1) 不能用来扑救"遇水燃烧物质"的火灾，如活泼金属类、金属氢化物类、金属碳化物类、金属磷化物类、硼氢化物类、金属氰化物类、金属硅化物类及金属硫化物类等。因为这类物质与水能发生反应，产生可燃气体，同时放出一定热量，当温度达到可燃气体的自燃点或可燃气体接触明火时，便会燃烧或爆炸。

2) 一般情况下，不能用直流水扑救可燃粉尘（面粉、铝粉、糖粉、煤粉、锌粉等）聚集处的火灾，因为粉尘被水流冲击后会悬浮在空气中，易与空气形成爆炸性混合物。

3) 在没有良好的接地设备或没有切断电源的情况下，一般不能用直流水扑救高压电气设备火灾。

4) 不宜用直流水扑救橡胶、褐煤的粉状产品的火灾。由于水不能浸透或很难浸透这些燃烧介质，因而灭火效率很低。只有在水中添加润湿剂，提高水流的浸透力，才能用水有效地扑灭。

5) 不能用直流水扑救轻于水且不溶于水的可燃液体火灾，因为这些液体会漂浮在水面上随水流散，可能助长火势扩大，促使火灾蔓延。

6) 不能用水扑救储存有大量浓硫酸、浓硝酸场所的火灾，因为水与酸液接触会引起酸液发热飞溅。

7) 不宜用水扑救某些高温生产装置或设备火灾，因为这些高温装置或设备的金属表面受到水流突然冷却时，会影响机械强度，可能使设备遭到破坏。

水的灭火形态有直流水、开花水和雾状水三种。其中直流水和开花水是由消火栓所接水枪喷出的柱状或开花水枪喷出的滴状水流，主要用于扑救 A 类固体火灾，或闪点在 120℃ 以上、常温下呈半凝固状态的重油火灾，以及石油或天然气井喷火灾。雾状水主要指水滴直径小于 $100\mu m$ 的水流，用于扑救粉尘、纤维状物质及高技术领域的特殊火灾，如计算机房、航天飞行器舱内火灾，以及现代大型企业的电器火灾。雾状水有利于水对燃烧物的渗透，温降快，容易汽化，汽化后体积增大约 1700 倍，稀释了火焰附近的氧气，窒息了燃烧反应，有效地控制了热辐射，它的灭火效率高，水渍损失小。

### 1.3.2 泡沫灭火剂

凡能够与水混合并可通过化学反应或机械方法产生灭火泡沫的灭火药剂，称为泡沫灭火剂。泡沫灭火剂一般由发泡剂、泡沫稳定剂、降黏剂、抗冻剂、助溶剂、防腐剂和水组成。

按泡沫生成原理，泡沫灭火剂可分为化学泡沫灭火剂和空气泡沫灭火剂。化学泡沫是通过硫酸铝和碳酸氢钠的水溶液发生化学反应产生的，泡沫中包含的气体为二氧化碳。空气泡沫是通过空气泡沫灭火剂的水溶液与空气在泡沫产生器中进行机械混合搅拌而生成的，所以空气泡沫又称为机械泡沫，泡沫中所含气体为空气。

按发泡倍数，泡沫灭火剂可分为低倍数泡沫灭火剂、中倍数泡沫灭火剂和高倍数泡沫灭火剂；按用途，泡沫灭火剂可分为普通泡沫灭火剂和抗溶泡沫灭火剂。

化学泡沫灭火剂属低倍数泡沫灭火剂。空气泡沫灭火剂种类繁多，按泡沫的发泡倍数，可分为低倍数泡沫、中倍数泡沫和高倍数泡沫三类。低倍数泡沫灭火剂的发泡倍数一般在20倍以下，中、高倍数灭火剂的发泡倍数一般在20~1000倍。根据发泡剂的类型和用途，低倍数空气泡沫灭火剂又分为蛋白泡沫、氟蛋白泡沫、水成膜泡沫、合成泡沫、抗溶性泡沫五种类型。

泡沫灭火是由泡沫灭火剂的水溶液通过化学、物理的作用，填充大量的气体后形成无数的小气泡。气泡的相对密度范围为0.001~0.5，远小于可燃易燃液体的相对密度，可以覆盖在液体表面，形成泡沫覆盖层。泡沫灭火的作用机理有：

1）泡沫在燃烧物表面形成泡沫覆盖层，可以使燃烧物表面与空气隔绝。

2）泡沫层封闭了燃烧物表面，可以隔断火焰的热辐射，阻止燃烧物本身与附近可燃物的蒸发。

3）泡沫析出的液体对燃烧表面进行冷却。

4）泡沫受热蒸发产生的水蒸气可以降低燃烧物附近氧的含量。

泡沫灭火剂主要用于扑救可燃液体的火灾，是石化企业主要使用的灭火剂。各类泡沫灭火剂性能比较见表1-1。

表 1-1 泡沫灭火剂的性能比较

| 分类 | 名称 | 组成 | 优缺点 | 扑救场所 |
|---|---|---|---|---|
| 化学泡沫灭火剂 | YP型普通化学泡沫 | 硫酸铝、碳酸氢钠+水解蛋白稳定剂 | 泡沫黏稠、流动性差、灭火效率低、不能久储 | A类及B类非水溶性油类液体 |
| | YPB型 | YP+氟碳蛋白表面活性剂+碳氢蛋白表面活性剂 | 泡沫黏度小、流动性好、自封性好、灭火效率高，为同容量YP型灭火剂的2~3倍，储存期长 | A类及B类非水溶性油类液体，但不能扑救水溶性液体 |
| 空气泡沫灭火剂 | 蛋白泡沫灭火剂 | 蛋白泡沫灭火剂以动植物蛋白质或植物性蛋白质在碱性溶液中浓缩液为基料，加入适当的稳定剂、防腐剂和防冻剂等添加剂的起泡性液体 | 该灭火剂具有成本低、泡沫稳定，灭火效果好，污染少等优点。但流动性差影响了灭火效率。该泡沫耐油性低，不能以液下喷射方式扑救油罐火灾 | 各种石油产品、油脂等火灾，也可扑救木材，油罐灭火，在飞机跑道上灭火 |

（续）

| 分类 | 名称 | 组成 | 优缺点 | 扑救场所 |
|---|---|---|---|---|
| 空气泡沫灭火剂 | 氟蛋白泡沫灭火剂 | 蛋白泡沫基料+氟碳表面活性剂配制而成 | 克服了蛋白泡沫灭火剂的缺点，同时可以液下喷射方式扑救油罐火灾。与干粉（ABC类）的相溶性好；可采用液下喷射方式 | 可扑救大型储罐散装仓库、输送中转装置、生产加工装置，油码头的火灾及飞机火灾 |
| | 水成膜泡沫灭火剂 | 氟碳表面活性剂，无氟表面活性剂和改进泡沫性能的添加剂（泡沫稳定剂、抗冻剂、助溶剂以及增黏剂）及水组成 | 具有剪切应力小，流动性小，泡沫喷射到油面上时，泡沫能迅速展开，并结合水膜的作用把火势迅速扑灭的优点 | 适用于扑救石油类产品和贵重设备。油罐可以采用液下喷射方式 |
| | 高倍数泡沫灭火剂 | 以合成表面活性剂为基料的泡沫灭火剂。与水按一定的比例混合后通过高倍泡沫灭火剂产生器，可产生数百倍以上甚至千倍的泡沫 | 1min内产生1000m³以上的泡沫，泡沫可以迅速充满着火的空间，使燃烧物与空气隔绝，使火焰窒息 | 主要用于扑救非水溶性可燃易燃液体的火灾。如油罐漏滴、防火堤内的火灾，以及仓库、飞机库、地下室、地下街室、煤矿坑道的火灾 |
| | 抗溶性泡沫灭火剂 | 在蛋白质水解液中+有机酸金属络合盐 | 析出的有机酸金属皂在泡沫上形成连续的固体薄膜。这层膜能使泡沫持久地覆盖在溶剂液面上起到灭火的作用 | 扑救水溶性易燃、可燃液体火灾，如醇、脂、醚、醛、酮、有机酸、氨等 |

### 1.3.3　干粉灭火剂

干粉灭火剂是一种干燥的、易于流动的固体粉末，一般借助于灭火器或灭火设备的气体压力将干粉从容器中喷出，以粉雾的形式扑灭火灾。干粉灭火剂按其使用范围可分为普通干粉和多用干粉两大类。

普通干粉主要用于扑救B类火灾、可燃气体火灾（C类火灾）及带电设备的火灾，因而又称BC干粉。这类干粉的主要品种有碳酸氢钠干粉、改性钠盐干粉、钾盐干粉和氨基干粉。

多用干粉除了可扑救B类火灾、C类火灾和带电设备火灾外，还可扑救一般固体物质火灾（A类火灾），因而又称ABC干粉。这类干粉的主要品种有磷酸盐干粉和铵盐干粉。干粉灭火剂的性能比较见表1-2。

干粉灭火剂平时储存在干粉灭火器或干粉灭火设备中。灭火时靠加压气体$CO_2$或$N_2$的压力将干粉从喷嘴射出，形成一股夹着加压气体的雾状粉流，射向燃烧物。干粉与火焰接触发生一系列物理化学反应。如碳酸氢钠干粉，受高温作用分解的化学反应方程式如下：

$$2NaHCO_3 =\!=\!= Na_2CO_3 + H_2O + CO_2 \uparrow$$

该反应是吸热反应，反应放出大量的二氧化碳和水。水受热变成水蒸气并吸收大量的热量，起到冷却、稀释可燃气体的作用。干粉进入火焰后，由于干粉的吸收和散射作用，减少火焰对燃料的热辐射，降低液体的蒸发速率。

表 1-2　干粉灭火剂的性能比较

| 干粉基料名称 | 组成 | 灭火原理 | 优缺点 | 扑救场所 |
|---|---|---|---|---|
| 碳酸氢钠（BC 类） | 滑石粉、云母粉、硬脂酸镁 | 用干燥的 $CO_2$ 或 $N_2$ 作动力，将干粉从容器中喷出，形成粉雾喷射到燃烧区，以粉气流的形式扑灭火灾 | 成本低，应用范围广，灭火速度快，但流动性和斥水性差 | 易燃液体、气体带电设备、木材、纸张等 A 类 |
| 全硅化碳酸氢钠 | 活性白土、云母粉、有机硅油 | | 防潮、不易结块，流动性好，储存期长，灭火效率相对高 | |
| 磷铵干粉（ABC 类） | 磷酸三铵、磷酸氢二铵、磷酸二氢铵 | | 采用全硅化的防潮工艺，使干粉颗粒形成疏水的保护层，达到防潮、不结块目的，但价格昂贵 | 可燃固体、可燃液体、可燃气体及带电设备的火灾 |
| | 氯化钠、氯化钾 | | | 金属火灾 |

注：1. BC 与 ABC 干粉灭火剂不兼容。
　　2. BC 类干粉与蛋白泡沫或化学泡沫不兼容。

碳酸氢钠干粉是普通干粉的一种，其主要成分为：碳酸氢钠 92% ~ 94%，滑石粉 2% ~ 4%，云母粉 2%，硬脂酸镁 2%。主要用于扑救 B 类火灾、C 类火灾和带电设备火灾。

碳酸氢钠干粉由于产品成本低、价格便宜、应用范围广、灭火速度快等特点，是产量最大、使用最多的一种灭火剂。

但碳酸氢钠干粉的缺点是流动性和斥水性差，灭火效率低。为了克服这些缺点，采用了全硅化防潮工艺，从而使得全硅化碳酸氢钠干粉的防潮和抗结块性能显著提高，具有流动性好、储存期长、不易受潮结块等优点，灭火效率也有所提高。

磷酸铵盐干粉又称磷铵干粉，是多用干粉的一种。它不仅用于扑救 B 类火灾、C 类火灾和带电设备火灾，还可用于扑救 A 类火灾。

磷酸铵盐干粉是以磷酸的铵盐（磷酸二氢铵和磷酸氢二铵）为主要基料，加入硫酸铵、各种添加剂和硅油等制成。

使用干粉灭火剂应注意以下两点：

1）干粉灭火剂不能与蛋白泡沫和一般泡沫联用，因为干粉对蛋白泡沫和一般合成泡沫有较大的破坏作用。

2）对于一些扩散性很强的气体，如氢气、乙炔气体，干粉喷射后难以稀释整个空间的气体，所以对于精密仪器、仪表会留下残渣，故干粉灭火不适用。

## 1.3.4　卤代烷灭火剂

卤代烷是卤素原子取代烷烃分子中的部分或全部氢原子后得到的一类有机化合物的总称。一些低级烷烃的卤代物具有不同程度的灭火作用，这些具有灭火作用的低级卤代烷称为卤代烷灭火剂。

卤代烷灭火剂主要通过抑制燃烧的化学反应过程，使燃烧中断，达到灭火的目的。其作用是通过去除燃烧连锁反应中的活泼性物质来完成的，这一过程称为断链过程和抑制过程，与干粉灭火剂作用相似。而其他灭火剂大都是冷却和稀释等物理过程。

常用的卤代烷灭火剂有 1301 和 1211 两种，它们又叫"哈龙"灭火剂。

1301 灭火剂，即三氟一溴甲烷，化学分子式为 $CF_3Br$，是一种无色无味的气体。卤代烷 1301 是一种能够用于扑救多种火灾的有效灭火剂。它主要是通过高温分解对燃烧反应进行抑制，中断燃烧的链式反应，使火焰熄灭，因而具有很高的灭火效力，并可使灭火过程在瞬间完成。此外，它还具有不导电、耐贮存、腐蚀性小、毒性较低、灭火不留痕迹等优点。

1301 灭火系统适用于扑救下列火灾：

1）气体火灾，如甲烷、乙烷、丙烷、煤气、天然气等火灾。

2）液体火灾，如煤油、汽油、柴油以及醇、醛、酮、醚、酯、苯类的火灾。

3）固体的表面火灾，如纸张、木材、织物的初起火灾，以及塑料、橡胶等的火灾。

4）电气火灾，如变配电设备、发电机、电动机、电缆等的火灾。

1301 灭火系统不适用于扑救下列物质火灾：

1）硝化纤维、炸药、氧化氮、氟等无空气仍能迅速氧化的化学物质与强氧化剂。

2）钾、钠、钛、锆、铀、钚、氢化钾、氢化钠等活泼金属及其氢化物，联氨等能自行分解的化学物质。

3）能自燃的物质及氧化氮、氟等强氧化剂。

1211 灭火剂，即二氟一氯一溴甲烷，化学分子式为 $CF_2ClBr$，是一种无色、略带芳香气味的、低毒、不导电的气体。它的应用范围仅次于 1301 灭火剂。

1211 灭火剂的主要特点有：

1）灭火速度快，用量少。1211 灭火时间一般在 1s 内。对同一种可燃物质的火灾，1211 灭火剂用量仅为 $CO_2$ 的 1/3。

2）灭火后不留残渣、残迹，不污损仪表设备，不降低油质，不污损纸张，是防护计算机、文物档案馆的理想灭火剂。

3）易汽化，可用于空间火灾扑救。电绝缘性良好，是电气设备火灾扑救的理想灭火剂。

4）化学稳定性和热稳定性都较好，能长期储存，有效储存使用期在 5 年以上。

1301 灭火剂和 1211 灭火剂都是以液态充装在容器里，并用氮气或二氧化碳加压作为灭火剂的喷射动力。灭火时，卤代烷从喷嘴喷入燃烧区，几秒钟内即可把火扑灭。

卤代烷灭火剂一般适用于贵重设备机房、计算机房、电子设备室、图书档案馆等既怕水又怕污染的场所，危险性较大且重要的易燃和可燃液体、气体储藏室的火灾场所，建筑内发电机房、变压器室、油浸开关、采油平台、地下工程重要部位。

哈龙灭火剂在灭火、防爆和抑爆方面具有优越的性能，在世界各地也获得广泛应用。但由于哈龙属于含溴的烃类衍生物，对大气臭氧层有巨大的破坏作用，《关于消耗臭氧层物质的蒙特利尔议定书》修正案规定，工业发达国家停止哈龙生产和消费的最后期限是 1994 年，不发达国家可延长至 2005 年。按规定我国在 2005 年以前全部淘汰哈龙 1211，2010 年以前全面淘汰哈龙 1301。

### 1.3.5　二氧化碳灭火剂

二氧化碳（$CO_2$）是一种不燃烧、不助燃的惰性气体，自身无色、无味、无毒，密度约比空气大 50%。长期存放不变质，灭火后能很快散逸，不留痕迹，在被保护物表面不留残余物，也没有毒害。

二氧化碳灭火剂的主要灭火作用是窒息和冷却，在窒息作用和冷却作用中，窒息作用又是主要的。$CO_2$ 灭火剂是以液态的形式加压充装在灭火器中，由于 $CO_2$ 的平衡蒸气压高，瓶阀一打开，液体立即通过虹吸管、导管和喷嘴并经过喷筒喷出，液态的 $CO_2$ 迅速汽化，并从周围空气中吸收大量的热，（1kg 液态 $CO_2$ 汽化时需要 578kJ 热量）。但由于喷筒隔绝了对外界的热传导，因此，液态 $CO_2$ 汽化时，只能吸收自身的热量。导致液体本身温气急剧降低，当其温度下降到 -78.5℃（升华点）时，就有细小的雪花状 $CO_2$ 固体出现。所以，灭火剂喷射出来的是温度很低的气体和固体的 $CO_2$。尽管 $CO_2$ 温度很低，对燃烧物有一定的冷却作用，然而这种作用远不足以扑灭火焰。它的灭火作用主要是增加空气中不燃烧、不助燃的成分，使空气中的氧气含量减少。

二氧化碳灭火剂适用于扑救各种可燃、易燃液体火灾和那些受到水、泡沫、干粉灭火剂的沾染而容易损坏的固体物质的火灾。另外，二氧化碳是一种不导电的物质，其电绝缘性比空气还高，可用于扑救带电设备的火灾。二氧化碳灭火剂不得用于扑救含氧化剂的化学制品火灾（如硝化纤维、火药等）、活泼金属火灾（如钾、钠、镁、钛等）及金属氢化物火灾（如氢化钾、氢化钠等）。

二氧化碳灭火剂的缺点是高压储存时压力太高，低压储存时又需要制冷设备。

## 1.3.6　七氟丙烷气体灭火剂

七氟丙烷气体灭火剂是美国大湖公司研制生产的卤代烃灭火剂的一种，分子式为 $CF_3CHFCF_3$。它无色无味，在一定的压力下呈液态储存。

七氟丙烷的灭火机理与卤代烷系列灭火剂的灭火机理相似，以化学灭火为主。七氟丙烷灭火剂在火灾中通过热解能够产生含氟的自由基，进而与燃烧反应过程中产生支链反应的 $H^+$、$OH^-$ 等活性自由基发生气相作用，从而中断燃烧过程中化学连锁反应的链传递。另外，七氟丙烷在汽化的过程中要吸收大量的热量，因而具有冷却灭火的作用。

七氟丙烷具有以下的优点：

1）高效，低毒。毒性测试表明，其毒性比 1301 还要低，适用于经常有人工作的防护区。

2）不导电，不含水性物质，不会对电器设备、磁带、资料等造成损害，并能提供有效防护。

3）不含固体粉尘、油渍。它是液态储存，气态释放；喷出后可自然排出或由通风系统迅速排除；现场无残留物，不受污染，善后处理方便。

由于七氟丙烷灭火系统属于全淹没灭火系统，因此防护区应该是有限封闭的空间。七氟丙烷灭火设计体积浓度根据灭火对象确定，一般为 7%～10%。虽然七氟丙烷气体灭火剂的大气臭氧损坏值 ODP＝0，不破坏臭氧层，但温室效应值 GMP＝0.6，对大气破坏的永久性程度为 42，大气存留时间为 31 年，这是一大缺陷。英美等国已将其列入受控使用计划之列，不宜作长期哈龙替代物。另外，七氟丙烷气体灭火剂密度较空气轻，1min 扑灭表面火灾后，很快就向上漂浮，对深位火灾灭火效果不好。

七氟丙烷气体灭火剂可用于扑救下列火灾：

1）液体火灾或可熔化的固体火灾。

2）电气火灾。

3）固体表面火灾。

4）灭火前能断气源的气体火灾。

适用于有人占用场所，对电子仪器设备、磁带资料等不会造成损害。

## 1.3.7　气溶胶灭火剂

气溶胶灭火剂是通过固体氧化剂与还原剂发生化学反应（燃烧）而产生的固体与气体混合物。其中固体颗粒主要是金属氧化物、碳酸盐或碳酸氢盐、炭粒和少量金属碳化物（主要是钾和钾盐），气体产物是 $N_2$、$CO_2$ 和少量 $CO$。固体微粒的粒径大部分小于 $1\mu m$，悬浮于气体介质中。由于微粒极为细小，具有非常大的比表面积，因此成为较好的灭火剂。

气溶胶的灭火机理比较复杂，一般认为有以下几种作用：

1）吸热分解的降温作用。金属氧化物 $K_2O$ 在温度大于 350℃ 时就会分解，$K_2CO_3$ 的熔点为 891℃，超过此温度即分解，并存在着强烈的吸热反应。

2）气相化学抑制作用。在热的作用下，气溶胶中的固体微粒离解出的 K 可能以蒸气或阳离子的形式存在。在瞬间它可能与燃烧中的活性基团 H·、OH· 和 O· 发生多次链反应，消耗活性基团和抑制活性基团 H·、OH· 和 O· 之间的放热反应，对燃烧反应起到抑制作用。

3）固体颗粒表面对链式反应的抑制作用（固相化学抑制作用）。气溶胶中的固体微粒具有很大的表面积和表面能，在火场中被加热和发生裂解需要一定的时间，并不可能完全被裂解或汽化。固体颗粒进入火场后，受可燃物裂解产物的冲击，由于它们相对于活性基团 H·、OH· 和 O· 的尺寸要大得多，故活性基团与固体微粒表面相碰撞时，被瞬间吸附并发生化学作用，其反应如下：

$$K_2O+2H\cdot \longrightarrow 2KOH$$
$$KOH+OH\cdot \longrightarrow OK+H_2O$$
$$OK+H\cdot \longrightarrow KOH$$

如此反复进行而起到消耗燃料活性基团的效果。

气溶胶灭火剂灭火速度快，效率高，无毒害，无污染，不消耗大气臭氧层，电绝缘性良好，但气溶胶释放后能见度差。

气溶胶灭火剂适于扑救固体表面火灾、液体和气体火灾、电气设备火灾。不适于扑救硝酸纤维、火药等无空气条件下仍能迅速氧化的化学物质火灾；钾、钠、镁、钛、锆、铀、钚等活泼金属火灾；氢化钾、氢化钠等金属氧化物火灾；过氧化物、联氨等能自行分解的化学物质火灾；氧化氮、氯、氟等强氧化剂火灾；磷等自燃物质火灾；可燃固体物质的深位火灾等。

## 1.3.8　EBM 气溶胶灭火剂

EBM 气溶胶灭火剂是北京理工大学于 20 世纪 90 年代研制开发的一种新型固体微粒气溶胶灭火剂，主要成分有金属氧化物（$K_2O$）、碳酸盐（$K_2CO_3$）或碳酸氢盐（$KHCO_3$）、碳粒和少量金属炭化物组成。EBM 灭火系统是利用负催化原理，使灭火剂呈气溶胶状态，当灭火剂达到一定的灭火浓度时，固体颗粒裂解产物 K 以蒸汽或离子的形式存在，瞬间与活性基团 H·、OH· 和 O· 等吸附并发生化学反应，从而消耗燃料活性基团，使燃烧的链式反应受到抑制。另外，$K_2O$ 与燃烧物质 C 在高温下反应，吸收燃烧火源部分热量，使火焰温度降低，因而燃烧反应受到一定程度的抑制作用。EBM 气溶胶灭火剂具有无毒、无腐蚀、无污染、不损耗大气臭氧层和快速高效、全方位全自动灭火、设计安装维护简便易行、初始成本和使用同期成本低等特点，使用后对大气环境无不良影响，是适合我国国情的一种较理想的哈龙替代品。EBM 气溶胶灭火剂可用于扑救下列物质的初期火灾：

1）配电间、发电机房、通信机房、变压器、计算机房等场所的电气火灾。

2）使用或储存动物油及重油、变压器油、润滑油、动物油、闪点大于 60℃ 的柴油等各种丙类可燃液体的火灾。

3）阴燃的可燃固体物质的表面火灾。

EBM 气溶胶灭火剂不适用于爆炸危险区域，商场、候车厅、文体娱乐等公共场所，人员密集的场所。

### 1.3.9 易安龙灭火剂

易安龙灭火剂是从无火焰火箭燃料工程中研究和开发的一种新型绿色清洁灭火剂。其固体合成物化学成分为：硝酸钾质量分数为 62.3%，硝化纤维质量分数 22.4%，碳质量分数为 9%，工艺混合物质量分数为 6.3%。烟雾化学成分：固相（碳酸钾为主）7000mg/m³，氮气体积分数约 70%，一氧化碳体积分数为 0.4%，二氧化碳体积分数为 1.2%，氧化氮体积分数为 0.004%~0.01%。

易安龙灭火剂的灭火原理与卤代烷灭火剂类似，包括化学和物理两个方面：①通过化学反应消除造成火焰蔓延的连锁载体而干扰火焰的连锁反应；②通过某些成分的分解所产生的散热效力而使火场降温。设计灭火浓度为 75~100mg/m³。易安龙灭火剂对大气臭氧层无破坏作用（ODP=0），也不产生温室效应，而且无论是原始材料，还是燃烧反应生成物均无毒，对环境和人体健康都没有危害。易安龙烟雾渗透力强，稳定期（抑制时间）大于 30min，因而对深部火灾具有很好的灭火效果。另外，易安龙灭火剂不需要使用价格昂贵、需要保养的储存钢瓶及管网，从而大大减少了初期投资和日常保养费用。这种灭火剂适用于液体、固体、油类和电气设备多种火灾。

### 1.3.10 氟碘烃灭火剂

氟碘烃灭火剂具有很好的灭火效果，其灭火机理为：①化学灭火作用，即捕捉自由基，终止引起火焰传播的链反应，从而阻止火势的发展；②物理灭火作用，即通过分子强烈的热运动带走大量的热，从而达到冷却的作用。此类灭火剂不含或少含溴和氯，ODP 值很低，基本上不产生温室效应，而且易分解，在大气中残留时间较短。该灭火剂也同样适用于有人占用的场所。

### 1.3.11 烟烙尽（INERGEN）灭火剂

烟烙尽灭火剂是美国安素公司研制生产的一种混合气体灭火剂，又称 IG541 灭火剂。其组成为：氮气体积分数为 52%，氩气体积分数为 40%，二氧化碳体积分数为 8%。其灭火原理是稀释氧气，窒息灭火，也就是通过减少火灾燃烧区空气中的氧气体积分数来达到灭火的目的。烟烙尽灭火剂设计体积分数为 37.5%~42.8%。这种灭火剂施放后既不破坏臭氧层，也不污染空气，对人身安全也无不利影响。该系统投资大，维护费用高。因此，适用于一些重要的经常有人停留、有贵重设备场所。但这种灭火剂灭火效力不高，排放持续时间相对较长（约 1~2min），所以在某些火灾蔓延较快的场合中使用受限。

### 1.3.12　SDE 灭火剂

SDE 灭火剂在常温常压下以固体形态储存，工作时经电子气化启动器激活催化剂，促使灭火剂启动，并立即汽化，气态组分约为 $CO_2$ 占 35%、$N_2$ 占 25%、气态水占 39%，雾化金属氧化物占 1%~2%。

SDE 自动灭火系统灭火原理是以物理、化学、水雾降温三种灭火方式同时进行的全淹没灭火形式，以物理反应稀释被保护区内空气中氧气，以"窒息灭火"为主要方式；切断火焰反应链进行链式反应破坏火灾现场的燃烧条件，迅速降低自由基的浓度，抑制链式燃烧反应进行的化学灭火方式也同时存在；低温气态水重复吸热降低燃烧物温度，达到彻底窒息的目的，对于木材深位火尤其突出。

化学反应式为：$SDE \rightarrow CO_2 + N_2 + H_2O(\uparrow) + MO$，其中 MO 为雾化 $Cr_2O_3$。

SDE 灭火剂具有如下的优点：

1）SDE 灭火剂灭火迅速，在被保护物上不留残留物。

2）对臭氧层无破坏作用且温室效应潜能值 $GWP = 0.35$。

3）SDE 是一种低毒的安全产品。

4）对于扑救深位火效果明显，并不受垂直空间的遮挡物限制。

SDE 气体灭火系统为全淹没灭火系统，可用于扑救相对密闭空间的 A、B、C 类火灾及电气火灾具体如下：

1）木材、纸张等表面和深位火灾。

2）煤油、汽油、柴油及醇、醛、酮、醚、酯、苯类的火灾。

3）甲烷、乙烷、石油液化气、煤气等火灾。

4）发电机房、变配电设备、通信机房、计算机房、电动机、电缆等火灾。

## 1.4　建筑消防工程

### 1.4.1　建筑火灾的特点

建筑火灾与其他火灾相比，具有火势蔓延迅速、火灾扑救困难、容易造成人员伤亡事故和经济损失严重的特点。

（1）火势蔓延迅速　由于烟气流的流动和风力的作用，建筑火灾的火势蔓延速度是非常快的。发生火灾时产生的大量烟和热会形成炽热的烟气流，烟气流的流动方向往往就是火势蔓延的方向，烟气流的流动速度往往就是火势蔓延速度。烟气的流动主要与火灾现场的发热量有关。发热量越大，烟气温度越高，流动的速度也就越快；发热量越小，烟气温度越低，流动的速度也就越慢；另外，烟气的流动还与建筑高度、建筑结构形式、周围温度、建筑内有无通风空调系统等因素有关。

风也是助长火势蔓延的一个重要因素，风力越大，火势蔓延速度越快。同一建筑物的不同高度在同一时间内所受风力的大小是不相同的，离地面越高，所受风力越大。

（2）火灾扑救困难　由于建筑物的面积较大，垂直高度较高，一旦着火，扑救难度较大。从总体上讲，目前城市的消防力量是有限的，尤其是中小城市，消防的整体力量还难以满足大型建筑重大火灾的扑救。另外，消防设备的供水能力、登高工作高度也难以满足高层建筑的消防要求。我国目前使用较多的解放牌消防车能直接供水扑救的最大工作高度约为 24m，大多数登高消防车的最大工作高度均在 24m 以内。这些设备和器材难以保证高层建筑的消防需要。

（3）容易造成人员伤亡事故　建筑物一旦着火，火灾现场就会产生大量的烟尘和各种有毒有害的气体，这些烟尘和有毒有害的气体对人体危害很大，而且流动的速度很快，一旦充满安全出口，就会严重阻碍人们的疏散，进而造成人员伤亡事故。火灾案例表明，在火灾伤亡事故中，被烟气熏死的人数占死亡人数的半数左右，有时甚至高达 70%~80%。

（4）经济损失严重　在各种火灾中，发生概率最高、损失最为严重的当属建筑火灾。建筑火灾所造成的损失不仅是建筑本身的价值，还包括建筑内各种物质的经济损失。

## 1.4.2　建筑分类

《建筑设计防火规范》（GB 50016—2014）按照建筑物性质和建筑高度对建筑进行了分类，具体见表 1-3。

表 1-3　建筑分类

| 建筑分类 | | 特征 |
|---|---|---|
| 按建筑高度区分 | 多层建筑 | 建筑高度不大于 27m 的住宅建筑和其他建筑高度不大于 24m 的非单层建筑 |
| | 高层建筑 | 建筑高度大于 27m 的住宅建筑和其他建筑高度大于 24m 的非单层建筑 |
| 按建筑性质区分 | 民用建筑　住宅建筑 | 以户为单元的居住建筑 |
| | 民用建筑　公共建筑 | 公众进行工作、学习、商业、治疗等活动和交往的建筑 |
| | 工业建筑　厂房 | 加工和生产产品的建筑 |
| | 工业建筑　库房 | 储存原料、半成品、成品、燃料、工具等物品的建筑 |

民用建筑根据其建筑高度和层数可分为单层、多层民用建筑和高层民用建筑。

高层建筑是指建筑高度大于 27m 的住宅建筑和其他建筑高度大于 24m 的非单层建筑。高层民用建筑按其建筑高度、使用功能和楼层的建筑面积可分为一类和二类。民用建筑分类详见表 1-4。

表 1-4　民用建筑分类

| 名称 | 高层民用建筑 | | 单层、多层民用建筑 |
|---|---|---|---|
| | 一类 | 二类 | |
| 住宅建筑 | 建筑高度大于 54m 的住宅建筑（包括设置商业服务网点的住宅建筑） | 建筑高度大于 27m，但不大于 54m 的住宅建筑（包括设置商业服务网点的住宅建筑） | 建筑高度不大于 27m 的住宅建筑（包括设置商业服务网点的住宅建筑） |

（续）

| 名称 | 高层民用建筑 | | 单层、多层民用建筑 |
| --- | --- | --- | --- |
| | 一类 | 二类 | |
| 公共建筑 | 1. 建筑高度大于 50m 公共建筑<br>2. 任一层建筑面积大于 1000m² 的商店、展览、电信、邮政、财贸金融建筑和其他多种功能组合的建筑<br>3. 医疗建筑、重要公共建筑<br>4. 省级以上的广播电视和防灾指挥调度建筑、网局级和省级电力调度建筑<br>5. 藏书超过 100 万册的图书馆、书库 | 除一类高层公共建筑外的其他高层公共建筑 | 1. 建筑高度大于 24m 的单层公共建筑<br>2. 建筑高度不大于 24m 的其他公共建筑 |

注：1. 表中未列入的建筑，其类别应根据本表类比确定。

2. 除《建筑设计防火规范》（GB 50016—2014）另有规定外，宿舍、公寓等非住宅类建筑的防火要求，应符合该规范有关公共建筑的规定；裙房的防火要求应符合该规范有关高层民用建筑的规定。

### 1.4.3　火灾危险性分类

#### 1. 民用建筑耐火等级及选择

民用建筑的耐火等级划分为一、二、三、四级，除《建筑设计防火规范》（GB 50016—2014）另有规定外，不同耐火等级建筑相应构件的燃烧性能和耐火极限不应低于表 1-5 中数值。

表 1-5　建筑物构件的燃烧性能和耐火极限　　　　（单位：h）

| 构件名称 | | 耐火等级 | | | |
| --- | --- | --- | --- | --- | --- |
| | | 一级 | 二级 | 三级 | 四级 |
| 墙 | 防火墙 | 不燃性<br>3.00 | 不燃性<br>3.00 | 不燃性<br>3.00 | 不燃性<br>3.00 |
| | 承重墙 | 不燃性<br>3.00 | 不燃性<br>2.50 | 不燃性<br>2.00 | 不燃性<br>0.50 |
| | 非承重墙 | 不燃性<br>1.00 | 不燃性<br>1.00 | 不燃性<br>0.50 | 可燃性 |
| | 楼梯间和前室的墙<br>电梯井的墙、住宅建筑单元之间的墙和分户墙 | 不燃性<br>2.00 | 不燃性<br>2.00 | 不燃性<br>1.50 | 难燃性<br>0.50 |
| | 疏散走道两侧的隔墙 | 不燃性<br>1.00 | 不燃性<br>1.00 | 不燃性<br>0.50 | 难燃性<br>0.25 |
| | 房间隔墙 | 不燃性<br>0.75 | 不燃性<br>0.50 | 难燃性<br>0.50 | 难燃性<br>0.25 |
| 柱 | | 不燃性<br>3.00 | 不燃性<br>2.50 | 不燃性<br>2.00 | 难燃性<br>0.50 |
| 梁 | | 不燃性<br>2.00 | 不燃性<br>1.50 | 不燃性<br>1.00 | 难燃性<br>0.50 |

（续）

| 构件名称 | 耐火等级 | | | |
|---|---|---|---|---|
| | 一级 | 二级 | 三级 | 四级 |
| 楼板 | 不燃性<br>1.50 | 不燃性<br>1.00 | 不燃性<br>0.50 | 可燃性 |
| 屋顶承重构件 | 不燃性<br>1.50 | 不燃性<br>1.00 | 可燃性<br>0.50 | 可燃性 |
| 疏散楼梯 | 不燃性<br>1.50 | 不燃性<br>1.00 | 不燃性<br>0.50 | 可燃性 |
| 吊顶（包括吊顶搁栅） | 不燃性<br>0.25 | 不燃性<br>0.25 | 难燃性<br>0.15 | 可燃性 |

注：1. 除《建筑设计防火规范》（GB 50016—2014）另有规定外，以木柱承重且墙体采用不燃材料的建筑，其耐火等级应按四级确定。

　　2. 住宅建筑构件的燃烧性能和耐火极限可按现行国家标准《住宅建筑规范》（GB 50368—2005）的规定执行。

民用建筑的耐火等级应根据其建筑高度、使用功能、重要性和火灾扑救难度等确定，并应符合下列规定：

1）地下和半地下建筑（室）和一类高层建筑的耐火等级不应低于一级。

2）单层、多层重要公共建筑和二类高层建筑的耐火等级不应低于二级。

建筑高度大于 100m 的民用建筑，其楼板的耐火极限不应低于 2.00h。一、二级耐火等级建筑的上人平屋顶，其屋面板的耐火极限分别不应低于 1.50h 和 1.00h。

一、二级耐火等级建筑的屋面板应采用不燃材料，但屋面防水层可采用可燃材料。

二级耐火等级建筑内采用难燃性墙体的房间隔墙，其耐火极限不应低于 0.75h；当房间的建筑面积不大于 100m² 时，房间隔墙可采用耐火极限不低于 0.50h 的难燃性墙体或耐火极限不低于 0.30h 的不燃性墙体。

二级耐火等级多层住宅建筑采用预应力钢筋混凝土的楼板，其耐火极限不应低于 0.75h。

二级耐火等级建筑内采用不燃材料的吊顶，其耐火极限不限。

三级耐火等级的医疗建筑、中小学校的教学建筑、老年人建筑及托儿所的儿童用房和儿童游乐厅等儿童活动场所的吊顶，应采用不燃材料；当必须采用难燃材料时，其耐火极限不应低于 0.25h。当房间的建筑面积不大于 100m² 时，房间隔墙可采用耐火极限不低于 0.50h 的难燃性墙体或耐火极限不低于 0.30h 的不燃性墙体。

二、三级耐火等级建筑内门厅、走道的吊顶应采用不燃材料。

建筑内预制钢筋混凝土构件的节点外露部位，应采取防火保护措施，且节点的耐火极限不应低于相应构件的耐火极限。

**2. 厂房和仓库的耐火等级及选择**

（1）火灾危险性　《建筑设计防火规范》根据生产中使用或产生的物质性质及其数量等因素，将生产的火灾危险性划分为甲、乙、丙、丁、戊类，具体见表 1-6。

表 1-6　生产的火灾危险性划分

| 生产类别 | 火灾危险性特征 |
|---|---|
| 甲 | 使用或产生下列物质的生产：<br>1. 闪点小于 28℃ 的液体；<br>2. 爆炸下限小于 10% 的气体；<br>3. 常温下能自行分解或在空气中氧化即能导致迅速自燃或爆炸的物质；<br>4. 常温下受到水或空气中水蒸气的作用，能产生可燃气体并引起燃烧或爆炸的物质；<br>5. 遇酸、受热、撞击、摩擦、催化以及遇有机物或硫黄等易燃的无机物，极易引起燃烧或爆炸的强氧化剂；<br>6. 受撞击、摩擦或与氧化剂、有机物接触时能引起燃烧或爆炸的物质；<br>7. 在密闭设备内操作温度等于或超过物质本身自燃点的生产 |
| 乙 | 使用或产生下列物质的生产：<br>1. 闪点大于 28℃ 小于 60℃ 的液体；<br>2. 爆炸下限大于等于 10% 的气体；<br>3. 不属于甲类的氧化剂；<br>4. 不属于甲类的化学易燃危险固体；<br>5. 助燃气体；<br>6. 能与空气形成爆炸性混合物的浮游状态的粉尘、纤维、闪点大于等于 60℃ 的液体雾滴 |
| 丙 | 1. 闪点大于等于 60℃ 的液体；<br>2. 可燃固体 |
| 丁 | 1. 对非燃烧物质进行加工，并在高温或熔化状态下经常产生强辐射热、火花或火焰的生产；<br>2. 利用气体、液体、固体作为燃料或将气体、液体进行燃烧作其他用的各种生产；<br>3. 常温下使用或加工难燃烧物质的生产 |
| 戊 | 常温下使用或加工非燃烧物质的生产 |

同一座厂房或厂房的任一防火分区内有不同火灾危险性生产时，该厂房或防火分区内的生产火灾危险性类别应按火灾危险性较大的部分确定；当生产过程中使用或产生易燃、可燃物的量较少，不足以构成爆炸或火灾危险时，可按实际情况确定其生产的火灾危险性类别；当符合下述条件之一时，可按火灾危险性较小的部分确定：

1）火灾危险性较大的生产部分占本层或本防火分区面积的比例小于 5%，或丁、戊类厂房内的油漆工段小于 10%，且发生火灾事故时不足以蔓延到其他部位，或火灾危险性较大的生产部分采取了有效的防火措施。

2）丁、戊类厂房内的油漆工段采用封闭喷漆工艺时，封闭喷漆空间内保持负压、油漆工段设置可燃气体自动报警系统或自动抑爆系统，且油漆工段占其所在防火分区面积的比例不大于 20%。

储存物品的火灾危险性应根据储存物品的性质和储存物品中的可燃物数量等因素划分，可分为甲、乙、丙、丁、戊类，储存物品的火灾危险性分类见表 1-7。

同一座仓库或仓库的任一防火分区内储存不同火灾危险性物品时，该仓库或防火分区的火灾危险性应按其中火灾危险性最大的类别确定。

（2）厂房和仓库的耐火等级　厂房和仓库的耐火等级可分为一、二、三、四级。其构件的燃烧性能和耐火极限除《建筑设计防火规范》（GB 50016—2014）另有规定外，不应低于表 1-8 的规定。

表 1-7 储存物品的火灾危险性分类

| 储存物品的火灾危险性类别 | 储存物品的火灾危险性特征 |
|---|---|
| 甲 | 1. 闪点小于 28℃ 的液体；<br>2. 爆炸下限小于 10% 的气体，以及受水或空气中水蒸气的作用能发生爆炸，且爆炸下限小于 10% 气体的固体物质；<br>3. 常温下能自行分解或在空气中氧化即能导致迅速自燃或爆炸的物质；<br>4. 常温下受到水或空气中水蒸气的作用，能产生可燃气体并引起燃烧或爆炸的物质；<br>5. 遇酸、受热、撞击、摩擦、催化以及遇有机物或硫黄等易燃的无机物，极易引起燃烧或爆炸的强氧化剂；<br>6. 受撞击、摩擦或与氧化剂、有机物接触时能引起燃烧或爆炸的物质 |
| 乙 | 1. 闪点大于 28℃ 小于 60℃ 的液体；<br>2. 爆炸下限大于等于 10% 的气体；<br>3. 不属于甲类的氧化剂；<br>4. 不属于甲类的易燃危险固体；<br>5. 助燃气体；<br>6. 常温下与空气接触能缓慢氧化，积热不散引起自燃的物品 |
| 丙 | 1. 闪点大于等于 60℃ 的液体；<br>2. 可燃固体 |
| 丁 | 难燃烧物品 |
| 戊 | 不燃烧物质 |

表 1-8 不同耐火等级厂房和仓库建筑构件的燃烧性能和耐火极限 （单位：h）

| 构件名称 | | 耐火等级 | | | |
|---|---|---|---|---|---|
| | | 一级 | 二级 | 三级 | 四级 |
| 墙 | 防火墙 | 不燃性<br>3.00 | 不燃性<br>3.00 | 不燃性<br>3.00 | 不燃性<br>3.00 |
| | 承重墙 | 不燃性<br>3.00 | 不燃性<br>2.50 | 不燃性<br>2.00 | 难燃性<br>0.50 |
| | 楼梯间和前室的墙<br>电梯井的墙 | 不燃性<br>2.00 | 不燃性<br>2.00 | 不燃性<br>1.50 | 难燃性<br>0.50 |
| | 疏散走道两侧的隔墙 | 不燃性<br>1.00 | 不燃性<br>1.00 | 不燃性<br>0.50 | 难燃性<br>0.25 |
| | 非承重墙<br>房间隔墙 | 不燃性<br>0.75 | 不燃性<br>0.50 | 难燃性<br>0.50 | 难燃性<br>0.25 |
| 柱 | | 不燃性<br>3.00 | 不燃性<br>2.50 | 不燃性<br>2.00 | 难燃性<br>0.50 |
| 梁 | | 不燃性<br>2.00 | 不燃性<br>1.50 | 不燃性<br>1.00 | 难燃性<br>0.50 |
| 楼板 | | 不燃性<br>1.50 | 不燃性<br>1.00 | 不燃性<br>0.50 | 可燃性 |

（续）

| 构件名称 | 耐火等级 | | | |
|---|---|---|---|---|
| | 一级 | 二级 | 三级 | 四级 |
| 屋顶承重构件 | 不燃性<br>1.50 | 不燃性<br>1.00 | 可燃性<br>0.50 | 可燃性 |
| 疏散楼梯 | 不燃性<br>1.50 | 不燃性<br>1.00 | 不燃性<br>0.50 | 可燃性 |
| 吊顶（包括吊顶搁栅） | 不燃性<br>0.25 | 不燃性<br>0.25 | 难燃性<br>0.15 | 可燃性 |

注：二级耐火等级建筑的吊顶采用不燃烧体时，其耐火极限不限。

（3）厂房和仓库的耐火等级选择　高层厂房，甲、乙类厂房的耐火等级不应低于二级，建筑面积不大于 $300m^2$ 的独立甲、乙类单层厂房可采用三级耐火等级的建筑。

单层、多层丙类厂房，多层丁、戊类厂房的耐火等级不应低于三级。

使用或产生丙类液体的厂房和有火花、赤热表面、明火的丁类厂房，其耐火等级均不应低于二级，当为建筑面积不大于 $500m^2$ 的单层丙类厂房或建筑面积不大于 $1000m^2$ 的单层丁类厂房时，可采用三级耐火等级的建筑。

使用或储存特殊、贵重的机器、仪表、仪器等设备或物品的建筑，其耐火等级不应低于二级。

锅炉房的耐火等级不应低于二级，当为燃煤锅炉房且锅炉的总蒸发量不大于 4t/h 时，可采用三级耐火等级的建筑。

油浸变压器室、高压配电装置室的耐火等级不应低于二级，其他防火设计应符合现行国家标准《火力发电厂与变电站设计防火规范》（GB 50229—2006）等标准的有关规定。

高架仓库、高层仓库和甲类库房的耐火等级不应低于二级。

单层乙类仓库，单层、多层丙类仓库和多层丁、戊类仓库的耐火等级不应低于三级。

粮食筒仓的耐火等级不应低于二级；二级耐火等级的粮食筒仓可采用钢板仓。粮食平房仓的耐火等级不应低于三级；二级耐火等级的散装粮食平房仓可采用无防火保护的金属承重构件。

甲、乙类厂房和甲、乙、丙类仓库内的防火墙，其耐火极限不应低于 4.00h；一、二级耐火等级单层厂房（仓库）的柱，其耐火极限不应低于 2.50h。

采用自动喷水灭火系统全保护的一级耐火等级的单层、多层厂房（仓库）的屋顶承重构件，其耐火极限不应低于 1.00h。

除一级耐火等级的建筑外，下列建筑构件可采用无防火保护的金属结构，其中能受到甲、乙、丙类液体或可燃气体火焰影响的部位应采取外包覆不燃材料或其他防火隔热保护措施：

1）设置自动灭火系统的单层丙类厂房的梁、柱、屋顶承重构件。

2）设置自动灭火系统的二级耐火等级多层丙类厂房的屋顶承重构件。

3）单层、多层丁、戊类厂房（仓库）的梁、柱和屋顶承重构件。

除甲、乙类仓库和高架仓库外，一、二级耐火等级建筑的非承重外墙，当采用不燃墙体时，其耐火极限不应低于 0.25h；当采用难燃烧体时，不应低于 0.50h。

4 层及 4 层以下的一、二级耐火等级丁、戊类地上厂房（仓库），当非承重外墙采用不燃烧体时，其耐火极限不限；当非承重外墙采用难燃烧体的轻质复合墙体时，其表面材料应为不燃材料、内填充材料的燃烧性能不应低于 B2 级。材料的燃烧性能分级应符合国家标准《建筑材料及制品燃烧性能分级》（GB 8624—2012）的规定。

二级耐火等级厂房（仓库）中的房间隔墙，当采用难燃烧体时，其耐火极限应提高 0.25h。

二级耐火等级的多层厂房或多层仓库内中的楼板，当采用预应力和预制钢筋混凝土楼板时，其耐火极限不应低于 0.75h。

一、二级耐火等级厂房（仓库）的上人平屋顶，其屋面板的耐火极限分别不应低于 1.50h 和 1.00h。

一、二级耐火等级厂房（仓库）的屋面板应采用不燃烧材料，但其屋面防水层和绝热层可采用可燃材料；当为 4 层及 4 层以下的丁、戊类厂房（仓库）时，其屋面可采用难燃烧体的轻质复合屋面板，但该板材的表面材料应为不燃烧材料，内填充材料的燃烧性能不应低于 B2 级。

除《建筑设计防火规范》（GB 50016—2014）另有规定者外，以木柱承重且以不燃烧材料作为墙体的厂房（仓库），其耐火等级应按四级确定。

预制钢筋混凝土构件的节点外露部位，应采取防火保护措施，且该节点的耐火极限不应低于相应构件的耐火等级。

### 1.4.4 平面布置与防火间距

#### 1. 民用建筑

在进行总平面设计时，应合理确定建筑的位置、防火间距、消防车道和消防水源等，且不宜布置在甲、乙类厂（库）房，甲、乙、丙类液体和可燃气体储罐以及可燃材料堆场附近。

民用建筑之间的防火间距不应小于表 1-9 的规定，与其他建筑之间的防火间距应符合《建筑设计防火规范》（GB 50016—2014）的有关规定。

民用建筑与单独建造的其他变电站，其防火间距应符合《建筑设计防火规范》（GB 50016—2014）的第 3.4.1 条有关室外变、配电站的规定。但与单独建造的终端变电站的防火间距，应根据变电站的耐火等级按《建筑设计防火规范》（GB 50016—2014）的第 5.2.2 条有关民用建筑的规定确定。

民用建筑与 10kV 及以下的预装式变电站的防火间距不应小于 3m。

民用建筑与燃油、燃气或燃煤锅炉房的防火间距应符合《建筑设计防火规范》（GB 50016—2014）的第 3.4.1 条有关丁类厂房的规定，但与单台蒸汽锅炉的蒸发量不大于 4t/h 或单台热水锅炉的额定热功率不大于 2.8MW 的燃煤锅炉房，其防火间距可根据变电所或锅炉房的耐火等级按《建筑设计防火规范》（GB 50016—2014）的第 5.2.2 条有关民用建筑的规定确定。

除高层民用建筑外，数座一、二级耐火等级的住宅建筑或办公建筑，当建筑物的占地面积总和不大于 2500m² 时，可成组布置，但组内建筑物之间的间距不宜小于 4m。组与组或组与相邻建筑物之间的防火间距不应小于《建筑设计防火规范》（GB 50016—2014）的第 5.2.2~5.2.4 条的规定。

表 1-9　民用建筑之间的防火间距　　　　　　　　　　（单位：m）

| 建筑类别 | | 高层民用建筑 | 裙房和其他民用建筑 | | |
|---|---|---|---|---|---|
| | | 一、二级 | 一、二级 | 三级 | 四级 |
| 高层民用建筑 | 一、二级 | 13 | 9 | 11 | 14 |
| 裙房和其他<br>民用建筑 | 一、二级 | 9 | 6 | 7 | 9 |
| | 三级 | 11 | 7 | 8 | 11 |
| | 四级 | 14 | 9 | 10 | 12 |

注：1. 相邻两座单层、多层建筑，当相邻外墙为不燃烧体且无外露的燃烧体屋檐，每面外墙上无防火保护的门、窗、洞口不正对开设且该门、窗、洞口的面积之和不大于该外墙面积的 5% 时，其防火间距可按本表规定减少 25%。

2. 两座建筑相邻较高一面外墙为防火墙，或高出相邻较低一座一、二级耐火等级建筑的屋面 15m 及以下范围内的外墙为防火墙，其防火间距不限。

3. 相邻两座高度相同的一、二级耐火等级建筑中相邻任一侧外墙为防火墙，屋面板的耐火等级不低于 1.00h，其防火间距不限。

4. 相邻两座建筑中较低一座建筑的耐火等级不低于二级，相邻较低一面外墙为防火墙且屋顶无天窗，屋面板的耐火极限不低于 1.00h，其防火间距不应小于 3.5m；对于高层建筑，其防火间距不应小于 4m。

5. 相邻两座建筑中较低一座建筑的耐火等级不低于二级且屋顶无天窗，相邻较高一面外墙高出较低一座建筑的屋面 15m 及以下范围内的开口部位设置甲级防火门、窗，或符合现行国家标准《自动喷水灭火系统设计规范》（GB 50084—2017）规定的防火分隔水幕或《建筑设计防火规范》（GB 50016—2014）第 6.5.2 条规定的防火卷帘。

6. 相邻建筑通过连廊、天桥或底部的建筑物等连接时，其防火间距不应小于本表的规定。

7. 耐火等级低于四级的既有建筑，其耐火等级可按四级确定。

民用建筑与燃气调压站、液化石油气气化站、混气站和城市液化石油气供应站瓶库等之间的防火间距，应符合现行国家标准《城镇燃气设计规范》（GB 50028—2006）中的有关规定。

建筑高度大于 100m 的民用建筑与相邻建筑的防火间距，当符合《建筑设计防火规范》（GB 50016—2014）的第 3.4.5、第 3.5.3、第 4.2.1 和第 5.2.2 允许减小的条件时，仍不应减小。

2. 厂房和仓库

《建筑设计防火规范》（GB 50016—2014）对厂房、仓库的布置有明确规定：

1）厂房内严禁设置员工宿舍。办公室、休息室等不应设置在甲、乙类厂房内，必须与本厂房贴邻建造时，其耐火等级不应低于二级，并应采用耐火极限不低于 3.00h 的不燃烧体防爆墙分隔和设置独立的安全出口。

在丙类厂房内设置的办公室、休息室，应采用耐火极限不低于 2.50h 的不燃烧体隔墙和耐火极限不低于 1.00h 的楼板与厂房分隔，并应至少设置 1 个独立的安全出口。当隔墙上须开设相互连通的门时，应采用乙级防火门。

2）变、配电站不应设置在甲、乙类厂房内或贴邻建造，且不应设置在爆炸性气体、粉尘环境的危险区域内。

供甲、乙类厂房专用的 10kV 及以下的变、配电站，当采用无门、窗、洞口的防火墙分隔时，可一面贴邻建造，并应符合现行国家标准《爆炸危险环境电力装置设计规范》（GB 50058—2014）等规范的有关规定。乙类厂房的配电站必须在防火墙上开窗时，应设置不可开启的甲级防火窗。

3）员工宿舍严禁设置在仓库内。办公室、休息室等严禁设置在甲、乙类仓库内，也不应贴邻建造。

在丙、丁类仓库内设置的办公室、休息室，应采用耐火极限不低于 2.50h 的不燃烧体隔墙和不低于 1.00h 的楼板与库房分隔，并应设置独立的安全出口。当隔墙上须开设相互连通的门时，应采用乙级防火门。

4）对于物流建筑，当建筑功能以分拣、加工等作业为主时，应按《建筑设计防火规范》（GB 50016—2014）有关厂房防火的规定确定；当建筑功能以仓储为主或建筑难以区分功能时，应按《建筑设计防火规范》有关仓库防火的规定确定，但当分拣等作业区采用防火墙与储存区完全分离时，作业区和储存区的防火要求可分别按《建筑设计防火规范》有关厂房和仓库的防火规定确定。其中，当分拣等作业区采用防火墙与储存区完全分离且符合下列条件时，除自动化控制的丙类高架仓库等外，储存区的防火分区最大允许建筑面积和储存区部分建筑的最大允许占地面积，可按《建筑设计防火规范》的表3.3.2（不含注）的规定增加 3.0 倍。

5）甲、乙类厂房（仓库）内不应设置铁路线。需要出入蒸汽机车和内燃机车的丙、丁、戊类厂房（仓库），其屋顶应采用不燃烧体或采取其他防火保护措施。

厂房之间及其与乙、丙、丁、戊类仓库、民用建筑等之间的防火间距见表 1-10。

表 1-10　厂房之间及其与乙、丙、丁、戊类仓库、民用建筑等之间的防火间距

（单位：m）

| 名称 | | | 甲类厂房 | 乙类厂房（仓库） | | 丙、丁、戊类厂房（仓库） | | | | 民用建筑 | | | | |
|---|---|---|---|---|---|---|---|---|---|---|---|---|---|---|
| | | | 单层或多层 | 单层或多层 | 高层 | 单层或多层 | | 高层 | | 裙房、单层或多层 | | | 高层 | |
| | | | 一、二级 | 一、二级 | 三级 | 一、二级 | 三级 | 四级 | 一、二级 | 一、二级 | 三级 | 四级 | 一类 | 二类 |
| 甲类厂房 | 单层、多层 | 一、二级 | 12 | 12 | 14 | 13 | 12 | 14 | 16 | 13 | 25 | | | 50 |
| 乙类厂房 | 单层、多层 | 一、二级 | 12 | 10 | 12 | 13 | 10 | 12 | 14 | 15 | 25 | | | 50 |
| | | 三级 | 14 | 12 | 14 | 15 | 12 | 14 | 16 | 15 | | | | |
| | 高层 | 一、二级 | 13 | 13 | 15 | 13 | 13 | 15 | 17 | 13 | | | | |
| 丙类厂房 | 单层或多层 | 一、二级 | 12 | 10 | 12 | 13 | 10 | 12 | 14 | 13 | 10 | 12 | 14 | 20 | 15 |
| | | 三级 | 14 | 12 | 14 | 15 | 12 | 14 | 16 | 15 | 12 | 14 | 16 | 25 | 20 |
| | | 四级 | 16 | 14 | 16 | 17 | 14 | 16 | 18 | 17 | 14 | 16 | 18 | | |
| | 高层 | 一、二级 | 13 | 13 | 15 | 13 | 13 | 15 | 17 | 13 | 13 | 15 | 17 | 20 | 15 |
| 丁、戊类厂房 | 单层或多层 | 一、二级 | 12 | 10 | 12 | 13 | 10 | 12 | 14 | 13 | 10 | 12 | 14 | 15 | 13 |
| | | 三级 | 14 | 12 | 14 | 15 | 12 | 14 | 16 | 15 | 12 | 14 | 16 | 18 | 15 |
| | | 四级 | 16 | 14 | 16 | 17 | 14 | 16 | 18 | 17 | 14 | 16 | 18 | | |
| | 高层 | 一、二级 | 13 | 13 | 15 | 13 | 13 | 15 | 17 | 13 | 13 | 15 | 17 | 15 | 13 |

（续）

| 名称 | | 甲类厂房 | 乙类厂房（仓库） | | 丙、丁、戊类厂房（仓库） | | | | 民用建筑 | | | | |
|---|---|---|---|---|---|---|---|---|---|---|---|---|---|
| | | 单层或多层 | 单层或多层 | 高层 | 单层或多层 | | | 高层 | 裙房、单层或多层 | | | 高层 | |
| | | 一、二级 | 一、二级 | 三级 | 一、二级 | 一、二级 | 三级 | 四级 | 一、二级 | 一、二级 | 三级 | 四级 | 一类 | 二类 |
| 室外变、配电站 | 变压器总油量/t | ≥5,≤10 | | | | | 12 | 15 | 20 | 12 | 15 | 20 | 25 | 20 |
| | | >10,≤50 | 25 | 25 | 25 | 25 | 15 | 20 | 25 | 15 | 20 | 25 | 30 | 25 |
| | | >50 | | | | | 20 | 25 | 30 | 20 | 25 | 30 | 35 | 30 |

注：1. 乙类厂房与重要公共建筑之间的防火间距不宜小于50m，与明火或散发火花地点的防火间距不宜小于30m。单层或多层戊类厂房之间及其与戊类仓库之间的防火间距，可按本表的规定减少2m。单、多层戊类厂房与民用建筑之间的防火间距可按GB 50016—2014第5.2.2条的规定执行。为丙、丁、戊类厂房服务而单独设立的生活用房应按民用建筑确定，与所属厂房之间的防火间距不应小于6m。必须相邻建造时，应符合本表注2、3的规定。

2. 两座厂房相邻较高一面的外墙为防火墙时，其防火间距不限，但甲类厂房之间不应小于4m。两座丙、丁、戊类厂房相邻两面的外墙均为不燃烧体，当无外露的燃烧体屋檐，每面外墙上的门、窗、洞口面积之和各不大于该外墙面积的5%，且门、窗、洞口不正对开设时，其防火间距可按本表的规定减少25%。甲、乙类厂房（仓库）不应与GB 50016—2014第3.3.5条规定外的其他建筑贴邻建造。

3. 两座一、二级耐火等级的厂房，当相邻较低一面外墙为防火墙且较低一座厂房的屋顶耐火极限不低于1.00h，或相邻较高一面外墙的门窗等开口部位设置甲级防火门窗或防火分隔水幕或按GB 50016—2014第6.5.2条的规定设置防火卷帘时，甲、乙类厂房之间的防火间距不应小于6m；丙、丁、戊类厂房之间的防火间距不应小于4m。

4. 发电厂内的主变压器，其油量可按单台确定。

5. 耐火等级低于四级的原有厂房，其耐火等级可按四级确定。

6. 当丙、丁、戊类厂房与丙、丁、戊类仓库相邻时，应符合本表注2、3的规定。

甲类厂房与重要公共建筑之间的防火间距不应小于50m，与明火或散发火花地点之间的防火间距不应小于30m。

散发可燃气体、可燃蒸气的甲类厂房与铁路、道路等的防火间距不应小于表1-11的规定，但甲类厂房所属厂内铁路装卸线当有安全措施时，其间距可不受表1-11规定的限制。

表1-11　甲类厂房与铁路、道路等的防火间距　　　　　　　　（单位：m）

| 名称 | 厂外铁路线中心线 | 厂内铁路线中心线 | 厂外道路路边 | 厂内道路路边 | |
|---|---|---|---|---|---|
| | | | | 主要 | 次要 |
| 甲类厂房 | 30 | 20 | 15 | 10 | 5 |

高层厂房与甲、乙、丙类液体储罐，可燃、助燃气体储罐，液化石油气储罐，可燃材料堆场（煤和焦炭场除外）的防火间距，应符合《建筑设计防火规范》（GB 50016—2014）第4章的有关规定，且不应小于13m。

丙、丁、戊类厂房与民用建筑的耐火等级均为一、二级时，丙、丁、戊类厂房与民用建筑的防火间距可适当减小，但应符合下列规定：

1）当较高一面外墙为无门、窗、洞口的防火墙，或比相邻较低一座建筑屋面高15m及以下范围内的外墙为无门、窗、洞口的防火墙时，其防火间距不限。

2）相邻较低一面外墙为防火墙，且屋顶不设天窗、屋顶耐火极限不低于1.00h，或相邻较高一面外墙为防火墙，且墙上开口部位采取了防火保护措施，其防火间距可适当减小，但不应小于4m。

厂房外附设化学易燃物品的设备时，其室外设备外壁与相邻厂房室外附设设备外壁或相邻厂房外墙之间的距离，不应小于《建筑设计防火规范》第3.4.1条的规定。用不燃烧材料制作的室外设备，可按一、二级耐火等级建筑确定。

总储量不大于15m³的丙类液体储罐，当直埋于厂房外墙外，且面向储罐一面4.0m范围内的外墙为防火墙时，其防火间距可不限。

同一座U形或山形厂房中相邻两翼之间的防火间距，不宜小于《建筑设计防火规范》第3.4.1条的规定，但当该厂房的占地面积小于该规范第3.3.1条规定的每个防火分区的最大允许建筑面积时，其防火间距可为6m。

除高层厂房和甲类厂房外，其他类别的数座厂房占地面积之和小于《建筑设计防火规范》第3.3.1条规定的防火分区最大允许建筑面积（按其中较小者确定，但防火分区的最大允许建筑面积不限者，不应大于10000m²）时，可成组布置。当厂房建筑高度不大于7m时，组内厂房之间的防火间距不应小于4m；当厂房建筑高度大于7m时，组内厂房之间的防火间距不应小于6m。组与组或组与相邻建筑之间的防火间距，应根据相邻两座耐火等级较低的建筑，按该规范第3.4.1条的规定确定。

一级汽车加油站、一级汽车液化石油气加气站和一级汽车加油加气合建站不应建在城市建成区内。

汽车加油、加气站和加油加气合建站的分级，汽车加油、加气站和加油加气合建站及其加油（气）机、储油（气）罐等与站外明火或散发火花地点、建筑、铁路、道路之间的防火间距，以及站内各建筑或设施之间的防火间距，应符合现行国家标准《汽车加油加气站设计与施工规范》（GB 50156—2012）的有关规定。

电力系统电压为35~500kV且每台变压器容量在10MV·A以上的室外变、配电站以及工业企业的变压器总油量大于5t的室外降压变电站，与建筑之间的防火间距不应小于《建筑设计防火规范》第3.4.1条和第3.5.1条的规定。

厂区围墙与厂内建筑之间的间距不宜小于5m，且围墙两侧的建筑之间还应满足相应的防火间距的要求。

甲类仓库之间及其与其他建筑，明火或散发火花地点，铁路、道路等的防火间距不应小于表1-12的规定。

表1-12　甲类仓库之间及其与其他建筑，明火或散发火花地点，铁路、道路等的防火间距

（单位：m）

| 名称 | 甲类仓库（储量/t） | | | |
| --- | --- | --- | --- | --- |
| | 甲类储存物品第3、4项 | | 甲类储存物品第1、2、5、6项 | |
| | ≤5 | >5 | ≤10 | >10 |
| 高层民用建筑、重要公共建筑 | 50 | | | |
| 裙房、其他民用建筑、明火或散发火花地点 | 30 | 40 | 25 | 30 |
| 甲类仓库 | 20 | 20 | 20 | 20 |

（续）

| 名称 | | 甲类仓库(储量/t) | | | |
|---|---|---|---|---|---|
| | | 甲类储存物品第 3、4 项 | | 甲类储存物品第 1、2、5、6 项 | |
| | | ≤5 | >5 | ≤10 | >10 |
| 厂房和乙、丙、丁、戊类仓库 | 一、二级 | 15 | 20 | 12 | 15 |
| | 三级 | 20 | 25 | 15 | 20 |
| | 四级 | 25 | 30 | 20 | 25 |
| 电力系统电压为 35～500kV 且每台变压器容量在 10MV・A 以上的室外变、配电站工业企业的变压器总油量大于 5t 的室外降压变电站 | | 30 | 40 | 25 | 30 |
| 厂外铁路线中心线 | | 40 | | | |
| 厂内铁路线中心线 | | 30 | | | |
| 厂外道路路边 | | 20 | | | |
| 厂内道路路边 | 主要 | 10 | | | |
| | 次要 | 5 | | | |

注：甲类仓库之间的防火间距，当第 3、4 项物品储量不大于 2t，第 1、2、5、6 项物品储量不大于 5t 时，不应小于 12m，甲类仓库与高层仓库之间的防火间距不应小于 13m。

除《建筑设计防火规范》（GB 50016—2014）另有规定者外，乙、丙、丁、戊类仓库之间及其与民用建筑之间的防火间距，不应小于表 1-13 的规定。

表 1-13　乙、丙、丁、戊类仓库之间及其与民用建筑之间的防火间距　（单位：m）

| 名称 | | | 乙类仓库 | | | 丙类仓库 | | | | 丁、戊类仓库 | | | |
|---|---|---|---|---|---|---|---|---|---|---|---|---|---|
| | | | 单层、多层 | | 高层 | 单层、多层 | | | 高层 | 单层、多层 | | | 高层 |
| | | | 一、二级 | 三级 | 一、二级 | 一、二级 | 三级 | 四级 | 一、二级 | 一、二级 | 三级 | 四级 | 一、二级 |
| 乙、丙、丁、戊类厂房 | 单层、多层 | 一、二级 | 10 | 12 | 13 | 10 | 12 | 14 | 13 | 10 | 12 | 14 | 13 |
| | | 三级 | 12 | 14 | 15 | 12 | 14 | 16 | 15 | 12 | 14 | 16 | 15 |
| | | 四级 | 14 | 16 | 17 | 14 | 16 | 18 | 17 | 14 | 16 | 18 | 17 |
| | 高层 | 一、二级 | 13 | 15 | 13 | 13 | 15 | 17 | 13 | 13 | 15 | 17 | 13 |
| 民用建筑 | 裙房,单层、多层 | 一、二级 | 25 | | | 10 | 12 | 14 | 13 | 10 | 12 | 14 | 13 |
| | | 三级 | 25 | | | 12 | 14 | 16 | 15 | 12 | 14 | 16 | 15 |
| | | 四级 | 25 | | | 14 | 16 | 18 | 17 | 14 | 16 | 18 | 17 |
| | 高层 | 一类 | 50 | | | 20 | 25 | 25 | 20 | 15 | 18 | 18 | 15 |
| | | 二类 | 50 | | | 15 | 20 | 20 | 15 | 13 | 15 | 15 | 13 |

注：1. 单层或多层戊类仓库之间的防火间距，可按本表减少 2m。

2. 两座仓库的相邻外墙均为防火墙时，防火间距可以减小，但丙类仓库，不应小于 6m；丁、戊类仓库，不应小于 4m。两座仓库相邻较高一面为防火墙，且总占地面积不大于《建筑设计防火规范》（GB 50016—2014）第 3.3.2 条一座仓库的最大允许占地面积规定时，其防火间距不限。

3. 除乙类第 6 项物品外的乙类仓库，与民用建筑之间的防火间距不宜小于 25m，与重要公共建筑之间的防火间距不应小于 50m，与铁路、道路等的防火间距不宜小于表 1-11 中甲类仓库与铁路、道路等的防火间距。

丁、戊类仓库与民用建筑的耐火等级均为一、二级时，仓库与民用建筑的防火间距可适当减小，但应符合下列规定：

1）当较高一面外墙为无门、窗、洞口的防火墙，或比相邻较低一座建筑屋面高 15m 及以下范围内的外墙为无门、窗、洞口的防火墙时，其防火间距可不限。

2）相邻较低一面外墙为防火墙，且屋顶不设天窗、屋顶耐火极限不低于 1.00h，或相邻较高一面外墙为防火墙，且墙上开口部位采取了防火保护措施，其防火间距可适当减小，但不应小于 4m。

粮食筒仓与其他建筑之间及粮食筒仓组与组之间的防火间距，不应小于表 1-14 所示的规定。

表 1-14　粮食筒仓与其他建筑之间及粮食筒仓组与组之间的防火间距　（单位：m）

| 名称 | 粮食总储量 W/t | 粮食立筒仓 | | | 粮食浅圆仓 | | 其他建筑 | | |
|---|---|---|---|---|---|---|---|---|---|
| | | $W \leqslant 40000$ | $40000 < W \leqslant 50000$ | $W > 50000$ | $W \leqslant 50000$ | $W > 50000$ | 一、二级 | 三级 | 四级 |
| 粮食立筒仓 | $500 < W \leqslant 10000$ | 15 | 20 | 25 | 20 | 25 | 10 | 15 | 30 |
| | $10000 < W \leqslant 40000$ | | | | | | 15 | 20 | 25 |
| | $40000 < W \leqslant 50000$ | 20 | | | | | 20 | 25 | 30 |
| | $W > 50000$ | 25 | | | | | 15 | 30 | — |
| 粮食浅圆仓 | $W \leqslant 50000$ | 20 | 20 | 25 | 20 | 25 | 20 | 25 | |
| | $W > 50000$ | 25 | | | | | 25 | 30 | — |

注：1. 当粮食立筒仓、粮食浅圆仓与工作塔、接收塔、发放站为一个完整工艺单元的组群时，组内各建筑之间的防火间距不受本表限制。

2. 粮食浅圆仓组内每个独立仓的储量不应大于 10000t。

库区围墙与库区内建筑之间的间距不宜小于 5m，且围墙两侧的建筑之间还应满足相应的防火间距要求。

## 1.4.5　建筑消防系统分类

建筑消防系统根据使用灭火剂的种类可分为水消防灭火系统和非水灭火剂灭火系统两大类。

### 1. 水消防灭火系统

水消防灭火系统包括消火栓给水系统（又称为消火栓灭火系统）和自动喷水灭火系统。

按压力和流量是否满足系统要求，消火栓给水系统可分为常高压消火栓给水系统、临时高压消火栓给水系统和低压消火栓给水系统。

（1）常高压消火栓给水系统　水压和流量在任何时间和地点都能满足灭火时所需要的压力和流量，系统中不需要设置消防泵的消防给水系统。

（2）临时高压消火栓给水系统　水压和流量在平时不完全满足灭火时的需要，在灭火时启动消防泵。当为稳压泵稳压时，可满足压力，但不满足水量；当屋顶消防水箱稳压时，建筑物的下部可满足压力和流量，建筑物的上部不满足压力和流量。

（3）低压消火栓给水系统　低压消火栓给水系统管道的压力应保证灭火时最不利点

消火栓的水压不小于 0.10MPa（从地面算起）。满足或部分满足消防水压和水量要求，消防时可由消防车或由消防水泵提升压力，或作为消防水池的水源水，由消防水泵提升压力。

自动喷水灭火系统是一种固定形式的自动灭火装置。系统的喷头以适当的间距和高度安装于建筑物、构筑物内部。当建筑物内发生火灾时，喷头会自动开启灭火，同时发出火警信号，启动消防水泵从水源抽水灭火。

自动喷水灭火系统可分为闭式系统和开式系统。闭式系统包括湿式系统、干式系统、预作用系统和重复启闭预作用系统；开式系统包括雨淋系统、水幕系统和水喷雾系统。

### 2. 非水灭火剂灭火系统

非水灭火剂灭火系统主要有干粉灭火系统、二氧化碳灭火系统、泡沫灭火系统、蒸气灭火系统以及七氟丙烷灭火系统、EBM 气溶胶灭火系统、烟烙尽（IG541）灭火系统、三氟甲烷灭火系统、SDE 灭火系统等。

## 1.5 消防管道常用材料及连接方式

消防给水系统常用的管材有钢管、给水铸铁管。随着技术的不断发展，一定会出现新的、更适合消防给水系统需要的管道材料，如涂塑钢管、塑料管、ABS 工程塑料管、聚丙烯管等。目前，虽然有这些管材，但设计应用很少，连接技术也不能满足需要。同时也没有技术规范作为应用依据。不过随着技术的不断发展，这些管材肯定会在消防系统中得到广泛的应用。

### 1.5.1 钢管

钢管是消防给水工程中应用最多的一类管材。钢管按其结构形态，可分为有无缝钢管和焊接钢管两种。钢管的特点是耐高压、耐振动、质量较轻、单管的长度大且连接方便，但钢管易受腐蚀，必须对其内、外壁做防腐处理。建筑内生活给水、消防管道常采用镀锌钢管。消火栓系统消防给水管一般采用镀锌焊接钢管，自动喷水灭火系统消防给水管应采用镀锌焊接钢管或镀锌无缝钢管。

钢管的连接方法主要有焊接、管螺纹连接、法兰连接、卡箍连接。

### 1.5.2 给水铸铁管

铸铁管用于给水管道，主要有灰铸铁管和球墨铸铁管。铸铁管中的元素硅和石墨具有良好的耐腐蚀性能，因而许多埋地的管道都选用铸铁管。

铸铁给水管的质量与生产工艺有关。目前，生产给水铸铁管的主要工艺有立管砂型法、连续浇注法、离心浇注法，用后两种工艺方法生产的铸铁管质量较好。

## 1.6 常用消防设施图例

常用消防设施图例见表 1-15。

表 1-15 常用消防设施图例

| 名　称 | 图　例 | 备　注 |
|---|---|---|
| 消火栓给水管 | ————XH———— | |
| 自动喷水灭火给水管 | ————ZP———— | |
| 室外消火栓 | | |
| 室内消火栓(单口) | 平面　　系统 | 白色为开启面 |
| 室内消火栓(双口) | 平面　　系统 | |
| 水泵接合器 | | |
| 自动喷洒头(开式) | | |
| 自动喷洒头(闭式) | 平面　　系统 | 下喷 |
| 自动喷洒头(闭式) | 平面　　系统 | 上喷 |
| 自动喷洒头(闭式) | 平面　　系统 | 上、下喷 |
| 侧墙式自动喷洒头 | 平面　　系统 | |
| 侧墙式喷洒头 | 平面　　系统 | |
| 雨淋灭火给水管 | ————YL————<br>平面　　系统 | |
| 水幕灭火给水管 | ————SM———— | |
| 水炮灭火给水管 | ————SP———— | |
| 干式报警阀 | 平面　　系统 | |
| 水炮 | | |
| 湿式报警阀 | 平面　　系统 | |
| 预作用报警阀 | 平面　　系统 | |

（续）

| 名　　称 | 图　　例 | 备　　注 |
|---|---|---|
| 遥控信号阀 | | |
| 水流指示器 | | |
| 水力警铃 | | |
| 雨淋阀 | 平面　　系统 | |
| 末端测试阀 | 平面　　系统 | |

注：分区管道用加注角标方式，如 $XH_1$、$XH_2$、$ZP_1$、$ZP_2$等。

## 思考题与习题

1. 简述建筑灭火方法及原理。
2. 常用的灭火剂有哪几种？
3. 建筑消防系统有哪几类？

# 第 2 章
# 消火栓灭火系统

以水为灭火剂的消防给水系统，按灭火设施可分为消火栓灭火系统和自动喷水灭火系统。消火栓灭火系统以建筑外墙为界，可分为室外消火栓灭火系统和室内消火栓灭火系统，又称为室外消火栓给水系统和室内消火栓给水系统。

## 2.1 室外消火栓给水系统

在建筑物外墙中心线以外的消火栓给水系统称为室外消火栓给水系统。其作用为：一是供消防车从该系统取水，经水泵接合器向室内消防系统供水增补室内消防用水不足；二是消防车从该系统取水，供消防车、曲臂车等的带架水枪用水，控制和扑救火灾。

室外消防系统由水源、室外消防给水管道、消防水池和室外消火栓组成。灭火时，消防车从室外消火栓或消防水池吸水加压，从室外进行灭火或向室内消火栓给水系统加压供水。

我国《建筑设计防火规范》（GB50016—2014）规定，在下列场所应设置室外消火栓：

1）民用建筑、厂房、仓库、储罐（区）和堆场周围应设置室外消火栓系统。

2）用于消防救援和消防车停靠的屋面上，应设置室外消火栓系统。

3）耐火等级不低于二级且建筑物体积小于等于 3000m³ 的戊类厂房，居住区人数不超过 500 人且建筑物层数不超过两层的居住区，可不设置室外消火栓系统。

### 2.1.1 室外消防水源、水量和水压

#### 1. 室外消防水源

用于建筑灭的消防水源有给水管网和天然水源，消防用水可由给水管网、天然水源或消防水池供给，也可临时由游泳池、水景池等其他水源供给。

#### 2. 建筑物室外消火栓设计流量

建筑物室外消火栓设计流量，应根据建筑物的用途功能、体积、耐火等级、火灾危险性等因素综合分析确定。建筑物室外消火栓设计流量不应小于表 2-1 中的规定。

#### 3. 建筑物室外消火栓给水系统所需水压

《消防给水及消火栓系统技术规范》（GB 50974—2014）规定：

设有市政消火栓的给水管网平时运行工作压力不应小于 0.14MPa，消防时水力最不利消火栓的出流量不应小于 15L/s，且供水压力从地面算起不应小于 0.10MPa。

严寒地区在城市主要干道上设置消防水鹤的布置间距宜为 1000m，连接消防水鹤的市政给水管的管径不宜小于 DN200。消防时消防水鹤的出流量不宜低于 30L/s，且供水压力从地面算起不应小于 0.10MPa。

表 2-1　建筑物室外消火栓设计流量　　　　　　（单位：L/s）

| 耐火等级 | 建筑物名称及类别 | | | 建筑体积 V/m³ | | | | | |
|---|---|---|---|---|---|---|---|---|---|
| | | | | V≤1500 | 1500<V≤3000 | 3000<V≤5000 | 5000<V≤20000 | 20000<V≤50000 | V>50000 |
| 一、二级 | 工业建筑 | 厂房 | 甲、乙类 | 15 | | 20 | 25 | 30 | 35 |
| | | | 丙类 | 15 | | 20 | 25 | 30 | 40 |
| | | | 丁、戊类 | 15 | | | | | 20 |
| | | 仓库 | 甲、乙类 | 15 | | 25 | | — | |
| | | | 丙类 | 15 | | 25 | | 35 | 45 |
| | | | 丁、戊类 | 15 | | | | | 20 |
| | 民用建筑 | 住宅 | | 15 | | | | | |
| | | 公共建筑 | 单层及多层 | 15 | | | 25 | 30 | 40 |
| | | | 高层 | — | | | 25 | 30 | 40 |
| | 地下建筑(包括地铁)、平战结合的人防工程 | | | 15 | | | 20 | 25 | 30 |
| 三级 | 工业建筑 | 乙、丙类 | | 15 | 20 | 30 | 40 | 45 | — |
| | | 丁、戊类 | | 15 | | | 20 | 25 | 35 |
| | 单层及多层民用建筑 | | | 15 | | 20 | 25 | 30 | — |
| 四级 | 丁、戊类工业建筑 | | | 15 | | 20 | 25 | | — |
| | 单层及多层民用建筑 | | | 15 | | 20 | 25 | | — |

注：1. 成组布置的建筑物应按消火栓设计流量较大的相邻两座建筑物的体积之和确定。
　　2. 火车站、码头和机场的中转库房，其室外消火栓设计流量应按相应耐火等级的丙类物品库房确定。
　　3. 国家级文物保护单位的重点砖木、木结构的建筑物室外消火栓设计流量，按三级耐火等级民用建筑物消火栓设计流量确定。
　　4. 当单座建筑总建筑面积大于 50000m³ 时，建筑物室外消火栓设计流量应按本表规定的最大值增加一倍。

## 2.1.2　室外消防给水管道、室外消火栓和消防水池

### 1. 室外消防给水管道

设有市政消火栓的市政给水管网应符合下列规定：

1）设有市政消火栓的市政给水管网宜为环状管网，但当城镇人口少于 2.5 万人时，可为枝状管网。

2）接市政消火栓的环状给水管网的管径不应小于 DN150，枝状管网的管径不宜小于 DN200。当城镇人口少于 2.5 万人时，接市政消火栓的给水管网的管径可适当减少，环状管网时不应小于 DN100，枝状管网时不宜小于 DN150。

3）工业园区和商务区等区域采用两路消防供水，当其中一条引入管发生故障时，其余引入管在保证满足 70%生产生活给水的最大小时设计流量条件下，应仍能满足规范规定的消防给水设计流量。

下列消防给水应采用环状给水管网：

1）向两栋或两座及以上建筑供水时。

2）向两种及以上水灭火系统供水时。

3）采用设有高位消防水箱的临时高压消防给水系统时。

4）向两个及以上报警阀控制的自动水灭火系统供水时。

向室外、室内环状消防给水管网供水的输水干管不应少于两条，当其中一条发生故障时，其余的输水干管应仍能满足消防给水设计流量。

室外消防给水管网应符合下列规定：

1）室外消防给水采用两路消防供水时应采用环状管网，但当采用一路消防供水时可采用枝状管网。

2）管道的直径应根据流量、流速和压力要求经计算确定，但不应小于 DN100。

3）消防给水管道应采用阀门分成若干个独立段，每段内室外消火栓的数量不宜超过五个；一般单体建筑、高层建筑，消火栓较少时，至少应用阀门将环状给水管分成能独立工作的两段，如图 2-1 所示。

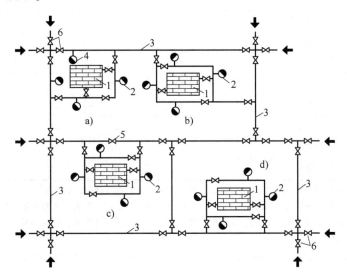

图 2-1　环状给水管网布置示意图

a）室外给水管道与市政给水管成环状（不同市政给水管段引入）　b）室外给水管道在建筑物周围成环状
（不同市政给水管段引入）　c）室外给水管道在建筑物周围成环状（同一方向，不同市政管段引入）
d）室外给水管道在建筑物周围成环状（同一方向，同一市政管段引入，只能作枝状给水管计）
1—建筑物　2—室外消火栓　3—市政给水管　4—市政消火栓　5—分段阀　6—阀门

4）管道设计的其他要求应符合现行国家标准《室外给水设计规范》（GB 50013—2006）的有关规定。

埋地管道宜采用球墨铸铁管、钢丝网骨架塑料复合管和加强防腐的钢管等管材，室外架空管道应采用热浸锌镀锌钢管等金属管材，并应按下列因素对管道的综合影响选择管材和设计管道：

1）系统工作压力。

2）覆土深度。

3）土壤的性质。

4）管道的耐腐蚀能力。

5）可能受到土壤、建筑基础、机动车和铁路等其他附加荷载的影响。

6）管道穿越伸缩缝和沉降缝。

埋地管道当系统工作压力不大于 1.20MPa 时，宜采用球墨铸铁管或钢丝网骨架塑料复合管给水管道；当系统工作压力大于 1.20MPa 且小于 1.60MPa 时，宜采用钢丝网骨架塑料复合管、加厚钢管和无缝钢管；当系统工作压力大于 1.60MPa 时，宜采用无缝钢管。钢管连接宜采用沟槽连接件（卡箍）和法兰，当采用沟槽连接件连接时，公称直径小于等于 DN250 的沟槽式管接头系统工作压力不应大于 2.50MPa，公称直径大于等于 DN300 的沟槽式管接头系统工作压力不应大于 1.60MPa。

**2. 室外消火栓**

室外消火栓分为地上式消火栓与地下式消火栓两种。地上式消火栓应有一个直径为 150mm 或 100mm 和两个直径为 65mm 的栓口，如图 2-2 所示。地下式消火栓应有一个直径为 100mm 和 65mm 的栓口各一个，如图 2-3 所示。

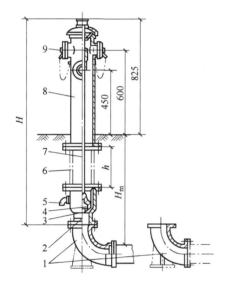

图 2-2　地上式消火栓

1—90°弯头　2—阀体　3—阀座　4—阀瓣

5—排水阀　6—法兰短管　7—阀杆

8—本体　9—接口

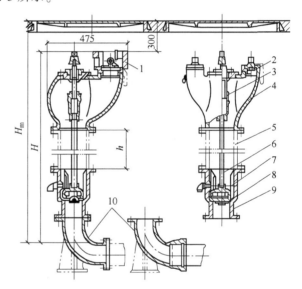

图 2-3　地下式消火栓

1—连接器座　2—接口　3—阀杆　4—本体

5—法兰短管　6—排水阀　7—阀瓣　8—阀座

9—阀体　10—进水弯管

室外消火栓宜采用地上式，在严寒、寒冷等冬季结冰地区宜采用干式地上式室外消火栓，严寒地区宜增设消防水鹤。当采用地下式室外消火栓，地下消火栓井的直径不宜小于 1.5m，且地下式室外消火栓的取水口在冰冻线以上时，应采取保温措施。

《消防给水及消火栓系统技术规范》（GB 50974—2014）规定室外消火栓布置应符合下列要求：

1）建筑室外消火栓的数量应根据室外消火栓设计流量和保护半径经计算确定，保护半径不应大于 150.0m，每个室外消火栓的出流量宜按 10~15L/s 计算。

2）室外消火栓宜沿建筑周围均匀布置，且不宜集中布置在建筑一侧；建筑消防扑救面一侧的室外消火栓数量不宜少于两个。

3) 人防工程、地下工程等建筑应在出入口附近设置室外消火栓，距出入口的距离不宜小于5m，且不宜大于40m。

4) 停车场的室外消火栓宜沿停车场周边设置，且与最近一排汽车的距离不宜小于7m，距加油站或油库不宜小于15m。

5) 甲、乙、丙类液体储罐区和液化烃罐罐区等构筑物的室外消火栓，应设在防火堤或防护墙外，数量应根据每个罐的设计流量经计算确定，但距罐壁15m范围内的消火栓，不应计算在该罐可使用的数量内。

6) 工艺装置区等采用高压或临时高压消防给水系统的场所，其周围应设置室外消火栓，数量应根据设计流量经计算确定，且间距不应大于60.0m。当工艺装置区宽度大于120.0m时，宜在该装置区内的路边设置室外消火栓。

7) 当工艺装置区、罐区、可燃气体和液体码头等构筑物的面积较大或高度较高，室外消火栓的充实水柱无法完全覆盖时，宜在适当部位设置室外固定消防炮。

8) 当工艺装置区、储罐区、堆场等构筑物采用高压或临时高压消防给水系统时，消火栓的设置应符合下列规定：

① 室外消火栓处宜配置消防水带和消防水枪。

② 工艺装置休息平台等处需要设置消火栓的场所应采用室内消火栓，并应符合《消防给水及消火栓系统技术规范》第7.4节的有关规定。

9) 室外消防给水引入管当设有减压型倒流防止器，且火灾时因其水头损失导致室外消火栓不能满足规范所规定的压力时，应在该倒流防止器前设置一个室外消火栓。

3. 消防水池

符合下列规定之一时，应设置消防水池：

1) 当生产、生活用水量达到最大时，市政给水管网或引入管不能满足室内外消防用水量时。

2) 当采用一路消防供水或只有一条引入管，且室外消火栓设计流量大于20L/s或建筑高度大于50m时。

3) 市政消防给水设计流量小于建筑的消防给水设计流量时。

储存室外消防用水的消防水池或供消防车取水的消防水池，应符合下列规定：

① 消防水池应设置取水口（井），且吸水高度不应大于6.0m。

② 取水口（井）与建筑物（水泵房除外）的距离不宜小于15m。

③ 取水口（井）与甲、乙、丙类液体储罐等构筑物的距离不宜小于40m。

④ 取水口（井）与液化石油气储罐的距离不宜小于60m，当采取防止辐射热保护措施时，可为40m。

消防用水与其他用水共用的水池，应采取确保消防用水量不做他用的技术措施。

当生产、生活用水量达到最大时，市政给水管道、进水管或天然水源不能满足室内外消防用水量，应设置消防水池；如果市政给水管道为枝状或只有一条进水管，且室内外消防用水量之和大于25L/s，应设置消防水池。

寒冷地区的消防水池应采取防冻措施。

消防水池应设有水位控制阀的进水管和溢水管、通气管、泄水管、出水管及水位指示器等附属装置。

## 2.2 室内消火栓给水系统

### 2.2.1 室内消火栓给水系统设置的原则

我国《建筑设计防火规范》（GB50016—2014）规定下列建筑或场所应设置室内消火栓系统：

1）建筑占地面积大于 $300m^2$ 的厂房和仓库。

2）高层公共建筑和建筑高度大于 21m 的住宅建筑。对于建筑高度不大于 27m 的住宅建筑，设置室内消火栓系统确有困难时，可设置干式消防竖管和不带消火栓箱的 DN65 的室内消火栓。

3）体积大于 $5000m^3$ 的车站、码头、机场的候车（船、机）建筑、展览建筑、商店建筑、旅馆建筑、医疗建筑和图书馆建筑等单、多层建筑。

4）特等、甲等剧场，超过 800 个座位的其他等级的剧场和电影院等，超过 1200 个座位的礼堂、体育馆等单、多层建筑。

5）建筑高度大于 15m 或体积大于 $10000m^3$ 的办公建筑、教学建筑和其他单、多层民用建筑。

同时《建筑设计防火规范》（GB50016—2014）规定下列建筑或场所可不设置室内消火栓系统，但宜设置消防软卷盘或轻便消防水龙：

1）耐火等级为一、二级且可燃物较少的单、多层丁、戊类厂房（仓库）。

2）耐火等级为三、四级且建筑体积不大于 $3000m^3$ 的丁类厂房；耐火等级为三、四级且建筑体积不大于 $5000m^3$ 的戊类厂房（仓库）。

3）粮食仓库、金库、远离城镇并无人值班的独立建筑。

4）存有与水接触能引起燃烧爆炸的物品的建筑。

5）室内没有生产、生活给水管道，室外消防用水取自储水池且建筑体积不大于 $5000m^3$ 的其他建筑。

国家级文物保护单位的重点砖木或木结构的古建筑，宜设置室内消火栓系统。人员密集的公共建筑、建筑高度大于 100m 的建筑和建筑面积大于 $200m^2$ 的商业服务网点内应设置消防软管卷盘或轻便消防水龙。高层住宅建筑的户内宜配置轻便消防水龙。

一般建筑物或厂房内，消防给水常常与生活或生产给水共用一个给水系统，只在建筑物防火要求高，不宜采用共用系统，或共用系统不经济时，才采用独立的消防给水系统。

### 2.2.2 室内消火栓给水系统类型

#### 1. 按消防给水系统的服务范围分

（1）独立高压（或临时高压）消防给水系统　每幢高层建筑设置独立的消防给水系统。这种系统适用于区域内独立的或分散的高层建筑。其特点是每幢建筑中都独立设置水池、水泵和水箱，因此，供水的安全可靠性高，但管理分散，投资较大。一般在地震区人防要求较高的建筑物以及重要的建筑物宜采用这种系统。

（2）区域或集中高压（或临时高压）消防给水系统　两幢或两幢以上高层建筑共用一

个泵房的消防给水系统。这种系统适用于集中的高层建筑群。其特点是数幢或数十幢高层建筑物共用一个水池和泵房。这种系统便于集中管理,在某些情况下,可节省投资,但在地震区安全性较低。

**2. 按压力和流量是否满足系统要求分**

按压力和流量是否满足系统要求,室内消火栓给水系统分为以下几种:

(1) 常高压消火栓给水系统(图2-4) 水压和流量在任何时间和地点都能满足灭火时所需要的压力和流量,系统中不需要设消防泵的消防给水系统。该系统由两路不同城市给水干管供水。常高压消火栓给水系统管道的压力应保证用水总量达到最大且水枪在任何建筑物的最高处时,水枪的充实水柱仍不小于10m。

(2) 临时高压消火栓给水系统(图2-5) 水压和流量在平时不完全满足灭火时的需要,在灭火时启动消防泵。当为稳压泵稳压时,可满足压力,但不满足水量;当屋顶消防水箱稳压时,建筑物的下部可满足压力和流量,建筑物的上部不满足压力和流量。临时高压消防给水系统,多层建筑管道的压力应保证用水总量达到最大且水枪在任何建筑物的最高处时,水枪的充实水柱仍不小于10m;高层建筑应满足室内最不利点灭火设施的水量和水压要求。

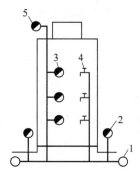

图2-4 常高压消火栓给水系统
1—室外环网 2—室外消火栓 3—室内消火栓
4—生活给水点 5—屋顶试验用消火栓

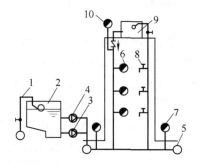

图2-5 临时高压消火栓给水系统
1—市政管网 2—水池 3—消防水泵组 4—生活水泵组
5—室外环网 6—室内消火栓 7—室外消火栓 8—生活
给水点 9—高位水箱和补水管 10—屋顶试验用消火栓

(3) 低压消火栓给水系统(图2-6) 低压给水系统管道的压力应保证灭火时最不利点消火栓的水压不小于0.10MPa(从地面算起)。满足或部分满足消防水压和水量要求,消防时可由消防车或由消防水泵提升压力,或作为消防水池的水源水,由消防水泵提升压力。

## 2.2.3 室内消火栓给水系统的组成

室内消火栓给水系统一般由水枪、水带、消火栓、消防卷盘、消防水箱、消防水池、消防管道、水泵接合器、消防水泵及远距离启动

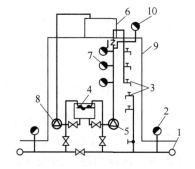

图2-6 低压消火栓给水系统
1—市政管网 2—室外消火栓 3—室内生活给水点
4—室内水池 5—消防水泵 6—水箱 7—室内消火栓
8—生活水泵 9—建筑物 10—屋顶试验用消火栓

消防水泵的设备等组成，图 2-7 所示为低层建筑室内消火栓给水系统组成示意图。

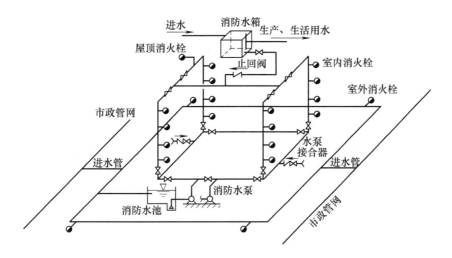

图 2-7 低层建筑室内消火栓给水系统组成示意图

### 1. 水枪、水带和消火栓

室内一般采用直流式水枪，喷嘴口径有 13mm、16mm、19mm 三种。喷嘴口径 13mm 的水枪配 50mm 水带，16mm 的水枪配 50mm 或 65mm 水带，19mm 的水枪配 65mm 水带。

室内消防水带口径有 50mm、65mm 两种，水带长度一般为 15m、20m、25m、30m 四种；水带材质有麻织和化纤两种，有衬胶与不衬胶之分，其中衬胶水流阻力小。水带长度应根据水力计算确定。

消火栓均为内扣式接口的球形阀式龙头，进水口端与消防立管连接，出水口端与水带连接。消火栓按其出口形式分为单出口和双出口两大类。双出口消火栓直径为 65mm，单出口消火栓直径有 50mm 和 65mm 两种。当消防水枪最小射流量小于 5L/s 时，应采用 50mm 消火栓；当消防水枪最小射流量大于等于 5L/s 时，应采用 65mm 消火栓。消火栓按阀和栓口数量可分为单阀单口消火栓、双阀双口消火栓和单阀双口消火栓。一般情况下采用单阀单口消火栓。双阀双口消火栓，除塔式楼住宅外，一般不宜采用。单阀双口消火栓在高层建筑中不得采用。

为了便于维护管理与串用，同一建筑物内应选用同一型号和规格的消火栓水枪和水带。

水枪、水带和消火栓以及消防卷盘平时置于有玻璃门的消火栓箱内，图 2-8 所示为单阀单口消火栓箱，图 2-9 所示为双阀双口消火栓箱，图 2-10 所示为普通消火栓和消防卷盘共用消火栓箱。

### 2. 消防卷盘

室内消火栓给水系统中，有时因喷水压力和消防流量较大，对没有经过消防训练的普通人员来说，难以操纵，影响扑灭初期火灾效果。因此，在一些重要的建筑物内，如高级旅馆、一类建筑的商业楼、展览楼、综合楼等和建筑高度超过 100m 的其他超高层建筑，消火栓给水系统可加设消防卷盘（又称消防水喉），供没有经过消防训练的普通人员扑救初期火灾使用。

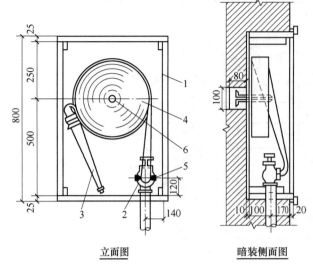

| 立面图 | 暗装侧面图 |

图 2-8 单阀单口消火栓箱
1—消火栓箱 2—消火栓 3—水枪
4—水带 5—水带接口 6—轴

图 2-9 双阀双口消火栓箱
1—双阀双口消火栓 2—卷盘和水带
3—水枪 4—按钮 5—接头

消防卷盘由 25mm 或 32mm 小口径室内消火栓、内径不小于 19mm 的输水胶管、喷嘴口径为 6.8mm 或 9mm 的小口径开关和转盘配套组成，胶管长度为 20～40m。整套消防卷盘与普通消火栓可设在一个消防箱内（见图 2-8），也可从消防立管接出独立设置在专用消防箱内。

消防卷盘一般设置在走道、楼梯附近明显易于取用地点，其间距应保证室内地面的任何部位有一股水柱能够到达。

### 3. 消防水箱

消防水箱的主要作用是供给建筑扑灭初期火灾的消防用水量，并保证相应的水压要求。设置常高压给水系统并能

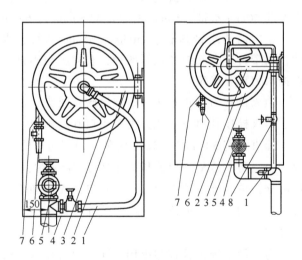

图 2-10 普通消火栓和消防卷盘共用消火栓箱
1—消防卷盘接管 2—消防卷盘接管支架 3—消防卷盘 4—消火栓箱 5—消火栓 6—消防卷盘水枪 7—胶带 8—阀门

保证最不利点消火栓和自动喷水灭火系统等的水量和水压的建筑物，或设置干式消防竖管的建筑物，可不设置消防水箱。设置临时高压给水系统的建筑物应设置消防水箱（包括气压水罐、水塔、分区给水系统的分区水箱）。重力自流的消防水箱应设置在建筑的最高部位。

消防水箱宜与生活或生产高位水箱合用，以保持箱内贮水经常流动，防止水箱水质变坏。水箱应有防止消防储水长期不用而水质变坏和确保消防水量不被挪用的技术措施。例如将生产、生活用水管置于消防水面以上，或在消防水面处的生产、生活用水的出水管上打

孔，保证消防用水安全。

消防用水的出水管应设在水箱的底部，保证供应消防用水。

固定消防水泵启动后，消防管路内的水不应进入水箱，以利于维持管网内的消防水压。消防水箱的补水应由生产或生活给水管道供应。采用消防水泵直接向消防水箱补水，容易导致灭火时消防用水进入水箱，在设计时应引起注意。

4. 消防水池

《消防给水及消火栓系统技术规范》（GB 50974—2014）规定，符合下列规定之一时，应设置消防水池：

1）当生产、生活用水量达到最大时，市政给水管网或引入管不能满足室内外消防用水量时。

2）当采用一路消防供水或只有一条引入管，且室外消火栓设计流量大于 20L/s 或建筑高度大于 50m 时。

3）市政消防给水设计流量小于建筑的消防给水设计流量时。

消防水池的总蓄水有效容积大于 500m³ 时，宜设置两个能独立使用的消防水池，并应设置满足最低有效水位的连通管；但当消防水池的总蓄水容积大于 1000m³ 时，应设置能独立使用的两座消防水池，每座消防水池应设置独立的出水管，并应设置满足最低有效水位的连通管。

5. 消防管道

低层建筑消火栓给水管道布置应满足下列要求：

1）室内消火栓超过 10 个且室外消防用水量大于 15L/s 时，其消防给水管道应连成环状，且至少应有两条进水管与室外管网或消防水泵连接。当其中一条进水管发生事故时，其余的进水管应仍能供应全部消防用水量。

2）高层厂房（仓库）应设置独立的消防给水系统，且室内消防竖管应连成环状。

3）室内消防竖管直径不应小于 DN100。

4）室内消火栓给水管网宜与自动喷水灭火系统的管网分开设置；当合用消防泵时，供水管路应在报警阀前分开设置。

5）高层厂房（仓库）、设置室内消火栓且层数超过四层的厂房（仓库）、设置室内消火栓且层数超过五层的公共建筑，其室内消火栓给水系统应设置消防水泵接合器。

6）消防水泵接合器应设置在室外便于消防车使用的地点，与室外消火栓或消防水池取水口的距离宜为 15~40m。消防水泵接合器的数量应按室内消防用水量计算确定。每个消防水泵接合器的流量宜按 10~15L/s 计算。

7）室内消防给水管道应采用阀门分成若干独立段。对于单层厂房（仓库）和公共建筑，检修停止使用的消火栓不应超过五个。对于多层民用建筑和其他厂房（仓库），室内消防给水管道上阀门的布置应保证检修管道时关闭的竖管不超过一根，但设置的竖管超过三根时，可关闭两根。

阀门应保持常开，并应有明显的启闭标志或信号。

8）消防用水与其他用水合用的室内管道，当其他用水达到最大小时流量时，应仍能保证供应全部消防用水量。

9）允许直接吸水的市政给水管网，当生产、生活用水量达到最大且仍能满足室内外消防用水量时，消防泵宜直接从市政给水管网吸水。

10）严寒和寒冷地区非供暖的厂房（仓库）及其他建筑的室内消火栓系统，可采用干式系统，但在进水管上应设置快速启闭装置，管道最高处应设置自动排气阀。

### 6. 水泵接合器

水泵接合器是连接消防车向室内消防给水系统加压供水的装置。当室内消防水泵发生故障或室内消防用水量不足时，消防车从室外消火栓、消防水池或天然水源取水，通过水泵接合器将水送至室内消防管网，保证室内消防用水。

下列场所的室内消火栓给水系统应设置消防水泵接合器：

1）高层民用建筑。

2）设有消防给水的住宅、超过五层的其他多层民用建筑。

3）超过两层或建筑面积大于 $10000m^2$ 的地下或半地下建筑（室）、室内消火栓设计流量大于 10L/s 的平战结合的人防工程。

4）高层工业建筑和超过四层的多层建筑。

5）城市市政隧道。

自动喷水灭火系统、水喷雾灭火系统、泡沫灭火系统和固定消防炮灭火系统等水灭火系统，均应设置消防水泵接合器。

水泵接合器按安装形式可分为墙壁式、地上式、地下式和多用式。图 2-11 所示为墙壁式、地上式和地下式三种水泵接合器。

a)             b)             c)

图 2-11　水泵接合器
a）墙壁式　b）地上式　c）地下式

### 7. 消防水泵及远距离启动消防水泵的设备

在临时高压消防给水系统中设置消防水泵，保证消防所需压力与消防用水量。消火栓给水系统中设置备用消防水泵，其工作能力不应小于其中最大一台消防工作泵。但室外消防用水量不超过 25L/s 的工厂、仓库或 7~9 层的单元式住宅可不设备用泵。

消防水泵应采用自灌式吸水，水泵的出水管上应装设试验和检查用的放水阀。

消防水泵应保证在火警后 30s 内启动。

为了在起火后迅速提供消防管网所需的水量与水压，必须设置按钮、水流指示器等远距离启动消防水泵的设备。在每个消火栓处，应在距离消火栓较远的墙壁小盒内设置按钮；在水箱的消防出水管上安装水流指示器，当室内消火栓或自动消防喷头动作时，由于水的流动，水流指示器发出火警信号，并自动启动消防水泵。另外，建筑内的消防控制中心，均应设置远距离启动或停止消防水泵运转的设备。

### 2.2.4　消火栓给水系统的给水方式

#### 1. 不分区供水

当消火栓栓口处最大工作压力不大于 1.20MPa 时，室内消火栓给水系统可以采用不分区的方式供水。

不分区供水方式主要有以下几种：

（1）外网直接供水的给水方式　这种方式宜在室外给水管网提供的水量和水压 $p_0$，在任何时候均能满足室内消火栓给水系统所需的水量、水压 $p$ 要求时（$p_0 \geqslant p$）采用，如图 2-12 所示。该方式中消防管道有两种布置形式：一种是消防管道与生活（或生产）管网共用，此时在水表处应设旁通管，水表选择应考虑能承受短历时通过的消防水量。这种形式可以节省一根给水干管，简化管道系统；另一种是消防管道单独设置，可以避免消防管道中滞留过久而腐化的水对生活（或生产）管网供水产生污染。

（2）水箱供水的给水方式　这种方式宜在室外管网一天之内有一定时间能保证消防水量、水压（或是由生活泵向水箱补水）的低层建筑采用。如图 2-13 所示，由水箱贮存 10min 的消防水量，灭火时由水箱供水。

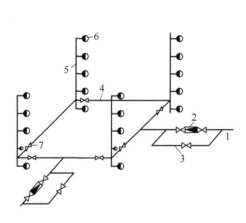

图 2-12　外网直接供水的给水方式
1—进水管　2—水表　3—旁通管及阀门
4—水平干管　5—消防竖管　6—室内
消火栓　7—阀门

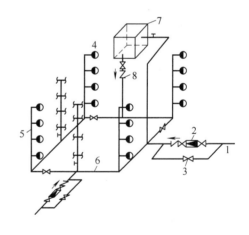

图 2-13　水箱供水的给水方式
1—进水管　2—水表　3—旁通管及阀门
4—室内消火栓　5—消防竖管　6—水平
干管　7—水箱　8—阀门

（3）水泵—水箱联合供水的给水方式　这种方式适用于室外给水管网的水压、水量不能满足室内消火栓给水系统所需水压、水量时。如图 2-14 所示，为保证初期使用消火栓灭火时有足够的消防水量，设置水箱储备 10min 室内消防用水，水箱补水采用生活用水泵，严禁消防泵补水。为防止消防时消防泵出水进入水箱，在水箱进入消防管网的出水管上应设单向阀。

## 2. 分区供水

《消防给水及消火栓系统技术规范》（GB 50974—2014）规定，符合下列条件时，消防给水系统应分区供水：

1）消火栓栓口处静压大于1.0MPa时。

2）自动水灭火系统报警阀处的工作压力大于1.60MPa或喷头处的工作压力大于1.20MPa时。

3）系统工作压力大于2.40MPa时。

分区供水应根据系统压力、建筑特征，经技术经济和安全可靠性比较确定，可采用消防水泵并行或串联、减压水箱和减压阀减压的形式，但当系统的工作压力大于2.40MPa时，应采用消防水泵串联或减压水箱分区供水形式。

（1）并联分区室内消火栓给水系统各区分别有各自专用的消防水泵，独立运行，水泵集中布置。该系统管理方便，运行比较安全可靠。但高区水泵扬程较高，需用耐高压管材与管件，一旦高区在消防车供水压力不够时，高区的水泵接合器将

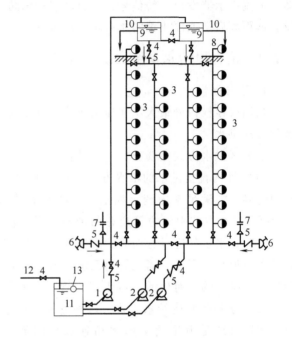

图 2-14  设置消防泵和水箱的室内消火栓给水系统
1—生活、生产水泵  2—消防水泵  3—消火栓和水泵远
距离启动按钮  4—阀门  5—止回阀  6—水泵接合器
7—安全阀  8—屋顶消火栓  9—高位水箱  10—至生活、
生产管网  11—储水池  12—来自城市管网  13—浮球阀

失去作用。并联分区给水系统一般适用于分区不多的高层建筑，如建筑高度不超过100m的高层建筑（见图2-15）。

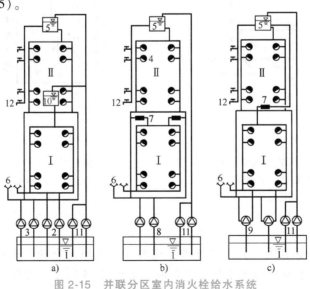

图 2-15  并联分区室内消火栓给水系统
a）采用不同扬程水泵分区  b）采用减压阀分区  c）采用多级多出口水泵分区
1—消防水池  2—低区水泵  3—高区水泵  4—室内消火栓  5—屋顶水箱消防水泵  6—水泵接合器
7—减压阀  8—消防水泵  9—多级多出口水泵  10—中间水箱  11—生活给水泵  12—生活给水

（2）串联分区室内消火栓给水系统　消防给水管网竖向各区由消防水泵或串联消防水泵分级向上供水，串联消防水泵设置在设备层或避难层。

串联消防水泵分区供水可分为消防水泵直接串联和消防水泵转输水箱间接串联两种。规范建议采用消防水泵串联分区供水时，宜采用消防水泵转输水箱串联供水方式，并应符合下列规定：

1）当采用消防水泵转输水箱串联时，转输水箱的有效储水容积不应小于 $60m^3$，转输水箱可作为高位消防水箱。

2）串联转输水箱的溢流管宜连接到消防水池。

3）当采用消防水泵直接串联时，应采取确保供水可靠性的措施，且消防水泵从低区到高区应能依次顺序启动。

4）当采用消防水泵直接串联时，应校核系统供水压力，并应在串联消防水泵出水管上设置减压型倒流防止器。

消防水泵直接串联分区给水系统如图 2-16a 所示。消防水泵直接从消防水池（箱）或消防管网吸水，消防水泵从下到上依次启动。低区水泵作为高区的转输泵，同转输串联给水方式相比，节省投资与占地面积，但供水安全性不如转输串联给水方式，控制较为复杂。采用水泵直接串联时，应注意管网供水压力因接力水泵在小流量高扬程时出现的最大扬程叠加。管道系统的设计强度应满足此要求。

消防水泵转输水箱间接串联分区给水系统如图 2-16b 所示。水泵自下区水箱抽水供上区用水，不需采用耐高压管材、管件与水泵，可通过水泵接合器并经各转输泵向高区送水灭火，供水可靠性较好；水泵分散在各层，振动、噪声干扰较大，管理不便，水泵安全可靠性较差；易产生二次污染。采用消防水泵转输水箱间接串联时，中间转输水箱同时起到上区输水泵的吸水池与本区消防给水屋顶水箱的作用，该两部分水量都是变值，为安全计，输水水箱的容积宜适当放大，建议按 $30\sim60min$ 的消防设计水量计算确定，且不宜小于 $36m^3$，并使下区水泵输水流量适当大于上区消防水量。

在超高层建筑中，也可以采用串联、并联混合给水的方式，消防水泵混合给水系统如图 2-16c 所示。

（3）减压分区室内消火栓给水系统　与生活给水系统的减压给水方式一样分为减压阀减压分区供水和减压水箱减压分区供水。

1）采用减压阀减压分区供水时应符合下列规定：

① 用于消防给水的减压阀性能应安全可靠，并应满足消防给水的要求。

② 减压阀应根据消防给水设计流量和压力选择，且设计流量应在减压阀流量压力特性曲线的有效段内，并校核在 150%设计流量时，减压阀的出口动压不应小于设计值的 70%。

③ 每一供水分区应设不少于两个减压阀组。

④ 减压阀仅应设置在单向流动的供水管上，不应设置在有双向流动的输水干管上。

⑤ 减压阀宜采用比例式减压阀，当超过 1.20MPa 时宜采用先导式减压阀。

⑥ 减压阀的阀前阀后压力比值不宜大于 3:1，当一级减压阀减压不能满足要求时，可采用减压阀串联减压，但串联减压不应大于两级，第二级减压阀宜采用先导式减压阀，阀前后压力差不宜超过 0.40MPa。

⑦ 减压阀后应设置安全阀，安全阀的开启压力应能满足系统安全，且不应影响系统的

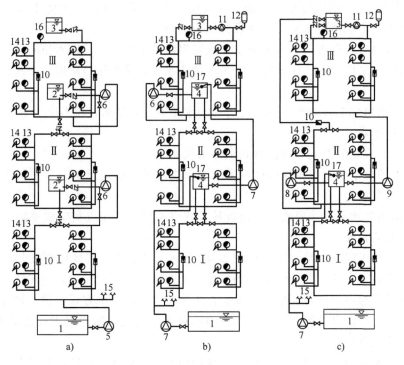

图 2-16 串联分区室内消火栓给水系统

a）消防水泵直接串联给水 b）消防水泵转输水箱间接串联给水 c）消防水泵混合给水

1—消防水池 2—中间水箱 3—屋顶水箱 4—中间转输水箱 5—消防水泵 6—中、高区消防水泵 7—低、中区

消防水泵兼转输 8—中区消防水泵 9—高区消防水泵 10—减压阀 11—增压水泵 12—气压罐

13—室内消火栓 14—消防卷盘 15—水泵接合器 16—屋顶消火栓 17—浮球阀

供水安全性。

2）采用减压水箱减压分区供水时应符合下列规定：

① 减压水箱有效容积、出水、排水和水位、设置场所应符合《消防给水及消火栓系统技术规范》（GB 50974—2014）第 4.3.8 条、第 4.3.9 条和第 5.2.5 条、5.2.6 条第 2 款的有关规定。

② 减压水箱布置和通气管呼吸管等应符合《消防给水及消火栓系统技术规范》（GB 50974—2014）第 5.2.6 条第 3 款至第 11 款的有关规定。

③ 减压水箱的有效容积不应小于 18m³，且宜分为两格。

④ 减压水箱应有两条进、出水管，且每条进、出水管应满足消防给水系统所需消防用水量的要求。

⑤ 减压水箱进水管的水位控制应可靠，宜采用水位控制阀。

⑥ 减压水箱进水管应有防冲击和溢水的技术措施，并宜在进水管上设置紧急关闭阀门，溢流水宜回流到消防水池。

### 2.2.5 消火栓给水系统的设计要求

**1. 消火栓及消防软管卷盘的设置**

室内消火栓的布置应符合下列规定：

1）设置室内消火栓的建筑物，包括设备层在内的各层均应设置消火栓。

2）屋顶设有直升机停机坪的建筑，应在停机坪出入口处或非电气设备机房处设置消火栓，并距停机坪机位边缘的距离不应小于 5.0m。

3）消防电梯间前室内应设置消火栓，并应计入消火栓使用数量。

室内消火栓应设在明显易于取用的地点。栓口距离地面高度为 1.1m，其出水方向应向下或与设置消火栓的墙面成 90°。冷库的室内消火栓应设置在常温穿堂内或楼梯间内。

设有室内消火栓的建筑，当为平屋顶时，宜在平屋顶上设置试验和检查用的消火栓。

高位水箱设置高度不能保证最不利点消火栓的水压要求时，应在每个室内消火栓处设置直接启动消防水泵的按钮，并应有保护措施。

室内消火栓的布置应满足同一平面有两支消防水枪的两股充实水柱同时到达任何部位的要求，但建筑高度小于或等于 24m 且体积小于或等于 5000m³ 的多层仓库、建筑高度小于或等于 54m 且每单元设置一部疏散楼梯的住宅，以及表 2-2 中规定可采用一支消防水枪的场所，可采用一支消防水枪的一股充实水柱到达室内任何部位。

《建筑设计防火规范》（GB 50016—2014）规定下列建筑或场所可不设置室内消火栓系统，但宜设置消防软管卷盘或轻便消防水龙：

1）耐火等级为一、二级且可燃物较少的单层、多层丁、戊类厂房（仓库）。

2）耐火等级为三、四级且建筑体积不大于 3000m³ 的丁类厂房；耐火等级为三、四级且建筑体积不大于 5000m³ 的戊类厂房（仓库）。

3）粮食仓库、金库、远离城镇并无人值班的独立建筑。

4）存有与水接触能引起燃烧爆炸的物品的建筑。

5）室内没有生产、生活给水管道，室外消防用水取自储水池且建筑体积不大于 5000m³ 的其他建筑。

人员密集的公共建筑，建筑高度大于 100m 的建筑和建筑面积大于 200m² 的商业服务网点内应设置消防软管卷盘或轻便消防水龙。高层住宅建筑的户内宜配置轻便消防水龙。

消防软管卷盘一般设置在走道、楼梯附近明显易于取用的地点，其间距应保证室内地面的任何部位有一股水柱能够到达。

该规范还规定，住宅户内宜在生活给水管道上预留一个接 DN15 消防软管或轻便水龙头的接口。

**2. 水枪充实水柱长度及确定**

充实水柱长度是指水枪射流中对灭火起作用的那段消防射流，也就是包含全部射流水量 75%～90% 的那段密实水柱。根据消防实践证明，当水枪的充实水柱长度小于 7m 时，由于火场烟雾大，辐射热高，扑救火灾有一定困难；当充实水柱长度增大时，水枪的反作用力也随之加大，充实水柱长度超过 15m 时，因射流的反作用力而使消防队员无法值握水枪灭火。因此，火场常用的充实水柱长度一般为 10～15m。

《消防给水及消火栓系统技术规范》（GB 50974—2014）要求室内消火栓栓口压力和消防水枪充实水柱应符合下列规定：

1）消火栓栓口动压力不应大于 0.50MPa，当大于 0.70MPa 时应设置减压装置。

2）高层建筑、厂房、库房和室内净空高度超过 8m 的民用建筑等场所的消火栓栓口动压，不应小于 0.35MPa，且消防防水枪充实水柱应按 13m 计算；其他场所的消火栓栓口动压不应小于 0.25MPa，且消防水枪充实水柱应按 10m 计算。

水枪的充实水柱也不宜过大，否则水枪的反作用力会增大，从而影响消防人员的操作，不利于灭火。如图 2-17 所示，水枪充实水柱可按下式计算：

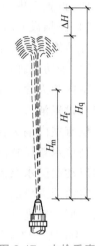

$$H_m = \frac{H_1 - H_2}{\sin\alpha} \tag{2-1}$$

式中　$H_m$——水枪充实水柱长度（m）；

　　　$H_1$——被保护建筑物的层高（m）；

　　　$H_2$——灭火时消防水枪枪口距地面的高度（m），一般取

　　　　　　$H_2 = 1.0m$；

　　　$\alpha$——水枪充实水柱与水平面的夹角，一般为 45°，若有特殊

　　　　　　困难，可适当加大，但水枪的最大倾角不应大于 60°，

　　　　　　以保证消防人员的安全和扑救效果。

图 2-17　水枪垂直射

**3. 消火栓的保护半径及确定**

消火栓的保护半径是指某种规格的消火栓、水枪和一定长度的水带配套后，并考虑消防人员使用该设备时有一定的安全保障（水枪的上倾角不宜超过 45°，否则着火物下落将伤及灭火人员），以消火栓为圆心，消火栓能充分发挥作用的水平距离。

消火栓的保护半径可按式（2-2）计算：

$$R = 0.8L_d + L_s \tag{2-2}$$

式中　$R$——消火栓保护半径（m）；

　　　$L_d$——水带的长度（m）；

　　　$L_s$——水枪的充实水柱在水平面的投影长度（m），对于一般建筑（层高 3~3.5m）由

　　　　　　于两层楼板限制，一般取 $L_s = 3m$；对于工业厂房和层高大于 3.5m 的民用建筑，

　　　　　　按 $L_s = H_m \cos 45°$ 计算。

**4. 消火栓的布置间距及平面布置**

（1）消火栓的布置间距的确定　室内消火栓的间距应经过计算确定，但高层工业建筑、高架库房和甲、乙类厂房，室内消火栓的间距 ≤30m，其他单层和多层建筑室内消火栓的间距 ≤50m。

1）如图 2-18a 所示，当室内宽度较小只有一排消火栓，并且只要求一股水柱到达室内任何部位时，消火栓的间距按式（2-3）计算。

$$S_1 \leqslant 2\sqrt{R^2 - b^2} \tag{2-3}$$

式中　$S_1$——一股水柱时消火栓间距（m）；

　　　$R$——消火栓的保护半径（m）；

　　　$b$——消火栓的最大保护宽度（m），外廊式建筑 $b$ 为建筑宽度，内廊式建筑 $b$ 为走

　　　　　道两侧中最大一边宽度。

2）如图 2-18b 所示，当室内只有一排消火栓，且要求有两股水柱同时到达室内任何部位时，消火栓的间距按式（2-4）计算。

$$S_2 \leqslant \sqrt{R^2 - b^2} \tag{2-4}$$

式中　$S_2$——两股水柱时消火栓间距（m）；

$R$、$b$ 同式（2-3）。

3）如图 2-18c 所示，当建筑物较宽，需要布置多排消火栓，且要求有一股水柱到达室内任何部位时，消火栓的间距按式（2-5）计算。

$$S_n = 1.4R \tag{2-5}$$

4）如图 2-18d 所示，当建筑物较宽，需要布置多排消火栓，且要求有两股水柱同时到达室内任何部位时，消火栓的间距按图 2-18d 确定。

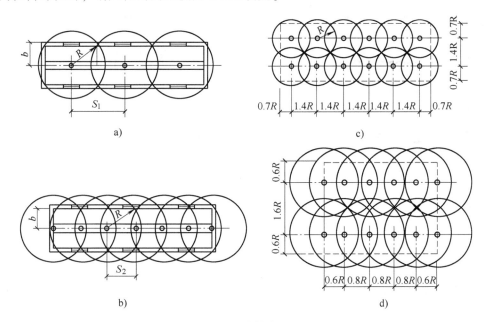

图 2-18　消火栓布置间距

a）单排一股水柱到达室内任何部位　b）单排两股水柱到达室内任何部位
c）多排一股水柱到达室内任何部位　d）多排两股水柱到达室内任何部位

（2）消火栓系统平面布置实例　图 2-19 所示为某普通住宅标准层的室内消防给水系统平面布置图。该工程为 18 层的普通住宅，属于二类高层民用建筑。结合楼内平面布置情况，按照同层有两支水枪的充实水柱同时到达任何部位的原则及室内消火栓的设置位置要求进行消火栓系统平面布置，即：①室内消火栓应设置在位置明显且易于操作的部位；②消防电梯间前室内应设置消火栓；③消火栓不宜设于高层建筑的防烟和封闭楼梯间内。

经计算该建筑消火栓间距为 25m。因该建筑 1～18 层为普通住宅，分成两个单元，每一单元的长度为 20.6m，宽度为 21.9m，即在每一单元内布置两个消火栓就可满足 25m 的消火栓间距要求。另外，消防电梯前室由防火门分隔，所以也需设一个消火栓。该工程每层平面一个单元内设三个消火栓，全楼共设六个消火栓，采用垂直成环布置。图 2-19 中 XHL-1、XHL-2、XHL-3、XHL-4、XHL-5、XHL-6 分别表示六个消防立管。

**5. 消防水箱的设置**

高位消防水箱的设置位置应高于其所服务的水灭火设施，且最低有效水位应满足水灭火设施最不利点处的静水压力，并应符合下列规定：

1）一类高层民用公共建筑不应低于 0.10MPa，但当建筑高度超过 100m 时不应低

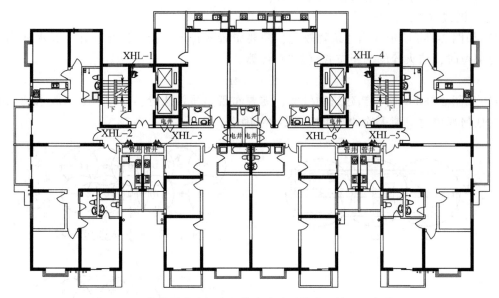

图2-19　某普通住宅标准层的室内消防给水系统平面布置图

于0.15MPa。

2）高层住宅、二类高层公共建筑、多层民用建筑不应低于0.07MPa，多层住宅不宜低于0.07MPa。

3）工业建筑不应低于0.10MPa，当建筑体积小于20000m³时，不宜低于0.07MPa。

4）自动喷水灭火系统等自动水灭火系统应根据喷头灭火需求压力确定，但最小不应小于0.10MPa。

5）当高位消防水箱不能满足上述1）～4）的静压要求时，应设置稳压泵。

高位消防水箱的设置应符合下列规定：

1）当高位消防水箱在屋顶露天设置时，水箱的人孔以及进出水管的阀门等应采取锁具或阀门箱等保护措施。

2）严寒、寒冷等冬季冰冻地区的消防水箱应设置在消防水箱间内，其他地区宜设置在室内，当必须在屋顶露天设置时，应采取防冻隔热等安全措施。

3）高位消防水箱与基础应牢固连接。

高位消防水箱间应通风良好，不应结冰，当必须设置在严寒、寒冷等冬季结冰地区的非供暖房间时，应采取防冻措施，环境温度或水温不应低于5℃。

《消防给水及消火栓系统技术规范》（GB 50974—2014）要求高位消防水箱应符合下列规定：

1）高位消防水箱的有效容积、出水、排水和水位等应符合该规范第4.3.8条和第4.3.9条的有关规定。

2）高位消防水箱的最低有效水位应根据出水管喇叭口和防止旋流器的淹没深度确定，当采用出水管喇叭口应符合该规范第5.1.13条第4款的规定；但当采用防止旋流器时，淹没深度应根据产品确定，不应小于150mm的保护高度。

3）消防水箱的通气管、呼吸管等应符合该规范第4.3.10条的有关规定。

4）消防水箱外壁与建筑本体结构墙面或其他池壁之间的净距，应满足施工或装配的需要，无管道的侧面，净距不宜小于 0.7m；安装有管道的侧面，净距不宜小于 1.0m，且管道外壁与建筑本体墙面之间的通道宽度不宜小于 0.6m，设有人孔的水箱顶，其顶面与其上面的建筑物本体板底的净空不应小于 0.8m。

5）进水管的管径应满足消防水箱 8h 充满水的要求，但管径不应小于 DN32，进水管宜设置液位阀或浮球阀。

6）进水管应在溢流水位以上接入，进水管口的最低点高出溢流边缘的高度应等于进水管管径，但最小不应小于 25mm，最大不大于 150mm。

7）当进水管口为淹没式出流时，应在进水管上设置防止倒流的措施或在管道上设置虹吸破坏孔和真空破坏器，虹吸破坏孔的孔径不宜小于管径的 1/5，且不应小于 25mm。但当采用生活给水系统补水时，进水管不应淹没出流。

8）溢流管的直径不应小于进水管直径的 2 倍，且不应小于 DN100，溢流管的喇叭口直径不应小于溢流管直径的 2.5 倍。

9）高位消防水箱出水管管径应满足消防给水设计流量的出水要求，且不应小于 DN100。

10）高位消防水箱出水管应位于高位消防水箱最低水位以下，并应设置防止消防用水进入高位消防水箱的止回阀。

11）高位消防水箱的进、出水管应设置带有指示启闭装置的阀门。

消防水箱宜与生活或生产高位水箱合用，以保持箱内贮水经常流动，防止水箱水质变坏。水箱应有防止消防储水长期不用而水质变坏和确保消防水量不被挪用的技术措施（见图 2-20）。

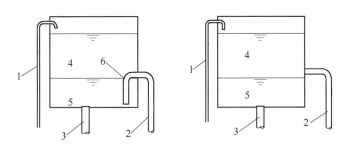

图 2-20 确保消防用水量的技术措施

1—进水管 2—生活供水管 3—消防供水管 4—生活调节水量 5—消防储水量 6—φ10mm 小孔

对于重要的高层建筑，消防水箱最好采用两个，当一个水箱检修时，仍可保存必要的消防应急用水。两个消防水箱底部用连通管连接，并在连通管上设阀门，此阀门处于常开状态（见图 2-21）。发生火灾时，由消水泵供给的消防用水不应进入消防水箱，因此在水箱的消防供水管上设置截止阀。

6. 消防水池的设置

《消防给水及消火栓系统技术规范》（GB 50974—2014）规定，符合下列规定之一时，应设置消防水池：

1）当生产、生活用水量达到最大时，市政给水管网或引入管不能满足室内外消防用水量时。

2）当采用一路消防供水或只有一条引入管，且室外消火栓设计流量大于20L/s或建筑高度大于50m时。

3）市政消防给水设计流量小于建筑的消防给水设计流量时。

消防水池的总蓄水有效容积大于500m³时，宜设两个能独立使用的消防水池，并应设置满足最低有效水位的连通管；但当大于1000m³时，应设置能独立使用的

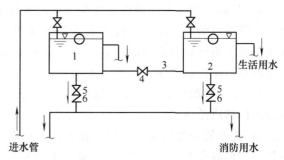

图 2-21　两个水箱储存消防用水的阀门布置

1、2—水箱　3—连通管　4、5—常开阀门　6—止回阀

两座消防水池，每座消防水池应设置独立的出水管，并应设置满足最低有效水位的连通管。

储存室外消防用水的消防水池或供消防车取水的消防水池，应符合下列规定：

1）消防水池应设置取水口（井），且吸水高度不应大于6.0m。

2）取水口（井）与建筑物（水泵房除外）的距离不宜小于15m。

3）取水口（井）与甲、乙、丙类液体储罐等构筑物的距离不宜小于40m。

4）取水口（井）与液化石油气储罐的距离不宜小于60m，当采取防止辐射热保护措施时，可为40m。

消防用水与其他用水共用的水池，应采取确保消防用水量不被它用的技术措施（见图2-22）。在气候条件允许并将游泳池、喷水池、冷却水池等用作消防水池时：必须具备消防水池的功能，设置必要的过滤装置，各种用作储存消防用水的水池，当清洗放空时，必须另有保证消防用水的水池。

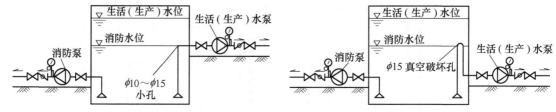

图 2-22　确保消防用水量不被它用的技术措施

消防水池的出水、排水和水位应符合下列要求：

1）消防水池的出水管应保证消防水池的有效容积能被全部利用。

消防水池出水管的安装位置与最低水位的关系可以参见图2-23。

2）消防水池应设置就地水位显示装置，并应在消防控制中心或值班室等地点设置显示消防水池水位的装置，同时应有最高和最低报警水位。

对各种水位进行监控的目的是保证消防水池不因放空或各种因素漏水而造成有效灭火水源不足。

3）消防水池应设置溢流水管和排水设施，并应采用间接排水。

采用间歇排水的目的是防止污水倒灌污染消防水池内的水。

消防水池应设置通气管。消防水池通气管、呼吸管和溢流水管等应采取防止虫、鼠等进入消防水池的技术措施。

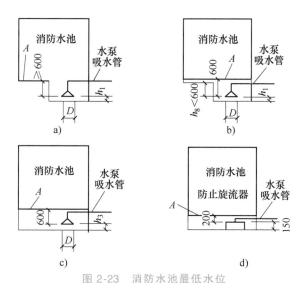

图 2-23　消防水池最低水位

A—消防水池最低水位线　D—吸水管喇叭口直径　$h_1$—喇叭口底到吸水井底的距离

$h_3$—喇叭口底到池底的距离　$h_8$—吸水管轴线到喇叭口底的距离

有些建筑需要将消防水池设置在高处直接由重力向水灭火设施供水，也就是高位消防水池。《消防给水及消火栓系统技术规范》（GB 50974—2014）明确规定高位消防水池的最低有效水位应能满足其所服务的水灭火设施所需的压力和流量，且其有效容积应满足火灾延续时间内所需的消防用水量，并应符合下列规定：

1）高位消防水池有效容积、出水、排水和水位应符合该规范第 4.3.8 条和第 4.3.9 条的有关规定。

2）高位消防水池应符合该规范第 4.3.10 条的有关规定。

3）除可一路消防供水的建筑物外，向高位消防水池供水的给水管应至少有 2 条独立的给水管道。

4）当高层民用建筑采用高位消防水池供水的高压消防给水系统时，高位消防水池储存室内消防给水一起火灾灭火用水量确有困难，且火灾时补水可靠时，其总有效容积不应小于室内消防给水一起火灾灭火用水量的 50%。

5）高层民用建筑高压消防给水系统的高位消防水池总有效容积大于 200m³ 时，宜设置蓄水有效容积相等且可独立使用的两格；但当建筑高度大于 100m 时应设置独立的两座，且每座应有一条独立的出水管向系统供水。

6）高位消防水池设置在建筑物内时，应采用耐火极限不低于 2.00h 的隔墙和 1.50h 的楼板与其他部位隔开，并应设甲级防火门，且应与建筑构件连接牢固。

7. 消防给水管道及其阀门

消火栓给水管道布置应满足下列要求：

1）室内消火栓系统管网应布置成环状，当室外消火栓设计流量不大于 20L/s（但建筑高度超过 50m 的住宅除外），且室内消火栓不超过 10 个时，可布置成枝状。

2）当由室外生产生活、消防合用系统直接供水时，合用系统除应满足室外消防给水设计流量以及生产和生活最大小时设计流量的要求外，还应满足室内消防给水系统的设计流量和压力要求。

3）室内消防管道管径应根据系统设计流量、流速和压力要求经计算确定；室内消火栓竖管管径应根据竖管最低流量经计算确定，但不应小于 DN100。

室内消火栓环状给水管道检修时应符合下列规定：

1）室内消火栓竖管应保证检修管道时关闭停用的竖管不超过一根，当竖管超过四根时，可关闭不相邻的 2 根。

2）每根立管上下两端与供水干管相接处应设置阀门。

室内消火栓给水管网宜与自动喷水等其他水灭火系统的管网分开设置；当合用消防泵时，供水管路沿水流方向应在报警阀前分开设置。

低压消防给水系统的系统工作压力应根据市政给水管网和其他给水管网等的系统工作压力确定，且不应小于 0.60MPa。

高压和临时高压消防给水系统的系统工作压力应根据系统可能最大运行供水压力确定，并应符合规范的相关规定。

架空管道当系统工作压力小于等于 1.20MPa 时，可采用热浸锌镀锌钢管；当系统工作压力大于 1.20MPa 时，应采用热浸镀锌加厚钢管或热浸镀锌无缝钢管；当系统工作压力大于 1.60MPa 时，应采用热浸镀锌无缝钢管。

在建筑室内消防管网上要设置一定数量的阀门以满足检修要求，阀门的个数按管道检修时被关闭的立管不超过一条，当立管为四条及四条以上时，可关闭不相邻的两条。与高层主体建筑相连的附属建筑（裙房）内，因阀门关闭而停止使用的消火栓在同层中不超过五个。消防管网上的阀门设置可参照图 2-24。

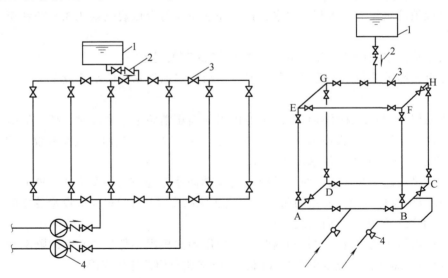

图 2-24　室内消防管网阀门设置示意图

1—消防水箱　2—止回阀　3—阀门　4—消防水泵

室内消防管道上的阀门，应处于常开状态。要求阀门设有明显的启闭标志，常用的有明杆闸阀、蝶阀、带关闭指示的信号阀等，以便检修后及时开启阀门，保证管网水流畅通。

8. 消防水泵

消防水泵的选择和应用应符合下列规定：

1) 消防水泵的性能应满足消防给水系统所需流量和压力的要求。

2) 消防水泵所配驱动器的功率应满足所选水泵流量-扬程性能曲线上任何一点运行所需功率的要求。

3) 当采用电动机驱动的消防水泵时，应选择电动机干式安装的消防水泵。

4) 流量-扬程性能曲线应为无驼峰、无拐点的光滑曲线，零流量时的压力不应超过设计压力的140%，且不宜小于设计额定压力的120%。

5) 当出流量为设计流量的150%时，其出口压力不应低于设计压力的65%。

6) 泵轴的密封方式和材料应满足消防水泵在低流量时运转的要求。

7) 消防给水同一泵组的消防水泵型号宜一致，且工作泵不宜超过三台。

8) 多台消防水泵并联时，应校核流量叠加对消防水泵出口压力的影响。

当采用柴油机消防水泵时应符合下列规定：

1) 柴油机消防水泵应采用压缩式点火型柴油机。

2) 柴油机的额定功率应校核海拔和环境温度对柴油机功率的影响。

3) 柴油机消防水泵应具备连续工作的性能，试验运行时间不应小于24h。

4) 柴油机消防水泵的蓄电池应保证消防水泵随时自动启泵的要求。

5) 柴油机消防水泵的供油箱应根据火灾延续时间确定，且油箱最小有效容积应按1.5L/kW配置，柴油机消防水泵油箱内储存的燃料不应小于储量的50%。

消防水泵应设置备用泵，其性能应与工作泵性能一致，但下列情况除外：

1) 建筑高度小于50m的住宅和室外消防给水设计流量小于等于25L/s的建筑。

2) 室内消防给水设计流量小于等于10L/s的建筑。

消防水泵吸水应符合下列规定：

1) 消防水泵应采取自灌式吸水方式。

2) 消防水泵从市政管网直接抽水时，应在消防水泵出水管上设置减压型倒流防止器。

3) 当吸水口处无吸水井时，吸水口处应设置旋流防止器。

离心式消防水泵吸水管、出水管和阀门等，应符合下列规定：

1) 每台消防水泵最好具有独立的吸水管，一组消防水泵，吸水管不应少于两条，当其中一条损坏或检修时，其余吸水管应仍能通过全部消防给水设计流量。几种消防泵吸水管的布置见图2-25。

2) 消防水泵吸水管布置应避免形成气囊。

3) 一组消防水泵应设不少于两条的输水干管与消防给水环状管网连接，当其中一条输水管检修时，其余输水管应仍能供应全部消防给水设计流量。消防水泵为两台时，消防水泵与室内消防环状管连接方法见图2-26。

4) 消防水泵吸水口的淹没深度应满足消防水泵在最低水位运行安全的要求，吸水管喇叭口在消防水池最低有效水位下的淹没深度应根据吸水管喇叭口的水流速度和水力条件确定，但不应小于600mm，当采用旋流防止器时，淹没深度不应小于200mm。

5) 消防水泵的吸水管上应设置明杆闸阀或带自锁装置的蝶阀，但当设置暗杆阀门时应设有开启刻度和标志；当管径超过DN300时，宜设置电动阀。

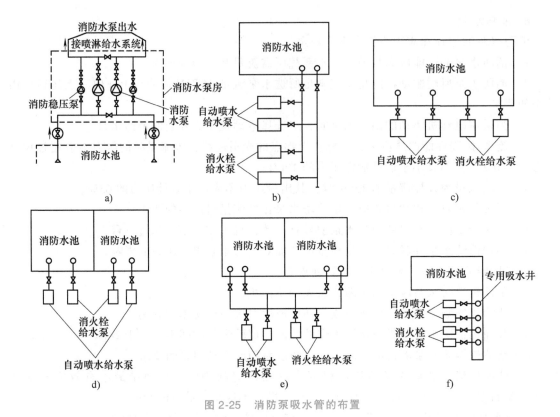

图 2-25　消防泵吸水管的布置

6）消防水泵的出水管上应设止回阀、明杆闸阀；当采用蝶阀时，应带有自锁装置；当管径大于 DN300 时，宜设置电动阀。

7）消防水泵吸水管的直径小于 DN250 时，其流速宜为 1.0~1.2m/s；直径大于 DN250 时，其流速宜为 1.2~1.6m/s。

8）消防水泵出水管的直径小于 DN250 时，其流速宜为 1.5~2.0m/s；直径大于 DN250 时，其流速宜为 2.0~2.5m/s。

9）吸水井的布置应满足井内水流顺畅、流速均匀、不产生涡漩的要求，并应便于安装施工。

10）消防水泵的吸水管、出水管道穿越外墙时，应采用防水套管；当穿越墙体和楼板时，防水套管长度不应小于墙体厚度，或应高出楼面或地面 50mm；套管与管道的间隙应采用不燃材料填塞，管道的接口不应位于套管内。

11）消防水泵的吸水管穿越消防水池时，应采用柔性套管；采用刚性防水套管时，应在水泵吸水管上设置柔性接头，且管径不应大于 DN150。

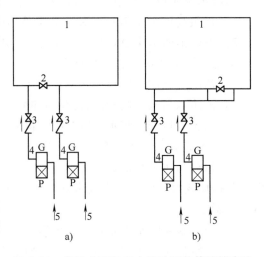

图 2-26　消防水泵与室内消防环状管连接方法

a）正确的布置方法　b）不正确的布置方法

P—电动机　G—消防水泵　1—室内管网　2—消防分隔阀门　3—阀门与单向阀　4—出水管　5—吸水管

消防水泵吸水管和出水管上应设置压力表，并应符合下列规定：

1）消防水泵出水管压力表的最大量程不应低于水泵额定工作压力的 2 倍，且不应低于 1.60MPa。

2）消防水泵吸水管宜设置真空表、压力表或真空压力表，压力表的最大量程应根据工程具体情况确定，但不应低于 0.70MPa，真空表的最大量程宜为-0.10MPa。

3）压力表的直径不应小于 100mm，应采用直径不小于 6mm 的管道与消防水泵进出口管连接，并应设置关断阀门。

### 9. 水泵接合器

消防水泵接合器的给水流量宜按每个 10~15L/s 计算。消防水泵接合器设置的数量应按系统设计流量经计算确定，但当计算数量超过三个时，可根据供水可靠性适当减少。

临时高压消防给水系统向多栋建筑供水时，消防水泵接合器宜在每栋单体附件就近设置。

消防水泵接合器的供水压力范围，应根据当地消防车的供水流量和压力确定。

消防给水为竖向分区供水时，在消防车供水压力范围内的分区，应分别设置水泵接合器；当建筑高度超过消防车供水高度时，消防给水应在设备层等方便操作的地点设置手抬泵或移动泵接力供水的吸水和加压接口。

水泵接合器应设在室外便于消防车使用的地点，距室外消火栓或消防水池的距离不宜小于 15m 且不宜大于 40m。

墙壁消防水泵接合器的安装高度距地面宜为 0.7m；与墙面上的门、窗、孔、洞的净距离不应小于 2.0m，且不应安装在玻璃幕墙下方；地下消防水泵接合器的安装，应使进水口与井盖底面的距离不大于 0.4m，且不应小于井盖的半径。

水泵接合器处应设置永久性标志铭牌，并应标明供水系统、供水范围和额定压力。

### 10. 增压与稳压设施

设置高位水箱的室内消火栓系统，屋顶消防水箱安装高度一般很难保证高区最不利点消防设备的水压要求。当水箱安装高度不能保证室内最不利点消防设备的水压要求时，应采用增压设备。增压设备有管道泵、稳压泵和气压罐。

（1）管道泵　系统中除设有消防主泵外，在屋顶水箱间设置管道泵，管道泵加压示意图见图 2-27。火灾发生后，管道泵由远距离按钮及时启动，从水箱吸水加压后送至管网进行灭火。管道泵的流量应满足一个消火栓用水量或一个自动喷头的用水量，即消火栓系统不应大于 5L/s，对自动喷水灭火系统不应大于 1L/s。管道泵的扬程按照保证本区消防管网最不利消火栓所需要的压力，通过计算确定。

（2）稳压泵　稳压泵是一种小流量高扬程的水泵，设在屋顶水箱间，其作用是补充系统渗漏的水量，保持系统所需的压力。

稳压泵宜采用单吸单级或单吸多级离心泵，泵外壳和叶轮等主要部件的材质宜采用不锈钢。

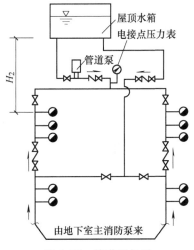

图 2-27　管道泵加压

稳压泵的设计流量应符合下列规定：

1）稳压泵的设计流量不应小于消防给水系统管网的正常泄漏量和系统自动启动流量。

2）消防给水系统管网的正常泄漏量应根据管道材质、接口形式等确定，当没有管网泄漏量数据时，稳压泵的设计流量宜按消防给水设计流量的1%~3%计，且不宜小于1L/s。

3）消防给水系统所采用报警阀压力开关等自动启动流量应根据产品确定。

稳压泵的设计压力应符合下列要求：

1）稳压泵的设计压力应满足系统自动启动和管网充满水的要求。

2）稳压泵的设计压力应保持系统自动启泵压力设置点处的压力在准工作状态时大于系统设置自动启泵压力值，且增加值宜为0.07~0.10MPa。

3）稳压泵的设计压力应保持系统最不利点处水灭火设施的在准工作状态时的压力大于该处的静水压，且增加值不应小于0.15MPa。

（3）气压罐　设置气压罐与高位水箱配合，可以达到增压的目的。图2-28所示为屋顶水箱供水的局部增压的消防系统。

#### 11. 消防给水系统的减压装置

室内消火栓一般采用的是直流水枪，水枪反作用力如果超过200N，一名消防队员难以掌握并进行扑救。因此，为使消防水量合理分配、均衡供水，利于消防人员把握水枪及安全操作，《消防给水及消火栓系统技术规范》（GB 50974—2014）规定室内消火栓栓口的动压力不应大于0.50MPa；当动压力大于0.70MPa时，必须设减压装置进行减压。一般的减压措施有以下几种。

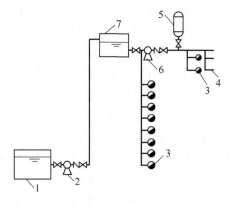

图2-28　屋顶水箱供水的局部增压的消防系统

1—地面储水池或水箱　2—水泵　3—消火栓　4—水嘴　5—隔膜式气压罐　6—增压泵　7—屋顶水箱

（1）减压阀减压　消防给水系统中的减压阀常以分区形式设置，一般由两个减压阀并联安装组成减压阀组，如图2-29所示，两个减压阀应交换使用，互为备用。减压阀前后应装设检修阀、压力表，宜装设软接头或伸缩器，便于检修安装。减压阀前应装设过滤器，并应便于排污，过滤器宜采用40目滤网。减压阀组后（沿水流方向），应设泄水阀。

（2）减压孔板减压　在消火栓处可设置减压孔板以消除剩余压力，保证消防给水系统均衡供水。减压孔板一般用不锈钢或黄铜等材料制作。减压孔板可用法兰或活接头与管道连接在一起，也可直接与消火栓口组合在一起。图2-30所示为减压孔板的几种安装方式。

（3）减压稳压消火栓减压　室内减压稳压消火栓是集消火栓与减压阀于一身，不需人工调试，只需消火栓的栓前压力保持在0.4~0.8MPa，其栓口出口压力就会保持在

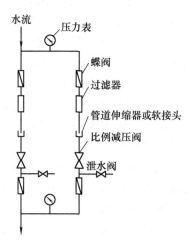

图2-29　减压阀组示意图

（0.3±0.05）MPa，且 DN65 消火栓的流量不小于 5L/s。图 2-31 所示为 SNJ65-H 型减压稳压消火栓示意图。

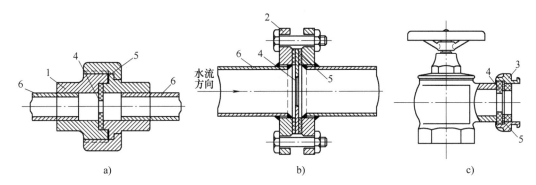

图 2-30　减压孔板的安装方式

a）孔板安装在活接头中　　b）法兰连接减压孔板安装　　c）消火栓后固定接口内安装

1—活接头　2—法兰　3—消火栓固定接口　4—减压孔板　5—密封垫　6—消火栓支管

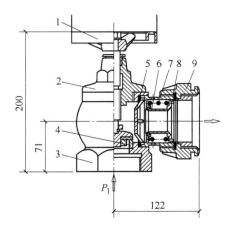

图 2-31　SNJ65-H 型减压稳压消火栓示意图

1—手轮　2—阀盖　3—阀体　4—阀座

5—挡板　6—活塞　7—弹簧

8—活塞套　9—固定接口

## 2.2.6　消火栓给水系统的设计计算

消火栓给水系统计算的主要任务，是根据室内消火栓消防水量的要求，进行合理的流量分配后，确定给水系统管道的管径、系统所需水压、水箱的设置高度、容积和消防水泵的型号等。

### 1. 室内消火栓用水量

室内消火栓设计流量应根据建筑物的用途、高度、体积、耐火等级、火灾危险性等因素综合确定，但不应小于表 2-2 所示的规定。

当建筑物室内设有自动喷水灭火系统、水喷雾灭火系统、泡沫灭火系统或固定消防炮灭火系统等一种或两种以上自动水灭火系统时，室内消火栓系统设计流量可减少 50%，但不应小于 10L/s。

表2-2 室内消火栓设计流量

| 建筑物名称 | | 高度 $h/m$、体积 $V/m^3$；座位数 $n$(个)；火灾危险性 | | 消火栓用水量/(L/s) | 同时使用水枪数量(支) | 每根竖管最小流量/(L/s) |
|---|---|---|---|---|---|---|
| 单层及多层 | 厂房 | $h\leqslant24$ | 甲、乙、丁、戊 | 10 | 2 | 10 |
| | | | 丙 $V\leqslant5000$ | 10 | 2 | 10 |
| | | | 丙 $V>5000$ | 20 | 4 | 15 |
| | | $24<h\leqslant50$ | 乙、丁、戊 | 25 | 5 | 15 |
| | | | 丙 | 30 | 6 | 15 |
| | | $h>50$ | 乙、丁、戊 | 30 | 6 | 15 |
| | | | 丙 | 40 | 8 | 15 |
| | 仓库 | $h\leqslant24$ | 甲、乙、丁、戊 | 10 | 2 | 10 |
| | | | 丙 $V\leqslant5000$ | 15 | 3 | 15 |
| | | | 丙 $V>5000$ | 25 | 5 | 15 |
| | | $h>24$ | 丁、戊 | 30 | 6 | 15 |
| | | | 丙 | 40 | 8 | 15 |
| | 科研楼、试验楼 | $V\leqslant10000$ | | 10 | 2 | 10 |
| | | $V>10000$ | | 15 | 3 | 10 |
| | 车站、码头、机场候车(船、机)楼和展览馆(包括博物馆)等 | $5000<V\leqslant25000$ | | 10 | 2 | 10 |
| | | $25000<V\leqslant50000$ | | 15 | 3 | 10 |
| | | $V>50000$ | | 20 | 4 | 15 |
| | 剧院、电影院、会堂、礼堂、体育馆等 | $800<n\leqslant1200$ | | 10 | 2 | 10 |
| | | $1200<n\leqslant5000$ | | 15 | 3 | 10 |
| | | $5000<n\leqslant10000$ | | 20 | 4 | 15 |
| | | $n>10000$ | | 30 | 6 | 15 |
| | 旅馆 | $5000<V\leqslant25000$ | | 10 | 2 | 10 |
| | | $25000<V\leqslant50000$ | | 15 | 3 | 10 |
| | | $V>50000$ | | 20 | 4 | 15 |
| | 商店、图书馆、档案馆等 | $5000<V\leqslant25000$ | | 15 | 3 | 10 |
| | | $25000<V\leqslant50000$ | | 25 | 5 | 15 |
| | | $V>50000$ | | 40 | 8 | 15 |
| | 病房楼、门诊楼等 | $5000<V\leqslant25000$ | | 10 | 2 | 10 |
| | | $V>25000$ | | 15 | 3 | 15 |
| | 办公楼、教学楼、公寓、宿舍等其他建筑 | $h>15$ 或 $V\geqslant10000$ | | 15 | 3 | 10 |
| 高层 | 住宅 | $21<h\leqslant27$ | | 5 | 2 | 5 |
| | 住宅 | $27<h\leqslant54$ | | 10 | 2 | 10 |
| | | $h>54$ | | 20 | 4 | 10 |
| | 一类公共建筑 | $h\leqslant50$ | | 20 | 4 | 10 |

（续）

| 建筑物名称 | | 高度 $h$/m、体积 $V$/m³；座位数 $n$（个）；火灾危险性 | 消火栓用水量/（L/s） | 同时使用水枪数量（支） | 每根竖管最小流量/（L/s） |
|---|---|---|---|---|---|
| 高层 | 二类公共建筑 | $h \leqslant 50$ | 30 | 6 | 15 |
| | | $h > 50$ | 40 | 8 | 15 |
| 国家级文物保护单位的重点砖木、木结构的古建筑 | | $V \leqslant 10000$ | 20 | 4 | 10 |
| | | $V > 10000$ | 25 | 5 | 15 |
| 地下建筑 | | $V \leqslant 5000$ | 10 | 2 | 10 |
| | | $5000 < V \leqslant 10000$ | 20 | 4 | 15 |
| | | $10000 < V \leqslant 25000$ | 30 | 6 | 15 |
| | | $V > 25000$ | 40 | 8 | 20 |
| 人防工程 | 展览馆、影院、剧场、礼堂、健身体育场所等 | $V \leqslant 1000$ | 5 | 1 | 5 |
| | | $1000 < V \leqslant 2500$ | 10 | 2 | 10 |
| | | $V > 2500$ | 15 | 3 | 10 |
| | 商场、餐厅、旅馆、医院等 | $V \leqslant 5000$ | 5 | 1 | 5 |
| | | $5000 < V \leqslant 10000$ | 10 | 2 | 10 |
| | | $10000 < V \leqslant 25000$ | 15 | 3 | 10 |
| | | $V > 25000$ | 20 | 4 | 10 |
| | 丙、丁、戊类生产车间、自行车库 | $V \leqslant 2500$ | 5 | 1 | 5 |
| | | $V > 2500$ | 10 | 2 | 10 |
| | 丙、丁、戊类物品库房、图书资料档案库 | $V \leqslant 3000$ | 5 | 1 | 5 |
| | | $V > 3000$ | 10 | 2 | 10 |

注：1. 丁、戊类高层厂房（仓库）室内消火栓的设计流量应按本表减少 10L/s，同时使用消防水枪数可按本表减少 2 支。

　　2. 消防软管卷盘、轻便消防水龙及多层住宅楼梯间中的干式消防竖管，其消火栓设计流量可不计入室内消防给水设计流量。

　　3. 当一座多层建筑有多种使用功能时，室内消火栓设计流量应分别按本表中不同功能计算，且应取最大值。

宿舍、公寓等非住宅类居住建筑的室内消火栓设计流量应按《消防给水及消火栓系统技术规范》（GB 50974—2014）中表 3.5.2 中的公共建筑确定。

### 2. 室内消火栓口所需水压力

消火栓口所需的水压按式（2-6）计算：

$$p_x = p_q + p_d + p_k \tag{2-6}$$

式中　$p_x$——消火栓口的水压（kPa）；

　　　$p_q$——水枪喷嘴处的压力（kPa）；

　　　$p_d$——水带的压力损失（kPa）；

　　　$p_k$——消火栓栓口压力损失（kPa），按 20kPa 计算。

（1）水枪喷嘴处的压力　理想的射流高度（即不考虑空气对射流的阻力）为

$$H_q = \frac{v^2}{2g} \tag{2-7}$$

水枪喷嘴处的压力

$$p_q = H_q \gamma \tag{2-8}$$

式中　$v$——水流在喷嘴口处的流速（m/s）；

　　　$g$——重力加速度（m/s$^2$）；

　　　$H_q$——水枪喷嘴处的压头（m）；

　　　$\gamma$——水的容重（kN/m$^3$）；

　　　$p_q$——水枪喷嘴处的压力（kPa）。

实际射流对空气的阻力（压头）为

$$\Delta H = H_q - H_f = \frac{K}{d} \frac{v^2}{2g} H_f \tag{2-9}$$

把式（2-7）代入式（2-9）得

$$H_q - H_f = \frac{K}{d} H_q H_f$$

设：$\varphi = \frac{K}{d}$，则

$$H_q = \frac{H_f}{1 - \varphi H_f} \tag{2-10}$$

式中　$K$——空气沿程阻力系数，由实验确定的阻力系数；

　　　$H_f$——水流垂直射流高度（m）；

　　　$d$——水枪喷嘴直径（m）；

　　　$\varphi$——与水枪喷嘴直径有关的实验数据，可按经验公式 $\varphi = \dfrac{0.25}{d + (0.1d)^3}$ 计算，其值已

　　　列入表2-3。

表2-3　系数 $\varphi$ 值

| 水枪喷嘴直径 $d$/mm | 13 | 16 | 19 |
|---|---|---|---|
| $\varphi$ | 0.0165 | 0.0124 | 0.0097 |

水枪充实水柱高度 $H_m$ 与水流垂直射流高度 $H_f$ 的关系由式（2-11）表示：

$$H_f = \alpha_f H_m \tag{2-11}$$

式中　$\alpha_f$——与 $H_m$ 有关的实验数据，$\alpha_f = 1.19 + 80(0.01H_m)^4$，可查表2-4。

将式（2-11）代入式（2-10）可得到水枪喷嘴处的压头与充实水柱的关系为

$$H_q = \frac{\alpha_f H_m}{1 - \varphi \alpha_f H_m} \tag{2-12}$$

表2-4　系数 $\alpha_f$ 值

| $H_m$/m | 7 | 10 | 13 | 15 | 20 |
|---|---|---|---|---|---|
| $\alpha_f$ | 1.19 | 1.20 | 1.21 | 1.22 | 1.24 |

（2）水流通过水带的压力损失

$$p_d = A_d L_d q_x^2 \gamma \tag{2-13}$$

式中 $p_d$——水带的压力损失（kPa）；

$A_d$——水带的比阻，可采用表 2-5 中的值；

$L_d$——水带的长度（m）；

$q_x$——水枪的射流量（L/s）；

表 2-5 水带的比阻 $A_d$ 值

| 水带材料 | 水带直径 | |
|---|---|---|
| | 50mm | 65mm |
| 帆布、麻质 | 0.015 | 0.0043 |
| 衬胶 | 0.00677 | 0.00172 |

（3）水枪的实际射流量 根据孔口出流公式：

$$q_x = \mu \frac{\pi d^2}{4} \sqrt{2gH_q} = 0.003477 \mu d^2 \sqrt{H_q}$$

令 $B = (0.003477 \mu d^2)^2$，则

$$q_x = \sqrt{BH_q} \qquad\qquad (2\text{-}14)$$

式中 $q_x$——水枪的射流量（L/s）；

$B$——水枪水流特性系数，与水枪喷嘴直径有关，可查表 2-6；

$H_q$——水枪喷嘴处的压头（m）；

$\mu$——孔口流量系数，采用 $\mu = 1.0$。

表 2-6 水枪水流特性系数 $B$

| 水枪喷嘴直径/mm | 13 | 16 | 19 | 22 |
|---|---|---|---|---|
| $B$ | 0.346 | 0.793 | 1.577 | 2.836 |

注：水枪的设计射流量不应小于表 2-2 中的最小流量的要求。

设计时根据规范对最小流量和充实水柱的要求，查表 2-7 确定消火栓口处所需水压力。表中水带的长度 $L_d$ 按 25m 计。

表 2-7 $H_m$-$p_q$-$q_x$ 计算成果表

| 规范要求最小射流量/（L/s） | 最小充实水柱 $H_m$/m | 栓口直径/mm | 喷嘴直径 $d$/mm | 设计射流量 $q_x$/（L/s） | 设计充实水柱 $H_m$/m | 设计喷嘴压力 $p_q$/kPa | 水带压力损失 $p_d$/kPa | | 设计栓口所需压力 $p_x$/kPa | |
|---|---|---|---|---|---|---|---|---|---|---|
| | | | | | | | 帆布、麻质 | 衬胶 | 帆布、麻质 | 衬胶 |
| 2.5 | 7.0 | 50 | 13 | 2.50 | 11.6 | 181.3 | 23.5 | 10.6 | 225 | 212 |
| | | | 16 | 2.72 | 7.0 | 93.1 | 27.8 | 12.5 | 141 | 126 |
| 2.5 | 10.0 | 50 | 13 | 2.50 | 11.6 | 181.3 | 23.5 | 10.6 | 225 | 212 |
| | | | 16 | 3.34 | 10.0 | 140.8 | 12.0 | 4.8 | 173 | 166 |
| 5.0 | 7.0 | 65 | 19 | 5.00 | 11.4 | 158.3 | 26.9 | 10.8 | 205 | 189 |
| | 13.0 | 65 | 19 | 5.42 | 13.0 | 186.1 | 31.6 | 12.6 | 238 | 219 |

**3. 高位消防水箱的消防贮水量**

临时高压消防给水系统的高位消防水箱的有效容积应满足初期火灾消防用水量的要求，并应符合下列规定：

1）一类高层公共建筑，不应小于 $36m^3$；当建筑高度大于 100m 时，不应小于 $50m^3$；当建筑高度大于 150m 时，不应小于 $100m^3$。

2）多层公共建筑、二类高层公共建筑和一类高层住宅，不应小于 $18m^3$；当一类高层住宅建筑高度超过 100m 时，不应小于 $36m^3$。

3）二类高层住宅，不应小于 $12m^3$。

4）建筑高度大于 21m 的多层住宅，不应小于 $6m^3$。

5）工业建筑室内消防给水设计流量，当小于或等于 25L/s 时，不应小于 $12m^3$；大于 25L/s 时，不应小于 $18m^3$。

6）总建筑面积大于 $10000m^2$ 且小于 $30000m^2$ 的商店建筑，不应小于 $36m^3$；总建筑面积大于 $30000m^2$ 的商店建筑，不应小于 $50m^3$。当与 1）的规定不一致时，应取其较大值。

**4. 消防水池的消防贮水量**

消防水池有效容积的计算应符合下列规定：

1）当市政给水管网能保证室外消防给水设计流量时，消防水池的有效容积应满足在火灾延续时间内室内消防用水量的要求。

2）当市政给水管网不能保证室外消防给水设计流量时，消防水池的有效容积应满足火灾延续时间内室内消防用水量和室外消防用水量不足部分之和的要求。

由于各种消防流量都能够确定，因此消防水池的有效容积计算的关键是确定火灾延续时间。不同场所消火栓系统和固定冷却水系统的火灾延续时间不应小于表 2-8 中的规定。

表 2-8　不同场所的火灾延续时间

| 建　　筑 | | | 场所与火灾危险性 | 火灾延续时间/h |
|---|---|---|---|---|
| 建筑物 | 工业建筑 | 仓库 | 甲、乙、丙类仓库 | 3.0 |
| | | | 丁、戊类仓库 | 2.0 |
| | | 厂房 | 甲、乙、丙类厂房 | 3.0 |
| | | | 丁、戊类厂房 | 2.0 |
| | 民用建筑 | 公共建筑 | 高层建筑中的商业楼、展览楼、综合楼,建筑高度大于 50m 的财贸金融楼、图书馆、书库、重要的档案楼、科研楼和高级宾馆等 | 3.0 |
| | | | 其他公共建筑 | 2.0 |
| | | 住宅 | | |
| | 人防工程 | | 建筑面积小于 $3000m^2$ | 1.0 |
| | | | 建筑面积大于等于 $3000m^2$ | 2.0 |
| | | | 地下建筑、地铁车站 | |
| 构筑物 | 煤、天然气、石油及其产品的工艺装置 | | — | 3.0 |
| | 甲、乙、丙类可燃液体储罐 | | 直径大于 20m 的固定顶罐和直径大于 20m 浮盘用易熔材料制作的内浮顶罐 | 6.0 |
| | | | 其他储罐 | 4.0 |
| | | | 覆土油罐 | |
| | 液化烃储罐、沸点低于 45℃ 的甲类液体、液氨储罐 | | | 6.0 |

（续）

| 建　　筑 | 场所与火灾危险性 | | 火灾延续时间/h |
|---|---|---|---|
| 构筑物 | 空分站,可燃液体、液化烃的火车和汽车装卸站台 | | 3.0 |
| | 变电站 | | 2.0 |
| | 装卸油品码头 | 甲、乙类可燃液体乙、油品一级码头 | 6.0 |
| | | 甲、乙类可燃液体乙、油品二、三级码头<br>丙类可燃液体油品码头 | 4.0 |
| | | 海港油品码头 | 6.0 |
| | | 河港油品码头 | 4.0 |
| | | 码头装卸区 | 2.0 |
| | 装卸液化石油气船码头 | | 6.0 |
| | 液化石油气加气站 | 地上储气罐加气站 | 3.0 |
| | | 埋地储气罐加气站 | 1.0 |
| | | 加油和液化石油气加合建站 | |
| | 易燃、可燃材料露天、半露天堆场,可燃气体罐区 | 粮食土圆囤、席穴囤 | 6.0 |
| | | 棉、麻、毛、化纤百货 | |
| | | 稻草、麦秸、芦苇等 | |
| | | 木材等 | |
| | | 露天或半露天堆放煤和焦炭 | 3.0 |
| | | 可燃气体储罐 | |

消防水池的给水管应根据其有效容积和补水时间确定，补水时间不宜大于 48h，但当消防水池的有效总容积大于 2000m³ 时，补水时间不应大于 96h。消防水池给水管管径应经计算确定，且不应小于 DN50。

当消防水池采用两路供水且在火灾情况下连续补水能满足消防要求时，消防水池的有效容积应根据计算确定，但不应小于 100m³，当仅设有消火栓系统时不应小于 50m³。

火灾时消防水池连续补水应符合下列规定：

1）消防水池应采用两路消防给水。

2）火灾延续时间内的连续补水流量应按消防水池最不利给水管供水量计算，并可按下式计算：

$$q_f = 3600Av \tag{2-15}$$

式中　$q_f$——火灾时消防水池的补水流量（m³/h）；

$A$——消防水池给水管断面面积（m²）；

$v$——管道内水的平均流速（m/s）。

消防水池给水管管径和流量应根据市政给水管网或其他给水管网的压力、入户管管径、消防水池给水管管径，以及消防时其他用水量等经水力计算确定，当计算条件不具备时，给水管的平均流速不宜大于 1.5m/s。

5. 消防管网水力计算

消防管网水力计算的主要目的在于计算消防给水管网的管径、消防给水管网的压力损失、室内消防系统所需水压力（或消防泵的扬程）以及高位水箱设置高度。

（1）消防给水管网的管径 枝状管网和环状管网均应确定最不利管路上的最不利点。当室内要求有两个或两个以上消火栓同时使用时，在单层建筑中以最高最远的两个或多个消火栓作为计算最不利点；在多层建筑中按表 2-9 所列数值确定最不利点和进行流量分配，高层建筑室内消火栓给水系统最不利点消防竖管和消火栓流量分配应符合表 2-10 中的规定。

环状网在确定最不利计算管路时，可按枝状网对待，即选择恰当管道作为假设不通水管路，这样环状网就可以按枝状网计算。

选定建筑物的最高与最远的两个或多个消火栓为计算最不利点，以此确定计算管路，并按照消防规范规定的室内消防用水量进行流量分配，最不利点消防竖管和消火栓流量分配应符合表 2-9 中的规定。

表 2-9 最不利点计算流量分配

| 室内消防计算流量/(L/s) | 最不利消防竖管出水枪数（支） | 相邻竖管出水枪数（支） | 室内消防计算流量/(L/s) | 最不利消防竖管出水枪数（支） | 相邻竖管出水枪数（支） |
|---|---|---|---|---|---|
| 1×5 | 1 | | 3×5 | 2 | 1 |
| 2×2.5 | 2 | | 4×5 | 2 | 2 |
| 2×5 | 2 | | 6×5 | 3 | 3 |

表 2-10 高层建筑室内消火栓给水系统最不利点计算流量分配

| 室内消防计算流量/(L/s) | 最不利消防竖管出水枪数（支） | 相邻竖管出水枪数（支） | 次相邻消防竖管出水枪数（支） |
|---|---|---|---|
| 10 | 2 | | |
| 20 | 2 | 2 | |
| 25 | 3 | 2 | |
| 30 | 3 | 3 | |
| 40 | 3 | 3 | 2 |

注：1. 两支出水枪的竖管：如设置双出口消火栓取上一层按双出口消火栓进行计算。

　　2. 三支出水枪的竖管：如设置双出口消火栓取上一层按双出口消火栓，另加一支水枪进行计算。

按式（2-15）确定最不利点处消火栓水枪射流量，以下各层水枪的实际射流量根据消火栓口处的实际压力计算，确定消防管网中各管段的流量。

按流量公式 $Q = \frac{1}{4}\pi D^2 v$ 计算出各管段的管径。消防管内水流速度一般以 1.4~1.8m/s 为宜，不允许超过 2.5m/s。

为了保证消防车通过水泵接合器向消火栓给水系统供水灭火，室内消防竖管管径不应小于 50mm。

消防用水与其他用水合并的室内管道，当其他用水达到最大秒流量时，应仍能供给全部消防用水量。淋浴用水量可按计算用水量的 15% 计算，洗刷用水量可不计算在内。

消火栓给水管道中的流速一般以 1.4~1.8m/s 为宜，不允许大于 2.5m/s。为保证消防车通过水泵接合器向消火栓给水系统供水灭火，对于低层建筑消火栓给水管网管径不得小于 DN100。

（2）消防给水管网的压力损失　管道沿程压力损失按下式计算：

$$p = iL \tag{2-16}$$

式中　$p$——管道沿程压力损失（MPa）；

$i$——单位长度的压力损失（MPa/m）；

$L$——管段长度（m）。

管道的局部压力损失宜采用当量长度法计算，即将各种阀门管件折算成当量长度，按式（2-16）计算，阀门管件的当量长度按表 2-11 确定，$i$ 为同管径同流量下的水力坡度。管道的局部压力损失也可按沿程损失的 10% 计。

表 2-11　当量长度

| 管件名称 | 管件直径/mm | | | | | | | | |
|---|---|---|---|---|---|---|---|---|---|
| | 25 | 32 | 40 | 50 | 70 | 80 | 100 | 125 | 150 |
| 45°弯头 | 0.3 | 0.3 | 0.6 | 0.6 | 0.9 | 0.9 | 1.2 | 1.5 | 2.1 |
| 90°弯头 | 0.6 | 0.9 | 1.2 | 1.5 | 1.8 | 2.1 | 3.1 | 3.7 | 4.3 |
| 三通或四通 | 1.5 | 1.8 | 2.4 | 3.1 | 3.7 | 4.6 | 6.1 | 7.6 | 9.2 |
| 蝶阀 | | | | 1.8 | 2.1 | 3.1 | 3.7 | 2.7 | 3.1 |
| 闸阀 | | | | 0.3 | 0.3 | 0.3 | 0.6 | 0.6 | 0.9 |
| 止回阀 | 1.5 | 2.1 | 2.7 | 3.4 | 4.3 | 4.9 | 6.7 | 8.3 | 9.8 |
| 异径接头 | 32<br>25 | 40<br>32 | 50<br>40 | 70<br>50 | 80<br>70 | 100<br>80 | 125<br>100 | 150<br>125 | 200<br>150 |
| | 0.2 | 0.3 | 0.3 | 0.5 | 0.6 | 0.8 | 1.1 | 1.3 | 1.6 |

注：当异径接头的出口直径不变而入口直径提高一级时，其当量长度应增大 0.5 倍；提高 2 级或 2 级以上时，其当量长度应增大 1.0 倍。

（3）室内消防系统所需水压力（或消防泵的扬程）　室内消防系统所需水压力（或消防泵的扬程）：

$$p = p_1 + p_2 + p_{x0} \tag{2-17}$$

式中　$p_1$——给水引入管与最不利消火栓之间的高程差（kPa），如由消防泵供水，则为消防贮水池最低水位与最不利消火栓之间的高程差；

$p_2$——计算管路压力损失（kPa）；

$p_{x0}$——最不利消火栓口处所需水压力（kPa）。

（4）高位水箱设置高度　水箱设置高度应保证室内最不利点消防设备的水压要求，可按下式计算：

$$H = 0.1(p_{x0} + p_g) \tag{2-18}$$

式中　$H$——高位水箱与最不利消火栓之间的垂直压力差高度（m）；

$p_{x0}$——最不利点消火栓栓口所需水压（kPa）；

$p_g$——最不利计算管路压力损失（kPa）。

6. 减压计算

（1）消火栓剩余压力　消火栓处的剩余压力可由式（2-19）计算：

$$p_s = p_b - (p_z + \sum p + p_{xh}) \tag{2-19}$$

式中　$p_s$——计算楼层消火栓处的剩余水压（MPa）；

$p_b$——消防水泵扬程对应的压力 （MPa）；

$p_z$——消防水池最低水位或消防水泵与室外给水管网连接点至消火栓口垂直高度所要求的静水压 （MPa）；

$\sum p$——消防水泵自水池或室外管网吸水送至计算层消火栓的消防管道沿程和局部压力损失之和 （MPa）；

$p_{xh}$——消火栓口所需压力 （MPa）。

（2）减压孔板　在消火栓前消防管道内安装的减压孔板，水流通过减压孔板的压力损失可按式 （2-20）~式 （2-22）计算：

$$p_k = \xi \frac{v_k^2}{2g} \times 10^{-2} \tag{2-20}$$

$$v_k = \frac{4q_x}{\pi D^2} \times 10^3 \tag{2-21}$$

$$\xi = \left[ 1.75 \frac{D^2}{d_2} \cdot \frac{(1.1 - d^2/D^2)}{(1.175 - d^2/D^2)} - 1 \right]^2 \tag{2-22}$$

式中　$p_k$——水流通过减压孔板时的压力损失 （MPa）；

　　　$\xi$——孔板局部阻力系数；

　　　$v_k$——水流通过孔板后的流速 （m/s）；

　　　$q_x$——水流通过孔板后的流量 （L/s）；

　　　$g$——重力加速度，取 9.8m/s$^2$；

　　　$D$——消防给水管管径 （mm）；

　　　$d$——减压孔板孔径 （mm）。

为简化计算，将各种不同管径及孔板孔径代入公式中，求得相应的损失值，据此绘制成表格，见表 2-12。使用时，只要已知剩余水头及给水管管径，就可在表中查出所需孔板孔径。

表 2-12　栓前安装孔板压力损失值　　　　　（单位：$\times 10^{-2}$MPa）

| 管道公称直径/mm | 流量 $q_x$/(L/s) | 孔板孔径 $d$/mm | | | | | | | | | | | | | | | |
|---|---|---|---|---|---|---|---|---|---|---|---|---|---|---|---|---|---|
| | | 16 | 18 | 20 | 22 | 24 | 26 | 28 | 30 | 32 | 34 | 36 | 38 | 40 | 42 | 44 | 46 |
| DN50 | 2.5 | 18.4 | 11.0 | 6.9 | 4.5 | 3.0 | | | | | | | | | | | |
| | 5.0 | 73.5 | 44.1 | 27.6 | 17.9 | 11.9 | 8.1 | 5.6 | 3.9 | | | | | | | | |
| DN70 | 2.5 | 19.7 | 12.1 | 7.8 | 5.2 | 3.5 | | | | | | | | | | | |
| | 5.0 | 78.9 | 48.3 | 31.0 | 20.7 | 14.2 | 10.0 | 7.2 | 5.3 | 3.9 | | | | | | | |
| DN80 | 2.5 | 80.3 | 49.4 | 31.9 | 21.4 | 14.8 | 10.5 | 7.6 | 5.6 | 4.2 | 3.2 | | | | | | |
| | 5.0 | | | 127.5 | 85.5 | 59.1 | 42.0 | 30.4 | 22.5 | 16.8 | 12.8 | 9.8 | 7.6 | 6.0 | 4.7 | 3.7 | 3.0 |

在消火栓后安装的减压孔板，消火栓与孔板组合压力损失可按式 （2-23）计算：

$$p_k = 1.06\xi \frac{v_k^2}{2g} \times 10^{-2} \tag{2-23}$$

式中符号同前。同样，组合压力损失也可制成表格以便使用，见表 2-13。理论上讲，应在存在剩余压力的各层消火栓处设置不同孔径的孔板，以消耗过剩压力，使各层消火栓基本保持 5L/s 的消防设计流量。但在实际工程中，一般在消火栓处的动水压力超过 0.50MPa 时才采取减压措施。另外，设计减压孔板时，不必每层采用不同尺寸的孔板，而是每 3～5 层采用一个格的孔板。

表 2-13　栓后安装孔板组合压力损失值　　　　　（单位：×10⁻² MPa）

| 消火栓型号 | 消防流量 /(L/s) | 孔板孔径 $d$/mm | | | | | | | | |
|---|---|---|---|---|---|---|---|---|---|---|
| | | 16 | 18 | 20 | 22 | 24 | 26 | 28 | 30 | 32 |
| SN50 | 2.5 | 19.78 | 11.92 | 7.51 | 4.90 | 3.28 | | | | |
| SN65 | 5.0 | 83.36 | 50.96 | 32.67 | 21.73 | 14.91 | 10.45 | 7.51 | 5.47 | 4.05 |

【例 2-1】　一幢 7 层科研楼，已知该楼层高均为 3.2m，建筑宽 15m，长 40m，体积 > 10000m³。室外给水管道的埋深为 1m，所提供的水压为 200kPa，室内外地面高层差 0.4m，要求进行消火栓给水系统管径和水泵的设计计算。

解：1. 选择给水方式

估算室内消防给水所需水压：

$$p = 280\text{kPa} + 40(n-2)\text{kPa} = [280 + 40 \times (7-2)]\text{kPa} = 480\text{kPa}$$

室外给水管道所提供的水压为 200kPa，显然不能满足室内消防给水水压要求，应采用水泵—水箱联合给水方式。

2. 消火栓的布置

按规范要求采用单出口消火栓布置，按 2 股水柱可达室内平面任何部位计算，水带长度为 25m。

$$R = 0.8L_d + L_s = (0.8 \times 25 + 3)\text{m} = 23\text{m}$$

则消火栓的最大保护半径和布置间距为

$$S \leq \sqrt{R^2 - b^2} = (\sqrt{23^2 - 8.0^2})\text{m} = 21.6\text{m}$$

每层楼布置一排 3 个消火栓，如图 2-32a，消火栓的间距为 20m。根据平面图绘制系统

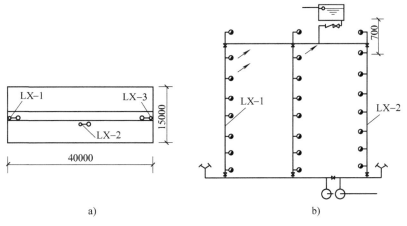

图 2-32　科研楼消火栓给水平面图、系统图

a）平面图　b）系统图

图，见图 2-32b。

3. 水力计算

（1）确定最不利情况下出流水枪支数及出流水枪位置

查表 2-2，该科研楼室内消火栓最小用水量为 15L/s，3 支水枪同时出流，每根竖管最小流量 10L/s，每支水枪最小流量 5L/s。

选最不利立管上 2 支水枪出流，次不利立管上 1 支水枪出流，如图 2-32 所示。

（2）确定消火栓设备规格

《消防给水及消火栓系统技术规范》规定，大于 6 层的民用建筑水枪充实水柱长度不得小于 10m。

根据水枪充实水柱长度不得小于 10m 和每支水枪最小流量 5L/s 的要求，查表 2-7，则设计充实水柱长度 $H_m = 11.4m$，每支水枪最小流量 $q_x = 5L/s$，设计栓口所需压力 $p_x = 205kPa$。消火栓设备规格：水枪直径为 19mm，水带直径为 65mm，$L_d = 25m$，麻质水带；水栓直径为 65mm。

（3）消防管道流量、管径、压力损失计算

查表 2-6，$B = 1.577$；查表 2-5，$A_d = 0.0043$

1-2 段：

$$Q_{1-2} = q_{x1} = 5L/s$$

$$p_{x1} = 205kPa$$

采用镀锌钢管，查书后附录，管径为 100mm，$v = 0.58m/s$，$i = 0.074kPa/m$

2-3 段：

$$p_{x2} = p_{x1} + \Delta Z_{1-2} + p_{1-2} = (205 + 32 + 3.2 \times 0.074)kPa$$
$$= 237.24kPa$$

$$p_{x2} = p_{q2} + p_{d2} + 20 = \frac{q_{x2}^2}{B} + A_Z L_d q_{x2}^2 + 20$$

$$q_{x2} = \left(\sqrt{\frac{p_{x2} - 20}{\frac{1}{B} + A_Z L_d}}\right)L/s = \left(\sqrt{\frac{(238 - 20)/10}{\frac{1}{1.577} + 0.0043 \times 25}}\right)L/s = 5.4L/s$$

$$Q_{2-3} = q_{x1} + q_{x2} = (5 + 5.4)L/s = 10.4L/s$$

查书后附录，管径为 100mm，$v = 1.21m/s$，$i = 0.30kPa/m$

$$Q_{3-4} = Q_{2-3} = 10.4L/s$$

$$Q_{4-5} = Q_{2-3} + 5 = 15.4L/s$$

计算结果详见表 2-14，消防立管及横干管均采用管径 100mm。

4. 消防水泵的选择

$$Q_b = 15.4L/s$$

$$p_b = p_1 + p_2 + p_{x0}$$
$$= [(3.2 \times 6 + 1.1 + 1.4) \times 10 + 1.1 \times iL + 205]kPa = 447.3kPa$$

消防泵的设计流量为 15.4L/s，扬程对应的压力为 447.3kPa。

表 2-14　消火栓系统水力计算表

| 设计管段编号 | 设计流量 $Q/(\text{L/s})$ | 管径/mm | 流速 $v/(\text{m/s})$ | 管段长度 $L/\text{m}$ | 单位管长压力损失 $i/(\text{kPa/m})$ | 管段沿程压力损失 $iL/\text{kPa}$ |
|---|---|---|---|---|---|---|
| 1-2 | 5 | 100 | 0.58 | 3.2 | 0.074 | 0.24 |
| 2-3 | 10.4 | 100 | 1.21 | 17.5 | 0.30 | 5.25 |
| 3-4 | 10.4 | 100 | 1.21 | 20 | 0.30 | 6.0 |
| 4-5 | 15.4 | 100 | 1.79 | 18 | 0.64 | 11.52 |
| $\sum iL =$ | | | | | | 23.01 |

【例 2-2】　某 16 层综合服务性大楼，室内消火栓用水量为 40L/s，室外消火栓用水量为 30L/s。建筑的火灾延续时间为 3h。系统计算用图如图 2-33 所示。

解：1. 消火栓的保护半径

消火栓配备水带直径为 65mm 的麻织水带，长度为 25m。水带展开时的弯曲折减系数取 0.8，由于受楼层高度限制，在计算流量时，应以建筑层高 3.6m 计算所得充实水柱长度为依据，则消火栓保护半径为

$$R = C \times L_d + L_s = \left[ 0.8 \times 25 + (3.6-2) \cos45°/\sin45° \right]\text{m} = 21.6\text{m}$$

消火栓布置间距：

$$S \leqslant \sqrt{R^2 - b^2} = \sqrt{21.6^2 - (8+2.2)^2}\,\text{m} = 20.2\text{m}$$

2. 水枪枪口所需压力及出流量

水枪喷嘴直径为 19mm，水枪水流特性系数 $B$ 取 1.577。根据规范要求，该建筑建筑高度不超过 100m，水枪的充实水柱不应小于 10mH$_2$O（100kPa）。首先按充实水柱为 10mH$_2$O（100kPa）时，计算所需压力与流量。

$$
\begin{aligned}
p_q &= \frac{\alpha_f p_m}{1 - \varphi \alpha_f p_m} \\
&= \frac{1.20 \times 10}{1 - 0.0097 \times 1.20 \times 10}\text{mH}_2\text{O} \\
&= 13.58\text{mH}_2\text{O}
\end{aligned}
$$

水枪喷嘴的出流量：

$$q_{xh} = \sqrt{B p_q} = \sqrt{1.577 \times 13.58}\,\text{L/s} = 4.63\text{L/s} < 5\text{L/s}$$

不满足规范中规定的每支水枪最小流量为 5L/s，故需提高水枪枪口压力，使流量增至 5L/s，则枪口压力为

$$p_q = \frac{q_x^2}{B} = \frac{5^2}{1.577}\text{mH}_2\text{O} = 15.85\text{mH}_2\text{O}$$

实际的充实水柱长度为

$$p_m = \frac{p_q}{\alpha_f(1 + \varphi p_q)} = \frac{15.85}{1.2 \times (1 + 0.0097 \times 15.85)}\text{mH}_2\text{O} = 11.45\text{mH}_2\text{O}$$

### 3. 水带阻力

水龙带选用 65mm 麻质水带，阻力系数 $A = 0.0043$，则水龙带的压力损失：

$$p_d = A_z L_d q_{xh}^2 = 0.0043 \times 25 \times 5.0^2 \, mH_2O = 2.69 mH_2O$$

### 4. 消火栓口所需压力

最不利点消火栓口所需压力为

$$p_{xh} = p_q + p_d + p_k = (15.85 + 2.69 + 2.0) \, mH_2O$$
$$= 20.54 mH_2O = 0.2054 MPa$$

其中，$p_k$ 是消火栓栓口压力损失，按 $2.0 mH_2O$（$0.02MPa$）计算。

### 5. 消防管网水力计算

绘制管道系统图，确定最不利点，并进行编号。根据《建筑防水规范》要求，该建筑发生火灾时需 8 支水枪同时工作。如图 2-33 所示，立管 I 上的 16、15、14 层消火栓距消防水泵最远，处于最不利位置。按照最不利消防竖管和消火栓的流量要求，I 为最不利消防竖管，出水枪数为 3 支，编号 1、2、3，II 为相邻消防竖管，出水枪数为 3 支，编号 a、b、c，III 为次相邻消防竖管，出水枪数为 2 支，编号 d、e。

由 4. 知，16 层消火栓口压力 $p_{xh1} = 20.54 mH_2O$，流量为 5L/s。

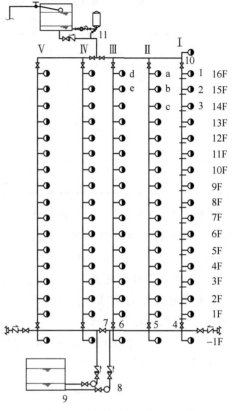

图 2-33　消火栓系统计算用图

对于 15 层的消火栓而言，其栓口压力应为 $p_{xh2} = p_{xh1} + (层高) + (15 \sim 16 层消防立管的压力损失)$，

则

$$p_{xh2} = (20.54 + 3.6 + 0.00749 \times 3.6) \, mH_2O = 24.17 mH_2O$$

又因

$$p_{xh2} = p_{q2} + p_d + 2.0 = \frac{q_{xh2}}{B} + AL_d q_{xh2}^2 + 2.0 = q_{xh2}^2 \left( \frac{1}{B} + AL_d \right) + 2.0$$

故

$$q_{xh2} = \sqrt{\frac{p_{xh2} - 2}{\dfrac{1}{B} + AL_d}} = \sqrt{\frac{24.17 - 2}{\dfrac{1}{1.577} + 0.0043 \times 25}} \, L/s = 5.47 L/s$$

同理，14 层消火栓口压力 $p_{xh3} = p_{xh2} + (层高) + (14 \sim 15 层消防立管的压力损失)$

则

$$p_{xh3} = (24.17 + 3.6 + 0.029 \times 3.6) \, mH_2O = 27.87 mH_2O$$

$$q_{xh3} = \sqrt{\frac{p_{xh3} - 2}{\dfrac{1}{B} + AL_d}} = \sqrt{\frac{27.87 - 2}{\dfrac{1}{1.577} + 0.0043 \times 25}} \, L/s = 5.90 L/s$$

根据消防流量分配原则，Ⅰ消防立管 13 层以下消火栓流量不再计算，则Ⅰ消防立管的总流量为

$$q_{xh1} + q_{xh2} + q_{xh3} = (5 + 5.47 + 5.90)\,\text{L/s} = 16.37\,\text{L/s}$$

立管采用 DN100mm 管径，流速 $v = 1.89\,\text{m/s}$。

从理论上讲，Ⅱ号消防立管上 a、b、c 消火栓流量应比Ⅰ立管流量稍大，但相差较小，为简化计算，常采用与Ⅰ立管相同的流量，即认为 $q_{xha} + q_{xhb} + q_{xhc} = q_{xh1} + q_{xh2} + q_{xh3}$。同理，Ⅲ立管上的 d、e 消火栓流量近似同Ⅰ立管上 1、2 消火栓流量。则同时使用 8 支水枪的消防总流量为

$$Q_{xh} = (2 \times 16.37 + 5.0 + 5.47)\,\text{L/s} = 43.21\,\text{L/s}$$

横干管采用管径 200mm，流速 $v = 1.41\,\text{m/s}$。

管道水力计算结果见表 2-15。

表 2-15　管道水力计算表

| 计算管段 | 设计流量/<br>（L/s） | 管径/<br>mm | 流速 $v$/<br>（m/s） | 每 m 水压力损失 $i$/<br>（$\times 10^{-3}$MPa/m） | 管长 $L$/m | 沿程压力损失 $p_y = iL$/<br>（$\times 10^{-3}$MPa） |
|---|---|---|---|---|---|---|
| 1—2 | 5.0 | 100 | 0.61 | 0.078 | 3.6 | 0.2808 |
| 2—3 | 5.0+5.47=10.47 | 100 | 1.20 | 0.290 | 3.6 | 1.044 |
| 3—4 | 10.47+5.90=16.37 | 100 | 1.89 | 0.718 | 50.9 | 36.55 |
| 4—5 | 16.37 | 200 | 0.53 | 0.0285 | 18.2 | 0.5187 |
| 5—6 | 2×16.37=32.74 | 200 | 1.06 | 0.101 | 18.6 | 1.879 |
| 6—7 | 32.74+10.47=43.21 | 200 | 1.41 | 0.173 | 15.0 | 2.595 |
| 7—8 | 43.21 | 200 | 1.41 | 0.173 | 3.5 | 0.6055 |
| 8—9 | 43.21 | 200 | 1.41 | 0.173 | 2.0 | 0.346 |
| | | | | $\sum p_y = 0.0438\text{MPa}$ | | |

计算管路总的沿程损失为　　　　$\sum p_y = 0.0438\text{MPa}$

管网局部阻力损失按沿程压力损失的 10% 计算，则计算管路的总压力损失为

$$p_z = 1.1 \sum p_y = 1.1 \times 0.0438\text{MPa} = 0.0482\text{MPa}$$

**6. 消防水泵**

消防水泵扬程，即消火栓给水系统所需总水压应为

$$p_b = p_1 + p_{xh} + p_z = (0.622 + 0.2054 + 0.0482)\text{MPa} = 0.876\text{MPa}$$

消防泵流量，按消火栓灭火总用水量：$Q_b = Q_x = 43.21\text{L/s}$，选消防泵 XBD50-90-HY 型水泵两台，一用一备。（$Q$ 取值为 0~50L/s，$p = 0.90\text{MPa}$，$N = 75\text{kW}$）

**7. 消火栓减压装置计算**

为使消防水量分配均匀，在出水压力超过 0.50MPa 的消火栓处设置减压孔板，以减少栓前剩余压力。各层消火栓处剩余压力可按式（2-21）计算。计算结果见表 2-16。

从理论上讲，凡是超过消火栓口所需压力的，都应设置不同孔径的孔板，以消耗其剩余压力，使各层消火栓都保持 5L/s 的消防流量和相应的压力 0.205MPa。但在实际工程中，压力超过 0.50MPa 的消火栓才作减压设施，根据计算结果，−1F~8F 压力超过要求，故设置减压孔板。

表 2-16  消火栓减压孔板的计算表

| 楼 层 | 动水压力 /mH$_2$O | 剩余水压 $p_0$ /mH$_2$O | 孔板孔径 $d$ /m | 楼 层 | 动水压力 /mH$_2$O | 剩余水压 $p_0$ /mH$_2$O | 孔板孔径 $d$ /m |
|---|---|---|---|---|---|---|---|
| 16F | 20.54 | 0 | — | 7F | 54.88 | 34.34 | 20 |
| 15F | 24.17 | 4.0 | — | 6F | 58.74 | 38.20 | 20 |
| 14F | 27.87 | 7.27 | — | 5F | 62.60 | 42.06 | 19 |
| 13F | 31.73 | 11.19 | — | 4F | 66.45 | 45.91 | 19 |
| 12F | 35.59 | 15.05 | — | 3F | 70.31 | 49.77 | 18 |
| 11F | 39.45 | 18.91 | — | 2F | 74.17 | 53.63 | 18 |
| 10F | 43.30 | 22.76 | — | 1F | 78.03 | 57.49 | 18 |
| 9F | 47.16 | 26.62 | — | -1F | 82.99 | 62.45 | 17 |
| 8F | 51.02 | 30.48 | 21 | | | | |

8. 增压设备

消防水箱最低水位标高为 63.7m，最不利消火栓处标高为 58.1m，两者差为 5.6m。消防水箱设置高度不能满足最不利消火栓静水压力 0.07MPa 的要求，故在水箱间设增压泵和气压罐，以满足最不利点消火栓的出水压力。增压系统按开启 2 只水枪设计。

（1）气压罐容积  气压罐的有效容积按 30s 的消防水量计算，$V_x = 2 \times 5 \times 30L = 300L$。

（2）气压罐最低工作压力

$p_1 = p$（压力损失）$+ p_{xh}$（消火栓口压力）$- Z_1$（最低水位与最不利消火栓间的垂直高度）$+ p_a$（大气压）

由 1 点开始进行计算，计算方法如前述，但只计算 2 只水枪的流量，以后管段流量不再变化，一直到水箱出水管处。计算结果见表 2-17。

$p = 1.1 \times 0.0014MPa = 0.00154MPa$，$p_{xh} = 0.205MPa$，$Z_1 = 0.056MPa$

则 $p_1 = (0.00154 + 0.205 - 0.056 + 0.098)MPa = 0.248MPa$（绝对压力）

相对压力（表压）为（0.248 - 0.098）MPa = 0.150MPa。

（3）最大工作压力  取气压罐最低工作压力与气压罐最高工作压力比 $\alpha_b = 0.6$，则气压罐最高工作压力（绝对压力）$p_2 = p_1/\alpha_b = 0.25/0.6MPa = 0.42MPa$。

相对压力（表压）为：（0.42 - 0.098）MPa = 0.32MPa。

（4）增压泵启动压力  $p_{s1} = p_2 + 0.03 = (0.32 + 0.03)MPa = 0.35MPa$。

（5）增压泵停泵压力  $p_{s2} = p_{s1} + 0.05 = (0.35 + 0.05)MPa = 0.40MPa$。

依据计算容积与压力（表压），查标准图集 98S205，选择增压稳压设备 ZW（L）I-X-10-0.16，配立式隔膜气压罐，型号 SQL800×0.6，标定容积 300L。配套水泵 25LGW3-10×5。

表 2-17  稳压系统管道计算表

| 计算管段 | 设计流量/ (L/s) | 管径/ mm | 流速 $v$/ (m/s) | 每 m 水压力损失 $i$/ (×10$^{-3}$MPa/m) | 管长 $L$/ m | 沿程压力损失 $p_y = iL$/ (×10$^{-3}$MPa) |
|---|---|---|---|---|---|---|
| 1-2 | 10.47 | 100 | 1.20 | 0.290 | 3.5 | 1.02 |
| 2-3 | 10.47 | 200 | 0.38 | 0.0081 | 46.5 | 0.38 |
| | | | | $p_y = 0.0014MPa$ | | |

总沿程损失 $p_y = 0.0014\text{MPa}$。

### 9. 消防水箱容积

消防水箱贮水容积按存贮 10min 的室内消防水量计算。

$$V_f = 0.6Q_x = 0.6 \times 43.21\text{m}^3 = 25.9\text{m}^3$$

式中，$Q_x$ 为室内消火栓用水量，取 $Q_x = 43.21\text{L/s}$。

根据《建筑设计防火规范》（GB 50016—2014）的规定，一类公共建筑的消防储水量不应小于 $18\text{m}^3$，为避免水箱容积过大，消防水箱的容积取 $V = 18\text{m}^3$。消防水箱尺寸为：3000mm×3500mm×2100mm，有效容积为 $18.9\text{m}^3$。

### 10. 消防水池

消防贮水量按满足火灾延续时间内的室内消防用水量计算，由于建筑等级的规定，本建筑物消火栓用水量按连续 3h 计算。

所以，消防水池有效容积为  $V_f = Q_x \times 3 \times 3600/1000 = (43.21 \times 3 \times 3600/1000)\text{m}^3 = 466.7\text{m}^3$

由于在火灾延续时间内市政管网可保证连续进水，水池进水管设为两条，管径为 80mm，计算补水量时按一条工作，管内流速取 $v = 1.0\text{m/s}$，其补水量为

$$V = 1.0 \times 3.14 \times 0.08^2/4 \times 3 \times 3600\text{m}^3 = 54.3\text{m}^3$$

则消防水池有效容积为：$(466.7 - 54.3)\text{m}^3 = 412.4\text{m}^3$，对于自动喷水灭火系统，消防贮水容积应单独计算。

## 思考题与习题

1. 室外消火栓给水系统有何作用？如何布置？
2. 室外与室内消火栓给水系统有何区别及联系？
3. 室外消火栓给水系统由哪几部分组成？
4. 建筑内消火栓的布置有何要求？
5. 高层建筑消火栓灭火系统分区给水有哪几种方式？分区的条件是什么？
6. 如何确定消火栓充实水柱的长度？

# 第3章

# 自动喷水灭火系统

自动喷水灭火系统是由洒水喷头、报警阀组、水流报警装置（水流指示器或压力开关）等组件，以及管道、供水设施等组成，能在发生火灾时喷水的自动灭火系统。

## 3.1 自动喷水灭火系统设置场所与火灾危险等级

### 3.1.1 自动喷水灭火系统设置场所

我国现行的《自动喷水灭火系统设计规范》（GB 50084—2017）规定：自动喷水灭火系统应在人员密集、不宜疏散、外部增援灭火与救生较困难、性质重要或火灾危险性较大的场所中设置。

规范同时规定自动喷水灭火系统不适用于存在较多下列物品的场所：

1）遇水发生爆炸或加速燃烧的物品。

2）遇水发生剧烈化学反应或产生有毒有害物质的物品。

3）洒水将导致喷溅或沸溢的液体。

《建筑设计防火规范》（GB 50016—2014）也对生产建筑，仓储建筑，单层、多层民用建筑，高层民用建筑是否设置自动喷水灭火系统做了具体的规定。

《建筑设计防火规范》（GB 50016—2014）规定下列高层民用建筑或场所应设置自动灭火系统，除该规范另有规定和不宜用水保护或灭火者外，宜采用自动喷水灭火系统：

1）一类高层公共建筑（除游泳池、溜冰场外）。

2）二类高层公共建筑的公共活动用房、走道、办公室和旅馆的客房、可燃物品库房、自动扶梯底部和垃圾道顶部。

3）高层建筑中的歌舞娱乐放映游艺场所。

4）高层公共建筑中经常有人停留或可燃物较多的地下、半地下室房间。

5）建筑高度大于 27m 但小于等于 100m 的住宅建筑的公共部位，建筑高度大于 100m 的住宅建筑。

### 3.1.2 火灾危险等级划分

《自动喷水灭火系统设计规范》（GB 50084—2017）将自动喷水灭火系统设置场所火灾危险等级划分为轻危险级、中危险级（Ⅰ级、Ⅱ级）、严重危险级（Ⅰ级、Ⅱ级）与仓库危险级（Ⅰ级、Ⅱ级、Ⅲ级）。仓库火灾危险等级简化为Ⅰ、Ⅱ、Ⅲ级仓库。设置场所的危险等级，应根据其用途、容纳物品的火灾荷载及室内空间条件，在分析火灾特点和热气驱动洒水喷头开放及喷水到位的难易程度后确定,具体分类应参照《自动喷水灭火系统设计规范》(GB 50084—2017)的附录 A。当建筑物内各场所的火灾危险性及灭火的难度存在差异时,宜按各场所的实际情况确定系统选型与火灾危险等级。

## 3.2 自动喷水灭火系统的类型与系统选型

### 3.2.1 自动喷水灭火系统的类型

自动喷水灭火系统按喷头的开闭形式可分为闭式系统和开式系统。

闭式系统包括湿式系统、干式系统、预作用系统、重复启闭预作用系统等。开式系统包括雨淋系统、水幕系统和水喷雾系统等。

目前我国普遍使用的是湿式系统、干式系统、预作用系统以及雨淋系统和水幕系统。

### 3.2.2 自动喷水灭火系统的选型

自动喷水灭火系统选型应根据设置场所的建筑特征、环境条件和火灾特点等选择相应的开式或闭式系统。露天场所不宜采用闭式系统。

环境温度不低于 4℃且不高于 70℃的场所,应采用湿式系统。环境温度低于 4℃或高于 70℃的场所,应采用干式系统。

具有下列要求之一的场所,应采用预作用系统:

1)系统处于准工作状态时严禁误喷的场所。

2)系统处于准工作状态时严禁管道充水的场所。

3)用于替代干式系统的场所。

灭火后必须及时停止喷水的场所,应采用重复启闭预作用系统。

具有下列条件之一的场所,应采用雨淋系统:

1)火灾的水平蔓延速度快、闭式洒水喷头的开放不能及时使喷水有效覆盖着火区域的场所。

2)设置场所的净空高度超过《自动喷水灭火系统设计规范》第 6.1.1 条的规定,且必须迅速扑救初期火灾的场所。

3)火灾危险等级为严重危险级 II 级的场所。

符合下列条件之一的场所,宜采用设置早期抑制快速响应喷头的自动喷水灭火系统。当采用早期抑制快速响应喷头时,系统应为湿式系统,且系统设计基本参数应符合《自动喷水灭火系统设计规范》(GB 50084—2017)的第 5.0.5 条的规定。

1)最大净空高度不超过 13.5m 且最大储物高度不超过 12.0m,储物类别为仓库危险级 I、II 级或沥青制品、箱装不发泡塑料的仓库及类似场所。

2)最大净空高度不超过 12.0m 且最大储物高度不超过 10.5m,储物类别为袋装不发泡塑料、箱装发泡塑料和袋装发泡塑料的仓库及类似场所。

符合下列条件之一的场所,宜采用设置仓库型特殊应用喷头的自动喷水灭火系统,系统设计基本参数应符合《自动喷水灭火系统设计规范》(GB 50084—2017)的第 5.0.6 条的规定。

1）最大净空高度不超过 12.0m 且最大储物高度不超过 10.5m，储物类别为仓库危险级Ⅰ、Ⅱ级或箱装不发泡塑料的仓库及类似场所。

2）最大净空高度不超过 7.5m 且最大储物高度不超过 6.0m，储物类别为袋装不发泡塑料和箱装发泡塑料的仓库及类似场所。

## 3.3　闭式自动喷水灭火系统

### 3.3.1　闭式自动喷水灭火系统类型及组成

采用闭式洒水喷头的自动喷水灭火系统称为闭式自动喷水灭火系统。闭式自动喷水灭火系统主要包括湿式自动喷水灭火系统、干式自动喷水灭火系统、预作用自动喷水灭火系统和重复启闭预作用自动喷水灭火系统。

#### 1. 湿式自动喷水灭火系统

湿式自动喷水灭火系统主要由闭式喷头、管路系统、报警装置、湿式报警阀及其供水系统组成。由于在喷水管网中经常充满有压力的水，故称湿式自动喷水灭火系统，其示意图如图 3-1 所示。

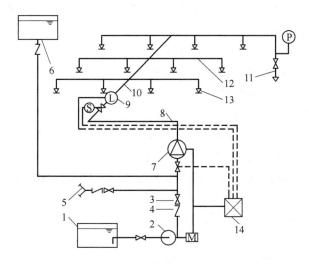

图 3-1　湿式自动喷水灭火系统示意图

1—消防水池　2—水泵　3—闸阀　4—止回阀　5—水泵接合器　6—消防水箱
7—湿式报警阀组　8—配水干管　9—水流指示器　10—配水管　11—末端
试水装置　12—配水支管　13—闭式喷头　14—报警控制器　P—压力表
M—驱动电动机　L—水流指示器　S—信号阀

水能自动满足系统设计的需水量，即通常指的满足系统供水压力和水量的城市自来水、高位水箱、气压水罐、水力自动控制的消防给水泵等。

湿式自动喷水灭火系统是准工作状态时管道内充满用于启动的有压水的闭式系统，系统压力由高位消防水箱或稳压装置维持，水通过湿式报警阀导向杆中的水压平衡小孔保持阀板前后的水压平衡，由于阀芯的自重和阀芯前后所受水的总压力不同，阀芯处于半闭状态

（阀芯上面的总压力大于阀芯下面的总压力）。系统上装有闭式喷头，并与至少一个自动给水装置相连。当喷头受到火灾释放的热量驱动而打开后，由于水压平衡小孔来不及补水，报警阀上面的水压下降，此时阀下水压大于阀上水压，于是阀板开启，向洒水管网及洒水喷头供水，同时水沿着报警阀的环形槽进入延迟器、压力继电器及水力警铃等设施，发出火警信号并启动消防水泵等设施，消防控制室同时接到信号，立即喷水灭火，湿式自动喷水灭火系统工作原理流程图如图 3-2 所示。

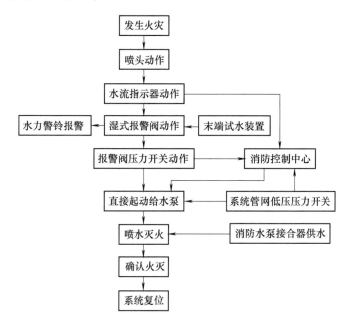

图 3-2　湿式自动喷水灭火系统工作原理流程图

　　湿式自动喷水灭火系统仅有湿式报警阀和必要的报警装置，因此系统简单，施工、管理方便。建设投资低，日常管理费用少，并节约能源。另外，湿式自动喷水灭火系统管道内充满着压力水，火灾发生时，气温升高，感温元件受热动作，能立即喷水灭火。所以该系统具有灭火速度快、及时扑救效率高的优点，是目前世界上应用范围最广的自动喷水灭火系统。

　　由于湿式自动喷水灭火系统管网中充有压力水，当环境温度低于 4℃ 时，管网内的水有冰冻的危险；当环境温度高于 70℃ 时，管网内充水汽化的加剧有破坏管道的危险。因此，湿式系统适用于环境温度不低于 4℃ 并不高于 70℃ 的建筑物。湿式报警装置的最大工作压力为 1.2MPa。

### 2. 干式自动喷水灭火系统

　　干式自动喷水灭火系统的组成（见图 3-3）与湿式自动喷水灭火系统的组成基本相同，它们的区别在于：干式自动喷水灭火系统采用干式报警阀组和保持管道内气体的补气装置，且一般情况下不配备延时器，而是在报警阀组附近设置加速器，以便快速驱动干式报警阀组。补气装置多为小型空气压缩机，也可采用管道压缩空气。干式系统报警阀后管网内平时不充水，充有压力气体（或氮气），与报警阀前的供水压力保持平衡，使报警阀处于紧闭状态。

　　当喷头受到来自火灾释放的热量驱动打开后，喷头首先喷射管道中的气体，排出气体

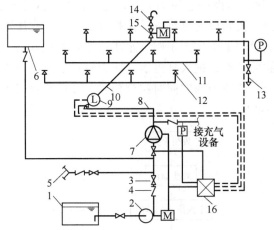

图 3-3 干式自动喷水灭火系统示意图

1—消防水池 2—水泵 3—闸阀 4—止回阀 5—水泵接
合器 6—消防水箱 7—干式报警阀组 8—配水干管
9—水流指示器 10—配水管 11—配水支管 12—闭
式喷头 13—末端试水装置 14—快速排气阀
15—电动阀 16—报警控制器 P—压力表
M—驱动电动机 L—水流指示器

后，有压水通过管道到达喷头喷水灭火，干式自动喷水灭火系统工作原理流程图如图 3-4 所示。

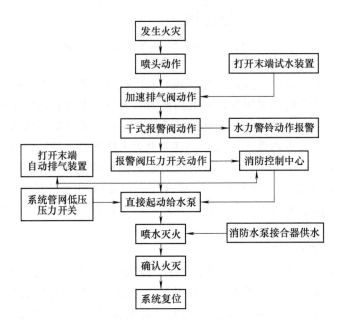

图 3-4 干式自动喷水灭火系统工作原理流程图

干式系统灭火时由于在报警阀后的管网无水，不受环境温度的制约，对建筑装饰无影响，但为保持气压，需要配套设置补气设施，因而提高了系统造价，比湿式系统投资高。又由于喷头受热开启后，首先要排除管道中的气体，然后才能喷水灭火，延误了灭火的时机。因此，干式系统的喷水灭火速度不如湿式系统快。

干式系统适用于环境温度小于 4℃或大于 70℃，不适宜用湿自动喷水灭火系统的场所。干式喷头应向上安装（干式悬吊型喷头除外）。

干式报警装置最大工作压力不超过 1.2MPa。干式喷水管网的容积不宜超过 1500L，当有排气装置时，不宜超过 3000L。

### 3. 预作用自动喷水灭火系统

预作用自动喷水灭火系统主要由闭式喷头、预作用阀（干式报警阀或雨淋阀）、火灾探测装置、报警装置、充气设备、管网及供水设施等组成，如图 3-5 所示。当发生火灾时，探测器发出报警信号，启动预作用阀，使整个系统充满水而变成湿式系统，以后动作程序与湿式喷水灭火系统完全相同。

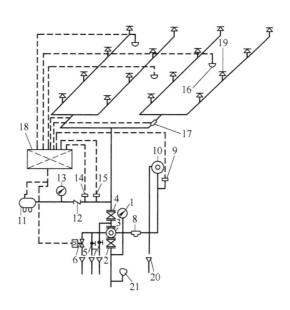

图 3-5　预作用喷水灭火系统示意图

1—阀前压力表　2—控制阀　3—预作用阀（干式报警阀或雨淋阀）　4—检修阀　5—手动阀

6—电磁阀　7—试水阀　8—过滤器　9—压力开关　10—水力警铃　11—空气压缩机

12—止回阀　13—压力表　14—低压压力开关　15—压力开关　16—火灾控制器

17—水流指示器　18—火灾报警控制箱　19—闭式喷头　20—排水漏斗

（管，或沟）　21—系统管网低压压力开关（通常设于泵房内）

预作用喷水灭火系统将湿式喷水灭火系统与电子技术、自动化技术紧密结合，集湿式和干式喷水灭火系统的长处，既可广泛采用，又提高了安全可靠性。具有下列要求之一的场所，应采用预作用系统：

1）系统处于准工作状态时严禁误喷的场所。

2）系统处于准工作状态时严禁管道充水的场所。

3）用于替代干式系统的场所。

在同一区域内设置相应的火灾探测器和闭式喷头,火灾探测器的动作必须先于喷头的动作。为保证系统在火灾探测器发生故障时仍能正常工作,系统应设置手动操作装置。当采用不充气的空管预作用喷水灭火系统时,可采用雨淋阀。当采用充气的预作用喷水灭火系统时,为了防止系统中的气体渗漏,应采用隔膜式雨淋阀。

### 4. 重复启闭预作用自动喷水灭火系统

重复启闭预作用自动喷水灭火系统是在扑灭火灾后自动关闭阀门、复燃时再次开阀喷水的预作用系统,其组成同预作用自动喷水灭火系统,如图3-6所示。当非火灾时喷头意外破裂,系统不会喷水。发生火灾时,专用探测器可以控制系统排气充水,必要时喷头破裂及时灭火。当火灾扑灭环境温度下降后,专用探测器可以自动控制系统关闭,停止喷水,以减少火灾损失。当火灾死灰复燃时,系统可以再次启动灭火。此系统适用于必须在灭火后及时停止喷水的场所。

重复启闭预作用自动喷水灭火系统有两种形式,一种是喷头具有自动重复启闭的功能,另一种是系统通过烟、温传感器控制系统的控制阀,实现系统的重复启闭的功能。

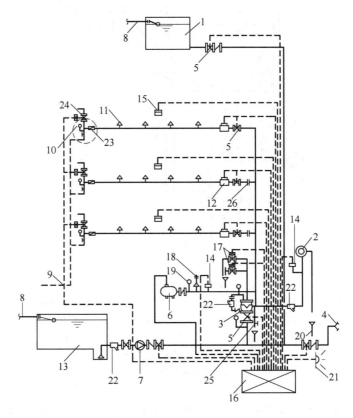

图3-6 重复启闭预作用自动喷水灭火系统

1—高位水箱 2—水力警铃 3—水流控制阀 4—水泵结合器 5—消防安全指示阀
6—空气压缩机 7—消防水泵 8—进水管 9—排水管 10—末端试水装置 11—闭式
喷头 12—水流指示器 13—水池 14—压力开关 15—火灾探测器 16—控制箱
17—电磁阀 18—安全阀 19—压力表 20—排水漏斗 21—电铃 22—过滤器
23—水表 24—排气阀 25—排水阀 26—节流孔板

### 3.3.2　闭式自动喷水灭火系统的主要组件

#### 1. 闭式喷头

闭式喷头的喷口用热敏感元件、密封件等零件所组成的释放机构封闭，灭火时释放机构自动脱落，喷头开启并喷水。闭式喷头按感温元件分为玻璃球喷头（见图3-7）和易熔合金锁片喷头（见图3-8）。

玻璃球喷头构造示意图见图3-7，其热敏感元件是玻璃球，球内装有受热会膨胀的彩色液体，球内留有一个小气泡。平时玻璃球支撑住喷水口的密封垫。当发生火灾、温度升高时，球内液体受热膨胀，小气泡缩小。温度持续上升，膨胀液体充满玻璃球整个空间，当压力达到某一值时，玻璃球炸裂，喷水口的密封垫脱落，压力水冲出喷口灭火。玻璃球喷头体积小、质量轻、耐腐蚀，广泛用于各类建筑物、构筑物。但由于本身特性的影响，在环境温度低于−10℃的场所、受油污或粉尘污染的场所、易于受机械碰撞的部位不能采用。典型喷头的技术性能和色标见表3-1。

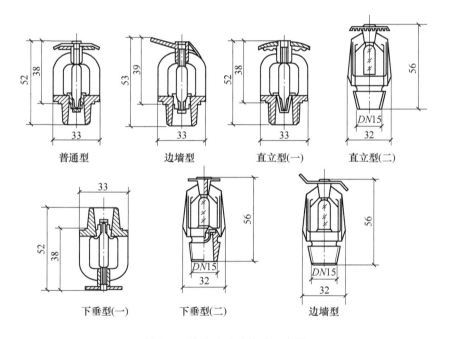

普通型　　　边墙型　　　直立型(一)　　　直立型(二)

下垂型(一)　　　下垂型(二)　　　边墙型

图 3-7　玻璃球喷头构造示意图

易熔合金片喷头的热敏感元件为易熔金属合金，平时易熔合金片支撑住喷水口，当发生火灾时，环境温度升高，直至使喷头上的易熔合金熔化，释放机构脱落，压力水冲出喷口喷水灭火。易熔合金片喷头的种类较多，目前选用较多的是弹性锁片型易熔元件喷头由易熔金属、支撑片、溅水盘、弹性片组成。易熔合金锁片喷头构造示意图如图3-8所示。这种喷头可安装于不适合玻璃球喷头使用的任何场合。技术性能和色标见表3-1。

根据喷头的安装位置及布水形式又可分成标准型喷头、装饰型喷头、边墙型喷头。各种喷头的适用场所见表3-2。

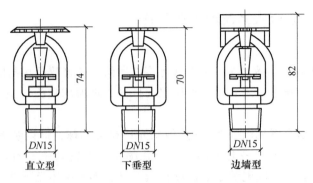

图 3-8　易熔合金锁片喷头构造示意图

表 3-1　典型喷头的技术性能和色标

| 喷头类别 | 喷头公称口径/mm | 玻璃球喷头 | | 易熔合金喷头 | |
|---|---|---|---|---|---|
| | | 动作温度/℃ | 颜色 | 动作温度/℃ | 颜色 |
| 闭式喷头 | 10,15,20 | 57 | 橙 | | |
| | | 68 | 红 | 57~77 | 本色 |
| | | 79 | 黄 | 80~107 | 白 |
| | | 93 | 绿 | 121~149 | 蓝 |
| | | 141 | 蓝 | 163~191 | 红 |
| | | 182 | 紫红 | 204~246 | 绿 |
| | | 227 | 黑 | 260~302 | 橙 |
| | | 260 | 黑 | 320~343 | 黑 |
| | | 343 | 黑 | | |

表 3-2　各种类型喷头使用场所

| 玻璃球洒水喷头 | 因具有外形美观、体积小、质量轻、耐腐蚀等特点,适用于宾馆等要求美观高和具有腐蚀性的场所 |
|---|---|
| 易熔合金洒水喷头 | 适用于外观要求不高、腐蚀性不大的工厂、仓库和民用建筑 |
| 直立型洒水喷头 | 适用安装在管路下经常有移动物体的场所,或尘埃较多的场所 |
| 下垂型洒水喷头 | 适用于各种保护场所 |
| 边墙型洒水喷头 | 空间狭窄、通道状建筑适用此种喷头 |
| 吊顶型喷头 | 属装饰型喷头,可安装于旅馆、客厅、餐厅、办公室等建筑 |
| 普通型洒水喷头 | 可直立,下垂安装,适用于有可燃吊顶的房间 |
| 干式下垂型洒水喷头 | 专用于干式喷水灭火系统的下垂型喷头 |
| 自动启闭洒水喷头 | 这种喷头具有自动启闭功能,凡需降低水渍损失的场所均适用 |
| 快速反应洒水喷头 | 这种喷头具有短时启动效果,凡要求启动时间短的场所均适用 |
| 大水滴洒水喷头 | 适用于高架库房等火灾危险等级高的场所 |
| 扩大覆盖面洒水喷头 | 喷水保护面积可达 $30 \sim 36 m^2$,可降低系统造价 |

　　设置闭式系统的场所,洒水喷头类型和场所的最大净空高度应符合表 3-3 所示的规定;仅用于保护室内钢屋架等建筑构件的洒水喷头和设置货架内置洒水喷头的场所,可不受此表规定的限制。

表 3-3　洒水喷头类型和场所净空高度

| 设置场所 | | 喷头类型 | | | 场所净空高度 $h/m$ |
| --- | --- | --- | --- | --- | --- |
| | | 一只喷头的保护面积 | 响应时间性能 | 流量系数 $K$ | |
| 民用建筑 | 普通场所 | 标准覆盖面积洒水喷头 | 快速响应喷头 特殊响应喷头 标准响应喷头 | $K \geqslant 80$ | $h \leqslant 8$ |
| | 高大空间场所 | 扩大覆盖面积洒水喷头 | 快速响应喷头 | | |
| | | 标准覆盖面积洒水喷头 | | $K \geqslant 115$ | $8 < h \leqslant 12$ |
| | | 非仓库型特殊应用喷头 | | | |
| | | 非仓库型特殊应用喷头 | | | $12 < h \leqslant 18$ |
| 厂房 | | 标准覆盖面积洒水喷头 | 特殊响应喷头 标准响应喷头 | $K \geqslant 80$ | |
| | | 扩大覆盖面积洒水喷头 | 标准响应喷头 | $K \geqslant 80$ | |
| | | 标准覆盖面积洒水喷头 | 特殊响应喷头 标准响应喷头 | $K \geqslant 115$ | |
| | | 非仓库型特殊应用喷头 | | | |
| 仓库 | | 标准覆盖面积洒水喷头 | 特殊响应喷头 标准响应喷头 | $K \geqslant 80$ | |
| | | 仓库型特殊应用喷头 | | | |
| | | 早期抑制快速响应喷头 | | | |

### 2. 报警阀

报警阀的作用是开启和关闭管网的水流，传递控制信号至控制系统并启动水力警铃直接报警，是自动喷水灭火系统中的重要组成部件。闭式自动喷水灭火系统的报警阀分为湿式、干式和预作用式三种类型。共有 DN50、DN65、DN80、DN125、DN150、DN200 六种规格。

（1）湿式报警阀　湿式报警阀安装在湿式闭式自动喷水灭火系统的总供水干管上，主要作用是接通或关闭报警阀水流，喷头动作后报警水流将驱动水力警铃和压力开关报警；防止水倒流，并通过报警阀对系统的供水装置和报警装置进行检验。目前，国产的有导孔阀型和隔板座圈型两种形式。图 3-9 所示为导孔阀型湿式报警阀原理示意图。

湿式报警阀平时阀芯前后水压相等（水通过导向管中的水压平衡小孔保持阀板前后水压平衡），由于阀芯的自重和阀芯前后受到水的总压力不同，阀芯处

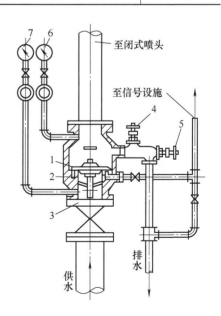

图 3-9　导孔阀型湿式报警阀原理示意图
1—报警阀及阀芯　2—阀座凹槽　3—控制阀
4—试铃阀　5—排水阀　6—阀后压力表
7—阀前压力表

于关闭状态（阀芯上面的总压力大于阀芯下面的总压力）。发生火灾时，闭式喷头喷水，由于水压平衡小孔来不及补水，报警阀上面的水压下降，此时阀下水压大于阀上水压，于是阀板开启，向洒水管网及洒水喷头供水，同时水沿着报警阀的环形槽进入延迟器。这股水充满延迟器后才能流向压力继电器及水力警铃等设施，发出火警信号并启动消防水泵等设施。若水流较小，不足以补充从节流孔板排出的水，就不会引起误报。

湿式报警阀都要垂直安装，与延时器、水力警铃、压力开关与试水阀等构成一个整体。湿式报警阀应设在距地面 0.8~1.5m 范围内，并没有冰冻危险、管理维护方便的房间内。在生产车间中的报警阀组，应设有保护装置，防止冲撞和误动作。

湿式报警阀前的控制阀应用环形软锁将闸门手轮锁死在开启状态，也可用安全信号阀显示其开启状态。

串联接入湿式系统的干式、预作用、雨淋等其他系统，应分别设置独立的报警阀。其控制的喷头数计入湿式阀组件控制的喷头总数。

安装报警阀的部位应设有排水设施，其排水管径不应小于报警阀组试水阀直径的两倍。

（2）干式报警阀　干式报警阀安装在干式闭式自动喷水灭火系统的总供水干管的立管上。其作用是用来隔开管网中的空气和供水管道中的压力水，使喷水管网始终保持干管状态。图 3-10 所示为干式报警阀原理图。

阀体 1 内装有差动双盘阀板 2，以其下圆盘关闭水，阻止水从干管进入喷水管网，以上圆盘承受压缩空气，保持干式阀处于关闭状态。

当闭式喷头开启时，空气管网内的压力骤降，作用在差动阀板上圆盘上的压力降低，因此，阀板被推起，水通过报警阀进入喷水管网由喷头喷出，同时水通过报警阀座上的环形槽进入信号设施进行报警。

干式报警阀上圆盘的面积为下圆盘面积的 8 倍，因此，为了使上下差动阀板上的作用力平衡并使阀保持关闭状态，闭式喷洒管网内的空气压力应大于水压的 1/8，并保持恒定。

（3）预作用报警阀　一般是将雨淋阀出水口上端接配一套同规格的湿式报警阀构成一套预作用系统。适用于不允许出现误喷的重要场所。

预作用工作系统的工作原理：在未发生火灾时，为防止管道和闭式喷头渗漏，系统侧管路中充满低压压缩空气，压力范围一般为 $0.1\times10^5 \sim 0.25\times10^5 Pa$；在火灾发生时，安装在保护区的火灾探测器首先发出火警报警信号，火灾报警控制器在接到报警信号后发出指令信号，打开雨淋阀，使水压入管内，并在很短的时间内完成充水过程；同时系统压力开关动作接通声光显示器，显示管网中已充水，使系统

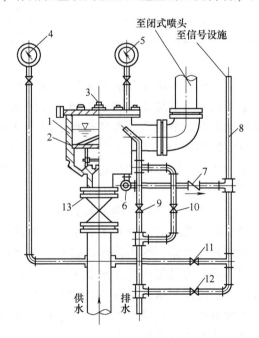

图 3-10　干式报警阀原理图

1—阀体　2—差动双盘阀板　3—充气塞　4—阀前压力表　5—阀后压力表　6—角阀　7—止回阀　8—信号管　9~11—截止阀　12—小孔阀　13—总闸阀

转变为湿式系统。这时火灾继续发展，闭式喷头破碎打开喷水，同时水力警铃报警。图 3-11
所示为预作用报警阀原理图。

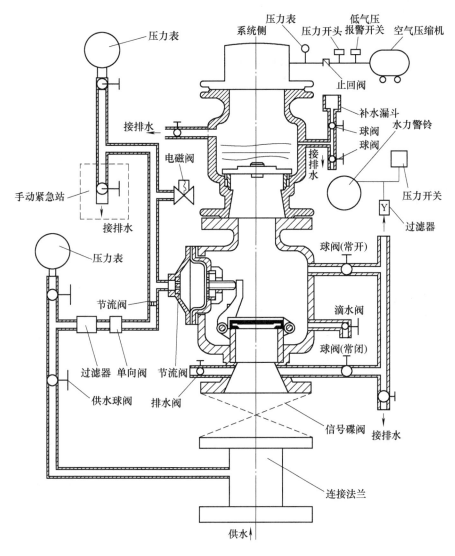

图 3-11 预作用报警阀原理图

3. 水流报警装置

水流报警装置主要有水力警铃、水流指示器和信号阀、压力开关，如图 3-12 所示。

（1）水力警铃 水力警铃是消防报警的措施之一，与报警阀配套使用，宜设在公共通道或值班室的外墙上。当报警阀打开消防水源后，具有一定压力的水流冲动叶轮打铃报警。水力警铃宜安装在报警阀附近，连接管道应采用镀锌钢管，且当长度不超过 6m 时，管径为 15mm；当长度超过 6m 时，管径为 20mm；连接水力警铃管道的总长度不宜大于 20m，工作压力不应小于 0.05MPa。水力警铃与各报警阀之间的高度不得大于 5m。图 3-13 所示为水力警铃构造图。

（2）水流指示器和信号阀 水流指示器的功能是及时报告发生火灾的部位。当喷头开

ZSJL型水力警铃　　　　　水流指示器　　　　　ZSJY系列压力开关

图 3-12　水流报警装置

启喷水或管网发生水量泄漏时，管道中有水流通过，引起水流指示器中桨片随水流动作，接通延时电路 15~30s 后，继电器触点吸合，并向消防控制室发出电信号，指示开启喷头所在的分区。水流指示器的构造如图 3-14 所示。

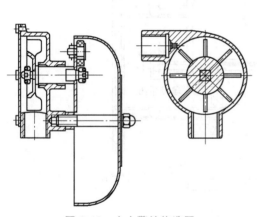

图 3-13　水力警铃构造图

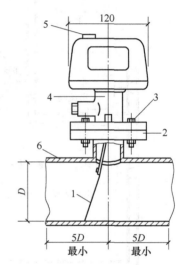

图 3-14　水流指示器的构造
1—桨片　2—法兰底座　3—螺栓　4—本体
5—接线孔　6—喷水管道

　　除报警阀组控制的喷头只保护不超过防火面积的同层场所外，每个防火分区和每个楼层均要求设有水流指示器。设置货架内喷头的仓库，顶板下喷头与货架内喷头应分别设置水流指示器，这样有利于判断喷头的状况。为使系统维修时关停的范围不致过大而在水流指示器入口前设置阀门时，要求该阀门采用信号阀，其信号线与消防控制室相连，在消防控制室可以监视信号阀启闭状态，防止因误操作而造成配水管道断水的故障。国内生产的信号阀有无触点式输出和有触点式输出两种，电源为 24V 直流电，显示灯可就地显示，也可远距离（消防控制室）显示。

　　（3）压力开关　压力开关（压力继电器）一般垂直安装在延迟器与水力警铃之间的信号管道上。在水力警铃报警的同时，依靠警铃管内水压的升高自动接通电触点，完成电动警铃报警，并向消防控制室传送电信号，启动消防水泵。压力开关构造如图 3-15 所示。

#### 4. 延迟器

延迟器是一个罐式容器，安装在报警阀与水力警铃（或压力开关）之间，对由于水压突然发生变化而引起报警阀短暂开启，或因报警阀局部渗漏而进入警铃管道的水流起暂时容纳作用，从而避免虚假报警。只有在火灾真正发生时，喷头和报警阀相继打开，水流经 30s 左右充满延迟器，然后冲打水力警铃报警。延迟器构造如图 3-16 所示，外形如图 3-17 所示。

#### 5. 末端试水装置

设置末端试水装置的目的是为了检验系统的可靠性，以及测试系统能否在开放一只喷头的最不利条件下可靠报警并正常启动。末端试水装置测试的内容包括水流指示器、报警阀、压力开关、水力警铃的动作是否正常，配水管道是否畅通，以及最不利点处的喷头工作压力等。

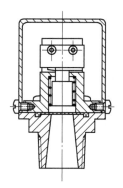

图 3-15　压力开关构造

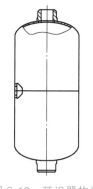

图 3-16　延迟器构造

图 3-17　延迟器外形

每个报警阀组控制的最不利喷头处，应设末端试水装置，其他防火分区、楼层的最不利喷头处均应设直径为 25mm 的试水阀。

末端试水装置由试水阀、压力表及试水接头组成，末端试水装置如图 3-18 所示，末端试水装置示意图如图 3-19 所示。试水接头出水口流量系数与同楼层或防火分区内的最小流量系数喷头相同。末端试水装置的出水，应采取孔口出流的方式排入排水管道。

图 3-18　末端试水装置

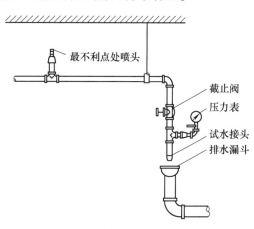

最不利点处喷头

截止阀

压力表

试水接头

排水漏斗

图 3-19　末端试水装置示意图

### 6. 火灾探测器

火灾探测器是自动喷水灭火系统的重要组成部分。目前常用的火灾探测器有感烟、感温探测器,如图 3-20 所示。感烟探测器是利用火灾发生地点的烟雾浓度进行探测,感温探测器是通过火灾引起的温升进行探测。火灾探测器布置在房间或走廊的天花板下面。

感烟探测器　　　　感温探测器

图 3-20　火灾探测器

## 3.3.3　闭式自动喷水灭火系统设计

### 1. 设计基本参数

闭式自动喷水灭火系统的设计应保证建筑物的最不利点喷头有足够的喷水强度。各危险等级的设计喷水强度、作用面积、喷头设计压力,不应低于规范的规定。民用建筑和厂房采用湿式系统的设计基本参数不应低于表 3-4 所示的规定;民用建筑和厂房高大空间场所采用湿式系统的设计基本参数不应低于表 3-5 所示的规定;仓库等其他情况的设计基本参数见《自动喷水灭火系统设计规范》(GB 50084—2017)。

表 3-4　民用建筑和厂房采用湿式系统的设计基本参数

| 火灾危险等级 | | 净空高度 $h$/m | 喷水强度 /[L/(min·m²)] | 作用面积/m² |
|---|---|---|---|---|
| 轻危险级 | | | 4 | |
| 中危险级 | Ⅰ级 | $h \leqslant 8$ | 6 | 160 |
| | Ⅱ级 | | 8 | |
| 严重危险级 | Ⅰ级 | | 12 | 260 |
| | Ⅱ级 | | 16 | |

注:系统最不利点处喷头最低工作压力不应小于 0.05MPa。

表 3-5　民用建筑和厂房高大空间场所采用湿式系统的设计基本参数

| 适用场所 | | 净空高度 $h$/m | 喷水强度 /[L/(min·m²)] | 作用面积/m² | 喷头间距 $S$/m |
|---|---|---|---|---|---|
| 民用建筑 | 中庭、体育馆、航站楼等 | $8<h \leqslant 12$ | 12 | 160 | $1.8 \leqslant S \leqslant 3.0$ |
| | | $12<h \leqslant 18$ | 15 | | |
| | 影剧院、音乐厅、会展中心等 | $8<h \leqslant 12$ | 15 | | |
| | | $12<h \leqslant 18$ | 20 | | |
| 厂房 | 制衣制鞋、玩具、木器、电子生产车间等 | $8<h \leqslant 12$ | 15 | | |
| | 棉纺厂、麻纺厂、泡沫塑料生产车间等 | | 20 | | |

注:1. 表中未列入的场所,应根据本表规定的场所火灾危险性类比确定。
2. 当民用建筑高大空间场所的最大净空高度为 $12<h \leqslant 18$ 时,应采用非仓库型特殊应用喷头。

干式系统的喷水强度应按表 3-4 和《自动喷水灭火系统设计规范》(GB 50084—2017)

中的表 5.0.4-1~表 5.0.4-5 的规定值确定，系统作用面积应按对应值的 1.3 倍确定。

预作用系统的设计要求应符合下列规定：

1）系统的喷水强度应按《自动喷水灭火系统设计规范》（GB 50084—2017）中的表 5.0.1、表 5.0.4-1~表 5.0.4-5 的规定值确定。

2）当系统仅采用由火灾自动报警系统直接控制预作用装置时，系统的作用面积应按《自动喷水灭火系统设计规范》（GB 50084—2017）中的表 5.0.1、表 5.0.4-1~表 5.0.4-5 的规定值确定。

3）当系统采用由火灾自动报警系统和充气管道上设置的压力开关控制预作用装置时，系统的作用面积应按《自动喷水灭火系统设计规范》（GB 50084—2017）中的表 5.0.1、表 5.0.4-1~表 5.0.4-5 规定值的 1.3 倍确定。

仅在走道设置洒水喷头的闭式系统，其作用面积应按最大疏散距离对应的走道面积确定。

2. 喷头的布置

喷头的布置形式有正方形、长方形、菱形，如图 3-21 所示。具体采用何种形式应根据建筑平面和构造确定。

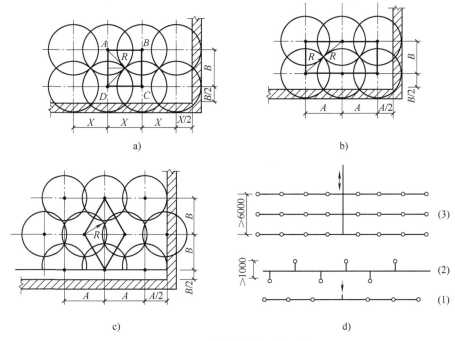

图 3-21　喷头布置的几种形式

正方形布置时：
$$X = B = 2R\cos45° \tag{3-1}$$

长方形布置时：
$$\sqrt{A^2+B^2} \leq 2R \tag{3-2}$$

菱形布置时：
$$A = 4R\cos30°\sin30° \tag{3-3}$$

$$B = 2R\cos 30°\sin 30° \tag{3-4}$$

式中　$R$——喷头的最大保护半径（m）。

喷头的布置间距和位置原则上应满足房间的任何部位发生火灾时均能有一定强度的喷水保护。对喷头布置成正方形、长方形、菱形情况下的喷头布置间距，可根据喷头喷水强度、喷头的流量系数和工作压力确定。喷头的布置间距应不大于表 3-6 所示的规定，且不小于 2.4m。

表 3-6　喷头的布置间距

| 喷水强度/<br>[L/(min·m²)] | 正方形布置<br>的边长/m | 矩形及平行四边形<br>布置的长边边长/m | 每只喷头的最大<br>保护面积/m² | 喷头与端墙的<br>最大距离/m |
|---|---|---|---|---|
| 4 | 4.4 | 4.5 | 20.0 | 2.2 |
| 6 | 3.6 | 4.0 | 12.5 | 1.8 |
| 8 | 3.4 | 3.6 | 11.5 | 1.7 |
| 12~20 | 3.0 | 3.6 | 9.0 | 1.5 |

注：1. 仅在走道上设置单排系统的闭式系统，其喷头间距应按走道地面不留漏喷空白点确定。
　　2. 货架内喷头的间距不应小于 2m，并不应大于 3m。

喷头安装在屋内顶板、吊顶或斜屋顶易于接触到火灾热气流并有利于均匀布水的位置，喷头与障碍物的距离应满足以下要求：

1）直立、下垂型喷头与梁、通风管道的距离应符合表 3-7 所示的规定，如图 3-22 所示。

表 3-7　直立、下垂型喷头与梁、通风管道的距离

| 直立、下垂型喷头与梁、通风管道<br>侧面的水平距离 $a$/m | 直立、下垂型喷头上方喷溅水盘与梁、<br>通风管道底面的最大垂直距离 $b$/mm | |
|---|---|---|
| | 标准喷头 | 非标准喷头 |
| $a < 0.3$ | 0 | 0 |
| $0.3 \leqslant a < 0.6$ | 60 | 38 |
| $0.6 \leqslant a < 0.9$ | 140 | 140 |
| $0.9 \leqslant a < 1.2$ | 240 | 250 |
| $1.2 \leqslant a < 1.5$ | 350 | 375 |
| $1.5 \leqslant a < 1.8$ | 450 | 550 |
| $a = 1.8$ | >450 | >550 |

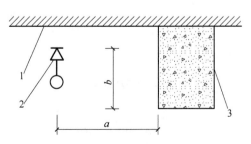

图 3-22　直立、下垂型喷头与梁的距离

1—顶板　2—直立型喷头　3—梁（或通风管道）

2）直立、下垂型标准喷头的溅水盘以下 0.45m 范围内，其他喷头的溅水盘以下 0.9m 范围内，如有屋架等间断障碍物或管道时，喷头与邻近障碍物的最小水平距离宜符合表 3-8 所示的规定，如图 3-23 所示。

表 3-8　喷头与屋架等间断障碍物的最小水平距离　　　　　　　　　（单位：m）

| $c$、$e$ 或 $d \leqslant 0.2$ | $c$、$e$ 或 $d > 0.2$ |
| --- | --- |
| $3c$ 或 $3e$（$c$ 与 $e$ 取大值）或 $3d$ | 0.6 |

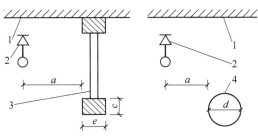

图 3-23　喷头与邻近障碍物的最小水平距离

1—顶板　2—喷头　3—屋架　4—管道

3）当梁、通风管道、排管、桥架等障碍物的宽度大于 1.2m 时，应在障碍物下方增设喷头，如图 3-24 所示。

4）直立型、下垂型喷头与不到顶隔墙的水平距离，不得大于喷头溅水盘与不到顶隔墙顶面垂直净距的 2 倍，如图 3-25 所示。

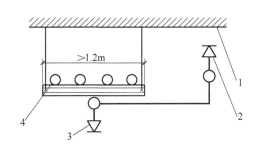

图 3-24　在宽度大于 1.2m 时，在障碍
物下方增设喷头

1—顶板　2—直立型喷头　3—下垂型
4—排管（或梁、通风管道、桥架等）

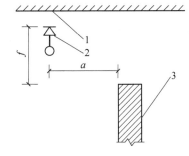

图 3-25　喷头与不到顶隔墙的水平距离

1—顶板　2—直立型喷头　3—不到顶隔墙

5）直立型、下垂型喷头与靠墙障碍物的距离应符合下列规定，如图 3-26 所示。

当横截面边长小于 750mm 时，喷头与靠墙障碍物的距离，应按式（3-5）计算：

$$a \geqslant (e - 200) + b \tag{3-5}$$

式中　$a$——喷头与障碍物侧面的水平间距（mm）；

　　　　$b$——喷头溅水盘与障碍物底面的垂直间距（mm）；

　　　　$e$——障碍物横截面的边长（mm），$e < 750$。

当横截面边长大于或等于 750mm 或 $a$ 的计算值大于表 3-6 中喷头与墙面距离的规定时，应在靠墙障碍物下增设喷头。

6）边墙型喷头的两侧 1m 与正前方 2m 范围内，顶板或吊顶下不应有阻挡喷水的障碍物。

### 3. 管网的布置

自动喷水灭火管网的布置，应根据建筑平面的具体情况布置成侧边式或中央式两种形式，如图 3-27 所示，相对干管而言，支管上喷头应尽量对称布置。

配水管道的布置，应使配水管入口的压力均衡。轻危险级、中危险级场所中各配水管入口的压力均不宜大于 0.40MPa。

配水管两侧每根配水支管控制的标准喷头数，轻危险级、中危险级场所不应超过 8 只，同时在吊顶上下安装喷头的配水支管，上下侧均不应超过 8

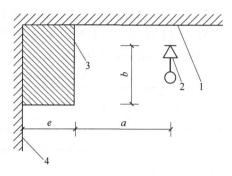

图 3-26 直立、下垂型喷头与靠墙障碍物的距离

1—顶板 2—直立型喷头 3—靠墙障碍物 4—墙面

只。严重危险级及仓库危险级场所均不应超过 6 只。控制喷头数的目的就是控制配水支管管径不要过大，支管不要过长，从而减少喷头出水量不均衡和系统中压力过高的情况。轻危险级、中危险级场所中配水支管、配水管控制的标准喷头数，不应超过表 3-9 的规定。

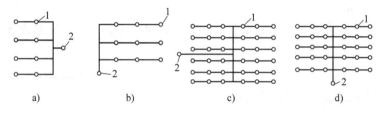

图 3-27 管网布置方式

a）侧边中心方式 b）侧边末端方式 c）中央中心方式 d）中央末端方式

1—喷头 2—立管

表 3-9 配水支管、配水管控制的标准喷头数

| 公称管径/mm | 危 险 等 级 | |
| --- | --- | --- |
| | 轻危险级 | 中危险级 |
| 25 | 1 | 1 |
| 32 | 3 | 3 |
| 40 | 5 | 4 |
| 50 | 10 | 8 |
| 65 | 18 | 12 |
| 80 | 48 | 32 |
| 100 | 按水力计算 | 64 |
| 150 | 按水力计算 | 按水力计算 |

配水管道的工作压力不应大于 1.20MPa，否则应进行竖向分区。分区方式有并联分区和串联分区。如图 3-28、图 3-29 所示为分区给水系统示意图。

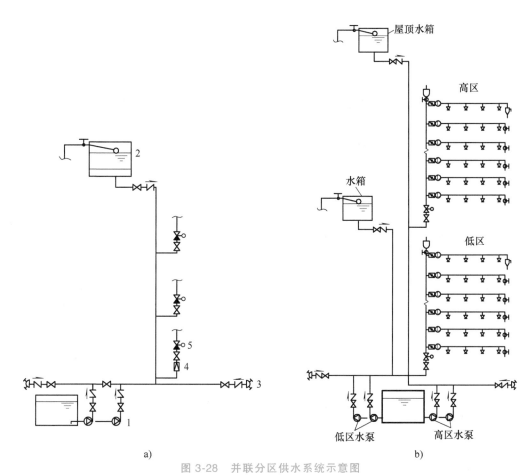

a)　　　　　　　　　　　　　b)

图 3-28　并联分区供水系统示意图

a）设减压阀分区供水（报警阀分散设置）　b）消防泵分区并联供水

1—消防水泵　2—消防水箱　3—水泵接合器　4—减压阀　5—报警阀组

管道的直径应经水力计算确定，但考虑管道锈蚀等原因，要求配水支管最小管径≥25mm。

报警阀后的管道，应采用内外镀锌钢管。当报警阀前采用未经防腐处理的钢管时，应增设过滤器。地上民用建筑中设置的轻、中 I 危险级系统，可采用性能等效于内外镀锌钢管的其他金属管材。

管道敷设应有 0.003 的坡度，坡向报警排水管，以便系统泄空，并在管网末端设充水时的排气措施。

配水支管相邻喷头间应设支吊架，配水立管、配水干管与配水支管上应附加防晃支架。

自动喷水灭火系统管网的布置，在发生火灾时应保证供水安全，确保有足够的水量和水压，以满足火场对喷水强度的要求。报警阀后管网不应与生活、生产用水合用，也不应接出其他用水设施。

干式系统、预作用系统的供气管道，采用钢管时，管径不宜小于 15mm；采用铜管时，管径不宜小于 10mm。

水平安装的管道宜有坡度，并应坡向泄水阀。充水管道的坡度不宜小于 0.002，准工作状态不充水管道的坡度不宜小于 0.004。

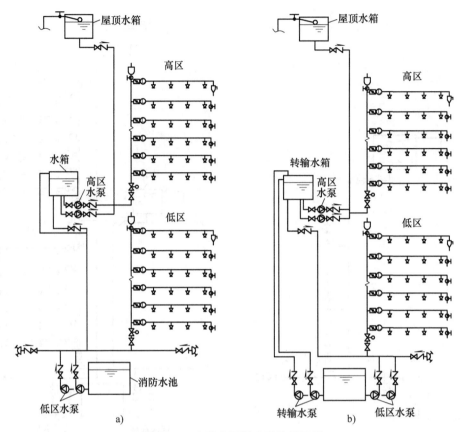

图 3-29　串联分区供水系统示意图

a）消防泵串联分区供水　b）转输水箱供水方式

4. 报警阀的布置

报警阀应设在距地面高度宜为 1.2m，且没有冰冻危险、易于排水、管理维修方便及明显的地点。每个报警阀组供水的最高与最低喷头，其高程差不宜大于 50m。一个报警阀所控制的喷头数应符合表 3-10 中的规定。

表 3-10　一个报警阀所控制的喷头数

| 系　统　类　型 | | 危险级别 | | |
| --- | --- | --- | --- | --- |
| | | 轻级 | 中级 | 严重级 |
| | | 喷头数（只） | | |
| 湿式喷水灭火系统 | | 500 | 800 | 1000 |
| 干式喷水灭火系统 | 有排气装置 | 250 | 500 | 500 |
| | 无排气装置 | 125 | 250 | — |

当配水支管同时安装保护吊顶下方和上方空间的喷头时，应只将数量较多一侧的喷头计入报警阀组控制的喷头总数。

5. 水力警铃的布置

水力警铃应设置在有人值班的地点附近；与报警阀连接的管道，其管径为 20mm，总长度不宜大于 20m。

**6. 末端试水装置**

每个报警阀组控制的最不利点喷头处，应设末端试水装置。末端试水装置应由试水阀、压力表以及试水接头组成。其他防火分区、楼层的最不利点喷头处，均应设置直径为 25mm 的试水阀，以便必要时连接末端试水装置。

**7. 水泵设置**

系统应设独立的供水泵，并应按"一运一备"或"二运一备"比例设置备用泵；水泵应采用自灌式吸水方式，每组供水泵的吸水管不应少于 2 根；报警阀入口前设置环状管道的系统，如图 3-30 所示，每组供水泵的出水管不应少于 2 根；供水泵的吸水管应设控制阀；出水管应设控制阀、止回阀、压力表和直径不小于 65mm 的试水阀。必要时，应采取控制供水泵出口压力的措施。

**8. 水箱的设置**

采用临时高压给水系统的自动喷水灭火系统，应设高位消防水箱；消防水箱的供水，应满足系统最不利点处喷头的最低工作压力和喷水强度。

建筑高度不超过 24m，并按轻危险级或中危险级场所设置湿式系统、干式系统或预作用系统时，若设置高位消防水箱确有困难，应采用 5L/s 流量的气压给水设备供给 10min 初期用水量。

消防水箱的出水管，应符合下列规定：应设止回阀，并应与报警阀入口前管道连接；轻危险级、中危险级场所的系统，管径不应小于 80mm，严重危险级和仓库危险级管径不应小于 100mm。

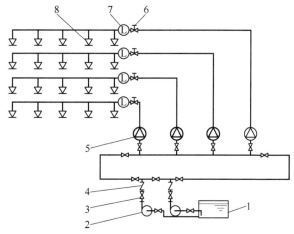

图 3-30　环状供水管网示意图

1—水池　2—水泵　3—闸阀　4—止回阀　5—报警阀组
6—信号阀　7—水流指示器　8—闭式喷头

**9. 水泵接合器的设置**

系统应设水泵接合器，其数量应按系统的设计流量确定，每个水泵接合器的流量宜按 10~15L/s 计算。

### 3.3.4　闭式自动喷水灭火系统水力计算

自动喷水灭火系统的水力计算主要是为了确定喷头出水量和管段的流量；确定管段的管径；计算高位水箱设置高度；计算管网所需的供水压力，选择消防水泵；确定管道节流措施等。计算方法有特性系数法和作用面积法。

**1. 喷头流量与管段的压力损失**

（1）喷头的出流量　单个喷头的出水量与喷头处的压力和喷头本身的结构、水力特性有关，一般以不同条件下的喷头的特性系数来反映喷头的结构及喷头喷口直径对流量的影响。

闭式喷头的出水量可按下式计算：

$$q = K\sqrt{10p} \tag{3-6}$$

式中　$q$——喷头出水量（L/s）；

$K$——喷头特性系数，当喷头的公称直径为 15mm 时，$K = 1.33$；

$p$——喷头的工作压力（MPa）。

（2）管段的压力损失　管段的压力损失按下式计算：

$$p_y = A_Z L Q^2 \tag{3-7}$$

$$L = L_1 + L_2 \tag{3-8}$$

式中　$p_y$——计算管段的压力损失（MPa）；

　　　$A_Z$——管道比阻，镀锌钢管的比阻见表 3-11；

　　　$L$——管段计算长度（m）；

　　　$L_1$——管段长度（m）；

　　　$L_2$——管件的当量长度（m），管件的当量长度可参见第 2 章的表 2-11；

　　　$Q$——管段流量（L/s）。

表 3-11　镀锌钢管的比阻

| 公称直径/mm | 25 | 32 | 40 | 50 | 70 | 80 | 100 | 125 | 150 |
|---|---|---|---|---|---|---|---|---|---|
| 比阻/[×10⁻⁷MPa·s²/(m·L²)] | 43680 | 9388 | 4454 | 1108 | 289.4 | 116.9 | 26.75 | 8.625 | 3.395 |

### 2. 特性系数计算法

（1）特性系数法原理

1）在一个管道系统中，某节点的流量 $Q$ 与该点管内的压力 $p$ 和管段的流量系数（特性系数）$B$ 关系满足：$Q^2 = Bp$。

2）如图 3-31 所示，对于与配水管连接的 a、b 两根支管而言，有：

$$\frac{Q_a^2}{Q_b^2} = \frac{B_a p_a}{B_b p_b} \tag{3-9}$$

式中　$Q_a$——配水管流向 a 支管的流量（L/s）；

　　　$Q_b$——配水管流向 b 支管的流量（L/s）；

　　　$p_a$——支管 a 与配水管连接处的管内压力（MPa）；

　　　$p_b$——支管 b 与配水管连接处的管内压力（MPa）；

　　　$B_a$——支管 a 的流量系数；

　　　$B_b$——支管 b 的流量系数。

3）如果两根支管的水力条件（喷头类型、喷头个数、管径、管长、管材）相同，则可近似认为两根支管的流量系数相同，即 $B_a = B_b$，可由下式计算支管 b 的流量：

$$\frac{Q_a}{Q_b} = \frac{\sqrt{p_a}}{\sqrt{p_b}} \tag{3-10}$$

4）如果两根支管的水力条件不相同，则可先假定支管 b 末端喷头的压力，由此假定压力计算出该支管的流量 $Q_b'$ 和支管 b 与配水管连接处的管内压力 $p_b'$，再由支管 b 与配水管连接处的管内实际压力 $p_b$ 计算支管的流量：

$$Q_b = Q_b' \sqrt{\frac{p_b}{p_b'}} \tag{3-11}$$

（2）特性系数法计算步骤　从系统的最不利点喷头开始，沿程计算各喷头的压力、喷水量和管段累计流量、压力损失，直到某管段累计流量达到设计流量为止。其计算步骤如下：

1）按建筑物的危险级选定喷头，布置喷淋系统，找出最不利点，确定计算管路并分段编号。

2）在最不利点处划定矩形的作用面积，作用面积的长边平行支管，其长度不宜小于作用面积平方根的 1.2 倍。自动喷水灭火系统的平面布置示意图如图 3-31 所示。

3）对于轻危险级与中危险级建筑，根据喷头个数初定管段管径，配水支管、配水管控制的标准喷头数见表 3-9。对于严重危险级与仓库危险级按管道计算流量与流速要求确定管径，管道流速宜采用经济流速，一般不大于 5m/s，对于配水支管，在个别情况下流速不应大于 10m/s。

4）确定最不利点工作压力。

5）水力计算。在作用面积内，从最不利点开始计算喷头流量、管段流量、管段损失，出了作用面积后，管段的流量不再增加，只计算管段的压力损失。图 3-31 所示为一个自动喷水灭火系统的平面布置示意图。

① 第一根支管水力计算。

a. 支管 a 上 1 点喷头为最不利喷头，1 点喷头处压力为 $p_1$，其流量为：

$$q_1 = K\sqrt{10p_1}/60$$

b. 1-2 管段的流量为：$Q_{1-2} = q_1$

c. 1-2 管段的压力损失：$p_{1-2} = A_Z L_{1-2} Q_{1-2}^2$

d. 计算 2 点喷头处的压力 $p_2$：$p_2 = p_1 + p_{1-2}$

e. 计算 2 点喷头的出流量 $q_2$：

$$q_2 = K\sqrt{10p_2}/60$$

f. 计算 2-3 管段的流量 $Q_{2-3}$：

$$Q_{2-3} = Q_{1-2} + q_2$$

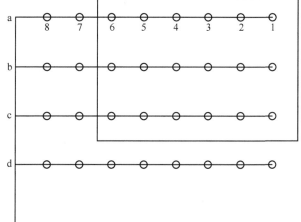

图 3-31　自动喷水灭火系统的平面布置示意图

g. 计算 2-3 管段的压力损失 $p_{2-3}$：$p_{2-3} = A_Z L_{2-3} Q_{2-3}^2$

h. 同理计算在作用面积内（3、4、5、6 点）的喷头压力、喷头出水量、管段流量、管段压力损失，出了作用面积后管段流量不再增加（7、8 点喷头流量不再计算），只计算管段的压力损失，一直到 a 点，得到 a 点的压力 $p_a$ 和第一根支管的流量 $Q_a$（1-6 点喷头的流量和）。

② 其他管段的水力计算

a. 配水管 a-b 段的流量 $Q_{a-b}$ 与第一根支管的流量 $Q_a$ 相同。$Q_{a-b} = Q_a$

b. 计算 a-b 段的压力损失 $p_{a-b}$：$p_{a-b} = A_Z L_{a-b} Q_{a-b}^2$

c. 计算第二根支管与配水管连接点 b 的压力 $p_b$：$p_b = p_a + p_{a-b}$

d. 按特性系数法计算第二根支管的流量 $Q_b$，第二根支管与第一根支管水力条件相同，则按管系特性原理，有 $Q_b = Q_a \sqrt{\dfrac{p_b}{p_a}}$

e. 计算配水管 b-c 段的流量：$Q_{b-c} = Q_a + Q_b$

f. 计算 b–c 段的压力损失：$p_{b-c} = A_z L_{b-c} Q_{b-c}^2$

g. 计算第三根支管与配水管连接点 c 的压力 $p_c$：$p_c = p_b + p_{b-c}$

h. 同理计算在作用面积内支管流量 $Q_i$、配水管流量 $Q_{i-(i+1)}$、配水管的压力损失、支管与配水管连接处的压力 $p_{(i+1)}$，出了作用面积后配水管流量不再增加，只计算管段的压力损失，一直到喷淋泵或室外管网，计算出管路的总压力损失 $\sum h$。

6）校核。需要对系统设计流量和设计流速进行校核。

系统设计流量校核：

由于管网中各喷头的实际出水量与理论值有偏差，且管网中有渗漏现象，故自动喷水灭火的设计流量与理论流量之间应考虑一个修正系数，根据世界各国规范并对实际运行数据进行比较后，将修正系数定为 1.15~1.30。因此，系统设计流量应满足：

$$Q_S = (1.15 \sim 1.3) Q_L \tag{3-12}$$

式中　$Q_S$——系统设计流量（L/s）；

　　　　$Q_L$——理论秒流量，为喷水强度与作用面积的乘积（L/s），喷水强度与作用面积见表 3-4；设计流速校核：流速必须满足自动喷水灭火系统设计计算的有关规定，流速计算公式如下：

$$v = K_C Q \tag{3-13}$$

式中　$K_C$——流速系数（m/L），见表 3-12；

　　　　$Q$——流量（L/s）；

　　　　$v$——流速（m/s）。

表 3-12　$K_C$ 值表

| 管径/mm | 25 | 32 | 40 | 50 | 70 | 80 | 100 | 125 | 150 | 200 | 250 |
|---|---|---|---|---|---|---|---|---|---|---|---|
| 钢管 | 1.883 | 1.05 | 0.80 | 0.47 | 0.283 | 0.204 | 0.115 | 0.075 | 0.053 | — | — |
| 铸铁管 | — | — | — | — | — | — | 0.1273 | 0.0814 | 0.0566 | 0.0318 | 0.021 |

7）系统水压力计算。自动喷水灭火系统所需水压力（或消防泵的扬程）计算公式如下：

$$p = p_1 + p_2 + p_f + p_0 \tag{3-14}$$

报警阀的局部压力损失计算公式如下：

$$p_f = \beta_f Q^2 \tag{3-15}$$

式中　$p$——系统所需水压（或消防泵的扬程）（kPa）；

　　　　$p_1$——给水引入管与最不利喷头之间的高程差（如由消防泵供水，则为消防贮水池最低水位与最不利消火栓之间的高程差）（kPa）；

　　　　$p_2$——计算管路压力损失（kPa）；

　　　　$p_f$——报警阀的局部压力损失（kPa）；

　　　　$p_0$——最不利喷头的工作压力（kPa），经计算确定；

　　　　$Q$——设计流量（L/s）；

　　　　$\beta_f$——报警阀的比阻（$s^2/L^2$），见表 3-13。

表 3-13　报警阀的比阻　　　　　　　　　　　（单位：$s^2/L^2$）

| 名　称 | 公称直径/mm | $\beta_f$ | 名　称 | 公称直径/mm | $\beta_f$ |
|---|---|---|---|---|---|
| 湿式报警阀 | 100 | 0.0296 | 干湿两用报警阀 | 150 | 0.0204 |
| 湿式报警阀 | 150 | 0.00852 | 干式报警阀 | 150 | 0.0157 |
| 干湿两用报警阀 | 100 | 0.0711 | | | |

#### 3. 作用面积法

对于轻危险级与中危险级建筑，可采用作用面积法进行计算，计算时可假定作用面积内每只喷头的喷水量相等，均以最不利点喷头喷水量取值。具体步骤如下：

1）根据建筑物类型和危险等级，由表 3-4 确定喷水强度、作用面积、喷头工作压力。

2）在最不利点处画定矩形的作用面积，作用面积的长边平行支管，其长度不宜小于作用面积平方根的 1.2 倍，确定发生火灾后最多开启的喷头数 $m$。

3）根据最不利喷头的工作压力，按式（3-6）计算最不利喷头出水量 $q_0$。

4）计算作用面积内管段设计流量

$$Q_{i-(i+1)} = q_0 i \tag{3-16}$$

式中　$Q_{i-(i+1)}$——$i-(i+1)$ 管段设计流量（L/s）；

　　　　$q_0$——最不利喷头出水量（L/s）；

　　　　$i$——$i-(i+1)$ 管段负担的作用面积内的喷头数，当 $i$ 大于作用面积内的喷头总数 $m$ 时，$i=m$，管段流量不再增加。

以图 3-31 为例，$Q_{6-7} = Q_{7-8} = Q_{a-b} = 6q_1$；$Q_{b-c} = 12q_1$；$Q_{c-d} = 18q_1$，c–d 以后管段的流量不再增加均为 $18q_1$。

5）校核喷水强度。任意作用面积内的平均喷水强度不小于表 3-4 规定的喷水强度。最不利点作用面积内 4 个喷头组成的保护面积内的平均喷水强度，不应低于表中规定值的 85%。

6）按管段连接喷头数，由表 3-9 确定各管段的管径。

7）计算管路的压力损失。

8）确定水泵扬程或系统入口处的供水压力，与特性系数法相同。

#### 4. 两种计算方法的比较

特性系数计算法，从系统最不利点喷头开始，沿程计算各喷头的压力、流量和管段的设计流量、压力损失，直到管段累计流量达到设计流量为止。在此后的管段中流量不再增加。按特性系数计算方法设计的系统其特点是安全性较高，即系统中除最不利点喷头以外的任一喷头的喷水量或任意 4 个喷头的平均喷水量均超过设计要求。此种计算方法适用于燃烧物热量大、火灾危险严重场所的管道计算及开式雨淋（水幕）系统的管道水力计算。

特性系数计算法严密细致，工作量大，但计算时按最不利点处喷头起逐个计算，不符合火灾发展的一般规律。实际火灾发生时，一般都是由火源点呈辐射状向四周扩大蔓延，而只有失火区上方的喷头才会开启喷水。火灾实例证明，在火灾初期往往是只开放一只或数只喷头，对轻或中危险级系统往往是靠少量喷头喷水灭火。如上海国际饭店、中百一店和上海几次大的火灾案例，开启的喷头数最多不超过 4 只。这是因为火灾初期可燃物少，且少量喷头开启，每只喷头的实际水压和流量必然超过设计值较多，有利于灭火；即使火灾扩大，对上述系统只要确保在作用面积内的平均喷水强度就能保证灭火。因此，对轻危险级和中危险级，采用作用面积计算法是合理、安全的。

作用面积计算法与特性系数计算法的最大区别是：计算时假定作用面积内每只喷头的喷水量相等，均以最不利点喷头喷水量取值；而后者每只喷头的出流量是不同的，需逐个计算，较复杂。作用面积计算法可使计算大大简化，因此《自动喷水灭火系统设计规范》推荐采用。

5. 计算算例

某五层商场，每一层的净空高度小于8m，根据喷头的平面布置图，计算出最不利喷头1处的压力为0.1MPa，最不利点喷头与水泵吸水水位高差为28.60m，其作用面积内的喷头布置如图3-32所示，试按作用面积法进行自动喷水系统水力计算，确定水泵的流量和扬程。该设置场所火灾危险等级为中危险级Ⅱ级。

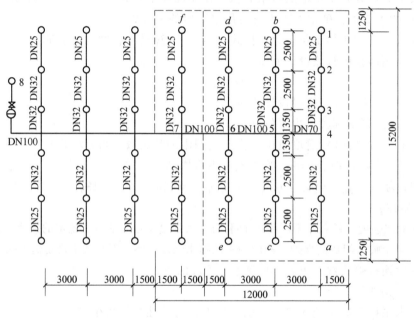

图 3-32 作用面积内的喷头布置

**解：** 按作用面积法计算。

1. 基本设计数据确定

由表 3-4 查得中危险级Ⅱ级建筑物的基本设计数据为：设计喷水强度为 8.0L/（min·m²），作用面积 160m²。

2. 喷头布置

根据建筑结构与性质，本设计采用作用温度为 68℃闭式吊顶型玻璃球喷头，喷头采用 2.5m×3.0m 和 2.7m×3.0m 矩形布置，使保护范围无空白点。

3. 作用面积划分

作用面积选定为矩形，矩形面积长边长度：$L = 1.2\sqrt{F} = (1.2 \times \sqrt{160})\text{m} = 15.2\text{m}$，短边长度为 10.5m。

最不利作用面积在最高层（五层处）最远点。矩形长边平行最不利喷头的配水支管，短边垂直于该配水支管。

每根支管最大动作喷头数 $n = (15.2 \div 2.5)$ 只 = 6 只

作用面积内配水支管 $N = (10.5 \div 3)$ 只 $= 3.5$ 只，取 4 只

动作喷头数：$(4 \times 6)$ 只 $= 24$ 只

实际作用面积：$(15.2 \times 12) \text{m}^2 = 182.4 \text{m}^2 > 160 \text{m}^2$

故应从较有利的配水支管上减去 3 个喷头的保护面积，见图 3-32，则最后实际作用面积：$(15.2 \times 12 - 3 \times 2.5 \times 3.0) \text{m}^2 = 160 \text{m}^2$

4. 水力计算

计算结果见表 3-14，其计算公式如下。

表 3-14　最不利计算管路水力计算

| 管段 | 喷头数（只） | 设计流量/（L/s） | 管径/mm | 管段长度/m | 流速系数 | 设计流速/（m/s） | 管段比阻/（s²/L） | 压力损失/kPa |
|---|---|---|---|---|---|---|---|---|
| 1-2 | 1 | 1.33 | 25 | 2.5 | 1.833 | 2.44 | 0.4367 | 19.3 |
| 2-3 | 2 | 2.66 | 32 | 2.5 | 1.05 | 2.79 | 0.09386 | 16.6 |
| 3-4 | 3 | 3.99 | 32 | 1.35 | 1.05 | 4.19 | 0.09386 | 20.2 |
| 4-5 | 6 | 7.98 | 70 | 3.0 | 0.283 | 2.23 | 0.002893 | 5.4 |
| 5-6 | 12 | 15.96 | 100 | 3.0 | 0.115 | 1.84 | 0.0002674 | 2.0 |
| 6-7 | 18 | 23.94 | 100 | 3.0 | 0.115 | 2.75 | 0.0002674 | 4.6 |
| 7-8 | 21 | 27.93 | 100 | 19.5 | 0.115 | 3.21 | 0.0002674 | 40.7 |
| 8-水泵 | 21 | 27.93 | 150 | 36.2 | 0.053 | 1.48 | 0.00003395 | 9.6 |
| | | | | | | | $\Sigma p_y$ | 118.4 |

1）作用面积内每个喷头出流量：

$$q = K\sqrt{10H} = (1.33 \times \sqrt{10 \times 0.1}) \text{L/s} = 1.33 \text{L/s}$$

2）管段流量：$Q = nq$

3）管道流速：$v = K_C Q$，$K_C$ 值见表 3-12。

4）管道压力损失：$p_y = 10ALQ^2$，$A$ 值见表 3-11。

5. 校核

1）设计流量校核。

作用面积内喷头的计算流量为：$Q_S = (21 \times 1.33) \text{L/s} = 27.93 \text{L/s}$。

理论流量：$Q_L = \left(\dfrac{160 \times 8}{60}\right) \text{L/s} = 21.33 \text{L/s}$

$\dfrac{Q_S}{Q_L} = \dfrac{27.93}{21.33} = 1.31$，满足要求。

2）设计流速校核：表 3-14 中，设计流速均满足 $v \leqslant 5 \text{m/s}$ 的要求。

3）设计喷水强度校核。

从表 3-14 中可以看出，系统计算流量 $Q = 27.93$ L/s $= 1675.8 \text{L/min}$，系统作用面积为 $160 \text{m}^2$，所以系统平均喷水强度为：$1675.8/160 \text{L/min} = 10.5 \text{L/min} > 8 \text{L/min}$，满足中危险级

Ⅱ级建筑物的防火要求。

最不利点处作用面积内 4 只喷头围合范围内的平均喷水强度：

$(1.33×60÷3÷2.5) \text{L/min} = 10.64\text{L/min} > 8\text{L/min}$，满足中危险级Ⅱ级建筑物的防火要求。

6. 选择喷洒泵

1）喷洒泵设计流量：$Q = 27.93\text{L/s}$

2）喷洒泵扬程相应的压力 $p$：

$$p_2 = (1+\beta)\sum p_y = [(1+20\%)×118.4]\text{kPa} = 142.1\text{kPa}$$

$$p_f = \beta_f Q^2 = (0.0296×27.93^2)\text{kPa} = 23.1\text{kPa}$$

$$p = p_1+p_2+p_f+p_0+50$$

$$= (28.6×10+142.1+23.1+100+50)\text{kPa} = 601.2\text{kPa}$$

## 3.4 雨淋自动喷水灭火系统

开式自动喷水灭火系统是指在自动喷水灭火系统中采用开式喷头，平时系统为敞开状态，报警阀处于关闭状态，管网中无水，发生火灾时报警阀开启，管网充水，喷头喷水灭火。

开式自动喷水灭火系统主要可分为三种形式：雨淋系统、水幕系统和水喷雾系统。

雨淋喷水灭火系统由火灾探测系统、开式喷头、传动装置、喷水管网、雨淋阀等组成。发生火灾时，系统管道内给水是通过火灾探测系统控制雨淋阀来实现的，并设有手动开启阀门装置。

### 3.4.1 雨淋自动喷水灭火系统的设置范围

雨淋自动喷水灭火系统适用于燃烧猛烈、蔓延迅速的某些严重危险级场所。《建筑设计防火规范》（GB 50016—2014）规定下列场所应设置雨淋自动喷水灭火系统：

1）火柴厂的氯酸钾压碾厂房，建筑面积大于 100m² 的生产、使用硝化棉、喷漆棉、火胶棉、赛璐珞胶片、硝化纤维的厂房。

2）建筑面积大于 60m² 或储存量大于 2t 的硝化棉、喷漆棉、火胶棉、赛璐珞胶片、硝化纤维的仓库。

3）日装瓶数量大于 3000 瓶的液化石油气储配站的灌瓶间、实瓶库。

4）特等、甲等剧场的舞台葡萄架下部，超过 1500 个座位的其他等级剧场和超过 2000 个座位的会堂或礼堂的舞台葡萄架下部。

5）建筑面积不小于 400m² 的演播室，建筑面积不小于 500m² 的电影摄影棚。

6）乒乓球厂的轧坯、切片、磨球、分球检验部位。

《自动喷水灭火系统设计规范》（GB 50084—2017）规定，具有下列条件之一的场所，应采用雨淋系统：

1）火灾的水平蔓延速度快、闭式洒水喷头的开放不能及时使喷水有效覆盖着火区域的场所。

2）设置场所的净空高度超过该规范第 6.1.1 条的规定，且必须迅速扑救初期火灾的场所。

3）火灾危险等级为严重危险级Ⅱ级的场所。

### 3.4.2 雨淋自动喷水灭火系统的分类

雨淋自动喷水灭火系统可分为空管式雨淋自动喷水灭火系统和充水式雨淋自动喷水灭火系统两类。

#### 1. 空管式雨淋自动喷水灭火系统

空管式雨淋自动喷水灭火系统的雨淋阀后的管网为干管状态，该系统可由传动管（见图 3-33）或电动设备（见图 3-34）启动。

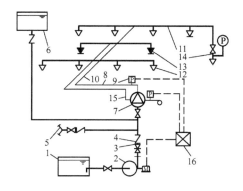

图 3-33 传动管启动雨淋自动喷水灭火系统
1—消防水池 2—水泵 3—闸阀 4—止回阀
5—水泵接合器 6—消防水箱 7—雨淋阀组
8—配水干管 9—压力开关 10—配水管
11—配水支管 12—开式喷头
13—闭式喷头 14—末端试水装置
15—传动管 16—报警控制器
M—驱动电动机

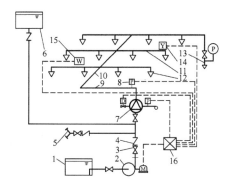

图 3-34 电动启动雨淋自动喷水灭火系统
1—消防水池 2—水泵 3—闸阀 4—止回阀
5—水泵接合器 6—消防水箱 7—雨淋阀组
8—压力开关 9—配水干管 10—配水管
11—配水支管 12—开式洒水喷头
13—末端试水装置 14—感烟探测器
15—感温探测器 16—报警控制器
D—电磁阀 M—驱动电动机

#### 2. 充水式雨淋自动喷水灭火系统

充水式雨淋自动喷水灭火系统（图 3-35）的雨淋阀后的管网内平时充水，水面高度低于开式喷头的出口，并借溢流管保持恒定。雨淋阀一旦开启，喷头立即喷水，喷水速度快，用于火灾危险性较大或有爆炸危险的场所，灭火效率较高。该系统可用易熔锁封、闭式喷头传动管或火灾探测装置控制启动。

### 3.4.3 雨淋自动喷水灭火系统主要组件

#### 1. 喷水器和开式喷头

喷水器的类型应根据灭火对象的具体情况进行选择。有些喷水器已有定型产品，有些可在现场加工制作。图 3-36 所示为几种常用的喷水器。

开式喷头与闭式喷头的区别仅在于缺少有热敏感元件组成的释放机构，喷口呈常开状态。喷头由本体、支架、溅水盘等零件构成，图 3-37 所示为几种常用的开式洒水喷头构造示意图。

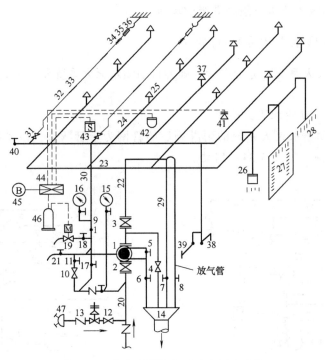

图 3-35　充水式雨淋自动喷水灭火系统

1—成组作用阀　2、3、4—闸阀　5~9—截止阀　10—小孔阀　11、12—截止阀　13—止回阀
14—漏斗　15、16—压力表　17、18—截止阀　19—电磁阀　20—供水干管　21—水嘴
22、23—配水主管　24—配水支管　25—开式喷头　26—淋水器　27—淋水环　28—水幕
29—溢流管　30—传动管　31—传动阀　32—钢丝绳　33—易熔锁片式喷头　34—拉紧弹簧
35—拉紧连接器　36—钩子　37—闭式喷头　38—手动开关　39—长柄手动开关
40—截止阀　41—感光探测器　42—感温探测器　43—感烟探测器
44—收信机　45—报警装置　46—自控箱　47—水泵接合器

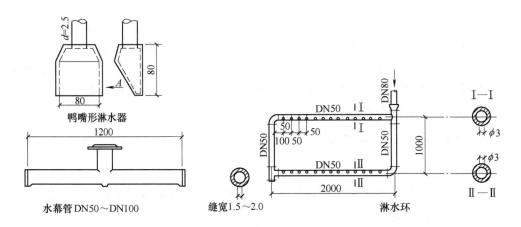

图 3-36　常用的喷水器

## 2. 雨淋报警阀

雨淋报警阀简称雨淋阀，它是雨淋灭火系统中的关键设备，其作用是接通或关断向配水

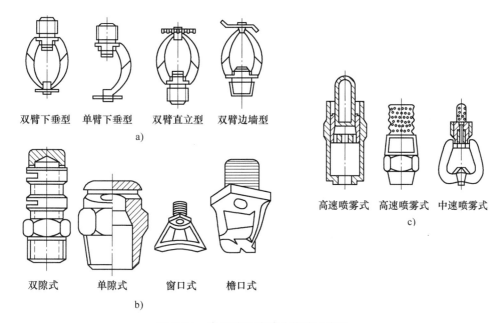

图 3-37　常用的开式喷头构造示意图

a）开启式洒水喷头　b）水幕喷头　c）喷雾喷头

管道的供水。雨淋报警阀不仅用于雨淋系统，还是水喷雾、水幕灭火系统的专用报警阀。

常用雨淋阀有隔膜式雨淋阀、杠杆式雨淋阀、温感雨淋阀等几种形式，如图 3-38 所示。

图 3-38　雨淋阀

（1）隔膜式雨淋阀　如图 3-39 所示，隔膜式雨淋阀分 A、B、C 三室，A 室通供水干管，B 室通淋水管网，C 室通传动管。在未失火时，A、B、C 三室都充满了水，其中 A、C 两室内充满的水具有相同的压力。因为 C 室通过一个直径 3mm 的旁通管与供水干管相通，而 B 室内仅充满具有一定静压的水，这部分静压力是由雨淋管网的水平管道与雨淋阀之间的高度差造成的，若把水放掉，则成为空管。雨淋

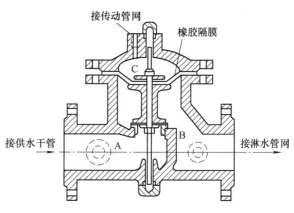

图 3-39　隔膜式雨淋阀

阀 C 室的橡胶隔膜大圆盘的面积一般为 A 室小圆盘面积的两倍以上，因此在相同水压作用下，雨淋阀处于关闭状态。

当发生火灾时，传动管网由手动或自动将传动管及 C 室中大圆盘上的水压释放，由于 3mm 的小管补水不及，使 C 室中大圆盘下部压力大于上部的压力，雨淋阀在供水管水压作用下自动开启，向雨淋管网供水灭火。

隔膜式雨淋阀启动灭火后，可以借水的压力自动复位，隔膜式雨淋阀主要技术数据见表 3-15。

表 3-15　隔膜式雨淋阀主要技术数据

| 项　　目 | | 阀门规格 | | |
| --- | --- | --- | --- | --- |
| | | DN65 | DN100 | DN150 |
| 起动时间/ms | 水压 0.138MPa | 301 | 221 | 236 |
| | 水压 0.5MPa | 132 | 108 | 148 |
| 自动复位时间/s | 水压 0.138MPa | 7.68 | | |
| | 水压 0.5MPa | 5.52 | 20.60 | 51.94 |
| 局部阻力系数 $\xi$ | | 8.01 | 8.04 | 7.49 |
| 橡胶隔膜厚度/nm | | 2 | 5 | 4 |
| 隔膜的爆破压力/MPa | | 3.5 | 2.0 | 2.2 |
| 隔膜的行程/mm | | 36 | 44 | 52 |

火灾结束后，只要向传动管及 C 室中重新充压力水，雨淋阀即自行关闭。这种雨淋阀由于 B、C 两室相通，误动作造成水渍损失小。另外，火灾结束后，能通过关闭通往传动管网的阀门进行复位，操作简单易行。

（2）双圆盘式雨淋阀　如图 3-40 所示。工作原理同隔膜式雨淋阀。这种雨淋阀由于大、小圆盘密封垫厚薄不易掌握，容易误动作造成水渍损失。另外，火灾结束后，复位手续繁琐，劳动量大，目前一般不宜采用。

（3）杠杆式雨淋阀　如图 3-41 所示。阀板将 A、B 两室隔开，由一个制动器将阀板锁在阀座上，制动器的推杆与 C 室的隔膜相连，隔膜的移动受 C 室水压的影响，并带动推杆移动和制动器动作。A、C 两室之间由带止回阀的旁通管相连。发生火灾时，传动管网由手动或自动泄压，将 C 室的压力水释放，由于旁通管补水不及，使进水压力作用于阀板上的力矩大于推杆，进而阀

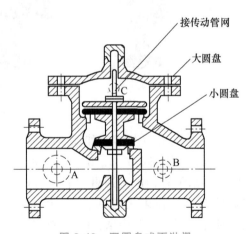

图 3-40　双圆盘式雨淋阀

板开启，向雨淋管网供水灭火。这种雨淋阀压力损失较小，发生火灾时，供水不会因为复位造成断水，是一种较好形式的雨淋阀。另外，火灾结束后，复位操作简单易行。

（4）ZSY/SL-02 系列雨淋控水阀　如图 3-42 所示。该雨淋控水阀设计充分考虑了工业消防的特殊要求，使其在工业消防中的应用具有明显的优势。与通用雨淋阀相比，ZSY/SL-

02 系列雨淋控水阀具有以下优点：

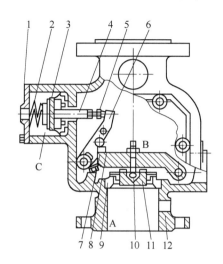

图 3-41　杠杆式雨淋阀

1—端盖　2—弹簧　3—皮碗　4—轴　5—顶端
6—摇臂　7—锁杆　8—垫铁　9—密封圈
10—顶杆　11—阀瓣　12—阀体

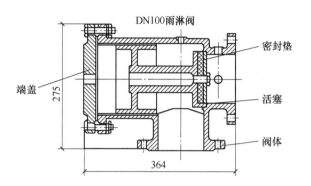

图 3-42　ZSY/SL-02 系列雨淋控水阀

1）开启时间短。

2）可水平、竖直安装，管路布置方便，适合于电缆隧道、地下油库等狭窄场合。

3）非电控远程手动功能能够保证雨淋阀在火灾现场电控失灵而又无法现场紧急启动的情况下，在远处安全点启闭雨淋阀。

4）自动控制复位功能能够保证持续灭火。

5）计算流体力学技术在阀内水流通道设计中的应用，使水力摩阻损失降为最低。

6）体积小、结构简单、工作稳定可靠、使用寿命长。

该雨淋控水阀技术参数见表 3-16。

表 3-16　雨淋控水阀技术参数

| 规　　格 | DN50 | DN60 | DN80 | DN100 | DN150 | DN200 |
| --- | --- | --- | --- | --- | --- | --- |
| 水力摩阻/MPa | 0.040 | 0.040 | 0.040 | 0.035 | 0.035 | 0.035 |
| 最大工作压力/MPa | 1.2 | | | | | |
| 试验工作压力/MPa | 2.4 | | | | | |
| 外接法兰 | 按 GB 9113—2010 | | | | | |
| 一般环境 | 球墨铸铁加不锈钢衬套 | | | | | |

（5）ZSFW 温感雨淋阀　ZSFW 温感雨淋阀是自动喷水灭火系统中的控制阀门，也是一种定温动作的雨淋阀。主要应用于门洞、窗口、防火卷帘门等处作防火分隔、降温雨淋控制阀门，也可用于设备、区域的定向防火分隔。一个 ZSFW 温感雨淋阀可接的喷头数量根据其型号和喷头喷水口径确定。该雨淋阀有 ZSFW-32、ZSFW-40、ZSFW-50、ZSFW-65 等型号。

雨淋阀形式较多，选择雨淋阀时要注意：

1）水流速度为 4.5m/s 时，压力损失不宜大于 0.02MPa。

2）雨淋阀开启后应能够防止其自动回到伺服状态。

3. 火灾探测传动控制装置

自动开启雨淋阀常用的传动装置有：带易熔锁封钢索绳控制的传动装置、带闭式喷头控制的充水或充气式传动管装置、电动传动管装置和手动旋塞传动控制装置。

（1）带易熔锁封钢索绳控制的传动装置  一般安装在房间的整个天花板下面，用拉紧弹簧和连接器，使钢丝绳保持 25kgf（250N）的拉力，从而使传动阀保持密闭状态，其构成如图 3-43 所示。当易燃物着火时，室内温度上升，易熔锁封被熔化，钢丝绳系统断开，传动阀开启放水，传动管网内水压骤降，雨淋阀自动开启，所有开式喷头向被保护的整个面积上一起自动喷水灭火。

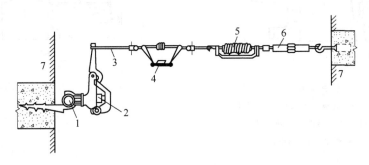

图 3-43  带易熔锁封钢索绳控制的传动装置

1—传动管网  2—传动阀  3—钢索绳  4—易熔锁封  5—拉紧弹簧  6—拉紧连接器  7—墙壁

易熔锁封公称动作温度应根据房间在操作条件下可能达到最高气温选用，见表 3-17。常用的公称动作温度是 72℃。

表 3-17  易熔锁封选用温度

| 公称动作温度/℃ | 使适用环境温度/℃ | 色  标 |
|---|---|---|
| 72 | 38 | 无色 |
| 100 | 65 | 白色 |
| 141 | 107 | 蓝色 |

易熔锁封钢丝绳控制系统的传动管要承受 25kgf（250N）的拉力，所以一般都沿墙固定。充水传动管道不能布置在冬季有可能冻结而又不供暖的房间内。易熔锁封传动管直径采用 25mm。

为了防止传动管泄水后所产生的静水压力影响雨淋阀的开启，充水传动管网的最高标高不能高于雨淋阀处压力的 1/4。当传动管网标高过高时，雨淋阀便无法起动。充气传动管网标高不受限制。

充水传动管道的敷设坡度应大于 0.005，坡向雨淋阀；并应在传动管网的末端或最高点设置放气阀，以防止传动管中积存空气、延缓传动作用时间，影响雨淋阀的及时开启。

（2）带闭式喷头控制的充水或充气式传动管装置  用带易熔元件的闭式喷头或带玻璃球塞的闭式喷头作为探测火灾和传动控制的感温元件，如图 3-44 所示。

闭式喷头公称动作温度的选用同闭式自动喷水灭火系统。闭式喷头的水平距离一般为

3m，与顶棚的距离不应大于 150mm。

传动管的直径充水时为 25mm，充气时为 15mm，并应有不小于 0.005 的坡度坡向雨淋阀。充水的传动管最高点宜设放气阀。

（3）电动传动管装置　该装置是依靠火灾探测器的信号，通过继电器直接开启传动管上的电磁阀，使传动管泄压开启雨淋阀。根据保护区域的

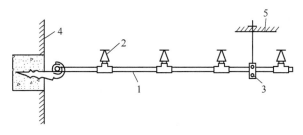

图 3-44　带闭式喷头控制的充水或充气式传动管装置
1—传动管网　2—闭式喷头　3—管道吊架　4—墙壁　5—顶面

火灾合理选择感温、感烟、感光火灾探测器，其具体设计见《火灾自动报警系统设计规范》（GB 50116—2013）。

（4）手动旋塞传动控制装置　应设在主要出入口等明显而易于开启的场所。发生火灾时，如果在其他火灾探测传动装置动作前发现火灾，可手动打开阀门，使传动管网放水泄压，开启雨淋阀。设计中手动旋塞传动控制作为其他传动控制系统的补充。

### 3.4.4　雨淋自动喷水灭火系统的控制方式

雨淋系统启动控制分为自动控制启动、手动控制启动和应急启动三种方式。一般要同时设有三种控制方式。但是当响应时间大于 60s 时，可采用手动控制和应急操作两种控制方式。

### 3.4.5　雨淋自动喷水灭火系统的设计

#### 1. 开式喷头布置

喷头布置的主要任务是使一定强度的水均匀地喷淋在整个被保护面积上。喷头一般采用正方形布置，如图 3-45 所示。喷头间距根据每个喷头的保护面积确定。

喷头一般安装在建筑凸出部分的下面。在充水式的雨淋系统中，喷头应向下安装；在空管式的雨淋系统中，喷头可向下或向上安装。当喷头直接安装在建筑梁底下时，喷头溅水盘与梁底之间的距离一般不应大于 0.08m。

当喷头必须高于梁底布置时，喷头与梁边的水平距离与喷头盘高出梁底的距离有关，如图 3-46和表 3-18 所示。

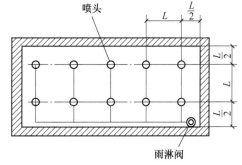

图 3-45　开式喷头的平面布置

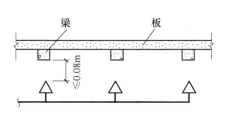
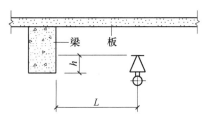

图 3-46　喷头与梁边的距离

表 3-18　喷头与梁边的距离

| 喷头与梁边的水平距离 $L/m$ | 喷头喷溅水盘高出梁底的距离 $h/m$ | 喷头与梁边的水平距离 $L/m$ | 喷头喷溅水盘高出梁底的距离 $h/m$ |
|---|---|---|---|
| $L<0.30$ | 0.00 | $1.05 \leqslant L<1.20$ | 0.15 |
| $0.30 \leqslant L<0.60$ | 0.025 | $1.20 \leqslant L<1.35$ | 0.175 |
| $0.60 \leqslant L<0.75$ | 0.05 | $1.35 \leqslant L<1.50$ | 0.225 |
| $0.75 \leqslant L<0.90$ | 0.075 | $1.50 \leqslant L<1.65$ | 0.275 |
| $0.90 \leqslant L<1.05$ | 0.10 | $1.65 \leqslant L<1.80$ | 0.35 |

雨淋系统最不利点喷头的供水压力不应小于 0.05MPa。

**2. 管网布置**

对于空管式雨淋系统，由于被保护对象没有爆炸危险，因此当被保护建筑面积超过 240m² 时，为减少消防用水量和相应的设备容量，可将被保护对象划分若干个装有雨淋阀的放水分区。每幢建筑的分区数量不得超过四个（包括各层在内）。

雨淋喷水灭火设备管道的布置要求基本和自动喷水灭火系统相同，但每根支管上装设的喷头不宜超过六个，每根配水干管的一端所负担分布支管的数量不应超过 6 根，以免布水不均。喷头、配水干管和配水支管的平面布置如图 3-47 所示。

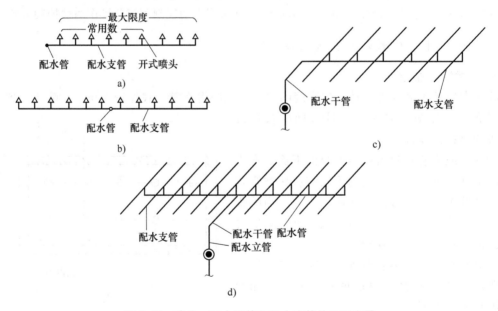

图 3-47　喷头、配水干管和配水支管的平面布置

a）为当喷头数 6~9 个时的布置形式　b）为当喷头数 6~12 个时的布置形式
c）为当配水支管 ≤6 条时的布置形式　d）为当配水支管 6~12 条时的布置形式

## 3.4.6　雨淋自动喷水灭火系统的水力计算

**1. 计算要求**

1）雨淋灭火系统的设计参数应符合表 3-4 中的要求。

2）雨淋灭火系统的设计流量，应按雨淋阀控制的喷头数的流量之和确定。多个雨淋阀并联的雨淋系统，其系统设计流量，应按同时启动雨淋阀的流量之和的最大值确定。

3）当建筑物中同时设置雨淋系统和水幕系统时，系统的设计流量应按同时启动的雨淋系统和水幕系统的用水量计算，并应取两者之和中的最大值。

4）雨淋系统的水源可为屋顶水箱、室外水塔或高地水池（储存火灾初期 10min 的消防水量）。当室外管网的流量和水压能满足室内最不利点灭火用水量和水压要求时，也可不设屋顶水箱。

5）雨淋系统的工作时间采用 1h。

**2. 传动管网管径**

传动管网不进行水力计算。充水的传动管网一律采用 $d = 25mm$ 的管道。但当利用闭式喷头作为传动控制时，充气传动管网可以采用 $d = 15mm$ 的管道。

**3. 雨淋喷头出流量**

$$Q = \mu F \sqrt{200gp} \tag{3-17}$$

式中　$Q$——喷头喷水量（$m^3/s$）；

　　　$\mu$——与喷头构造有关的流量特性系数，取 0.7；

　　　$F$——喷口截面积（$m^2$）；

　　　$g$——重力加速度（$9.8m/s^2$）；

　　　$p$——喷水处的水压力（MPa）。

最不利喷头的水压不应小于 0.05MPa。

**4. 系统水力计算**

计算方法与闭式自动喷水灭火系统的管道水力计算方法基本相同，但消防用水量应按同时喷水的喷头的数量，经水力计算确定，并保证任意相邻 4 个喷头的平均喷水强度不得小于表 3-4 所示规定。

雨淋阀的局部压力损失计算采用表 3-19 所示公式计算。

表 3-19　雨淋阀的局部压力损失计算公式

| 雨淋阀直径/mm | 双盘雨淋阀 | 隔膜雨淋阀 |
| --- | --- | --- |
| 65 | $p = 0.048Q^2$ | $p = 0.0371Q^2$ |
| 100 | $p = 0.00634Q^2$ | $p = 0.00664Q^2$ |
| 150 | $p = 0.0014Q^2$ | $p = 0.00122Q^2$ |

注：表中 $Q$ 以 L/s 计，$p$ 以 $10^4$Pa 计。

## 3.5　水幕系统

水幕系统不直接扑灭火灾，而是阻挡火焰热气流和热辐射向邻近保护区扩散，起到挡烟阻火和冷却分隔物作用。

### 3.5.1　水幕系统设置原则

《建筑设计防火规范》（GB 50016—2014）规定下列部位宜设置水幕系统：

1）特等、甲等剧场，超过 1500 个座位的其他等级的剧场，超过 2000 个座位的会堂或礼堂和高层民用建筑中超过 800 个座位的剧场、礼堂的舞台口及上述场所中与舞台相连的侧台、后台的门窗洞口。

2）应设防火墙等防火分隔物而无法设置的局部开口部位。

3）需要冷却保护的防火卷帘或防火幕的上部。舞台口也可采用防火幕进行分隔。

水幕消防设备是用途广泛的阻火设备，但必须指出，水幕设备只有与简易防火分隔物相配合时，才能发挥良好的阻火效果。

### 3.5.2　水幕系统设备组成

水幕消防系统组成如图 3-48 所示。

### 3.5.3　系统控制设备

水幕系统的控制阀可分为自动控制阀和手动控制阀，在无人看管的场所应采用自动控制阀。当设置自动控制阀时，还应设手动控制阀，以备自动控制阀失灵时，可用手动控制阀开启水幕。手动控制阀应设在发生火灾时人员便于接近的地方，当在墙内不能开启水幕时，可在墙外设置开启水幕的措施。

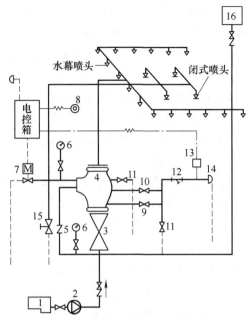

图 3-48　水幕消防系统组成

1—水池　2—水泵　3—供水阀　4—雨淋阀
5—止回阀　6—压力表　7—电磁阀　8—按钮
9—报警铃阀　10—警铃管阀　11—防水阀
12—滤网　13—压力开关　14—警铃
15—手动开关　16—水箱

雨淋阀可作为水幕自动控制阀，在水幕控制范围内的天花板上均匀布置闭式喷头，一旦发生火灾，闭式喷头自动开启，打开水幕控制阀。利用闭式喷头启动水幕的控制阀如图 3-49 所示。

在水幕控制范围内的天花板上布置感温或感烟火灾探测器，与水幕的电动控制阀或雨淋阀联锁而自动开启控制阀，如图 3-50 所示。感温或感烟火灾探测器把火灾信号传递给电控

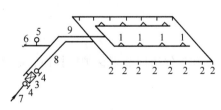

图 3-49　利用闭式喷头启动水幕的控制阀

1—自动喷头　2—水雾喷头　3—控制阀　4—阀门　5—气压表
6—压缩空气来源管道　7—消防水源供水管
8—供水干管　9—压缩空气管道

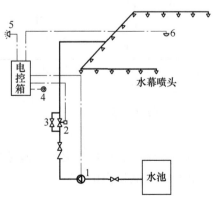

图 3-50　电动控制水幕系统

1—水泵　2—电动阀　3—手动阀
4—电按钮　5—电铃　6—火灾探测器

箱，电控箱启动水泵和打开电动阀，同时使电铃报警。如果人们先发现火灾，火灾探测器尚未动作，可按电钮启动水泵和电动阀，若电动阀发生事故，可打开手动快开阀。

## 3.5.4 水幕系统设计

### 1. 设计基本参数

水幕系统的设计基本参数应符合表 3-20 所示的规定。

表 3-20　水幕系统的设计基本参数

| 水幕系统类别 | 喷水点高度 h/m | 喷水强度/[L/(s·m)] | 喷头工作压力/MPa |
|---|---|---|---|
| 防火分离水幕 | $h \leqslant 12$ | 2.0 | 0.1 |
| 防护冷却水幕 | $h \leqslant 4$ | 0.5 | |

注：1. 防护冷却水幕的喷水点高度每增加 1m，喷水强度应增加 0.1L/(s·m)，但设置高度超过 9m 时，喷水强度仍采用 1L/(s·m)。
　　2. 系统持续喷水时间不应小于系统设置部位的耐火极限要求。
　　3. 喷头布置应符合《自动喷水灭火系统设计规范》（GB 50084—2017）的第 7.1.16 的规定。

当采用防护冷却系统保护防火卷帘、防火玻璃墙等防火分隔设施时，系统应独立设置，且应符合下列要求：

1）喷头设置高度不应超过 8m；当设置高度为 4~8m 时，应采用快速响应洒水喷头。

2）当喷头设置高度不超过 4m 时，喷水强度不应小于 0.5L/(s·m)；当喷头设置高度超过 4m 时，每增加 1m，喷水强度应增加 0.1L/(s·m)。

3）喷头的设置应确保喷洒到被保护对象后布水均匀，喷头间距应为 1.8~2.4m；喷头溅水盘与防火分隔设施的水平距离不应大于 0.3m，与顶板的距离应符合《自动喷水灭火系统设计规范》（GB 50084—2017）中的第 7.1.15 的规定。

4）持续喷水时间不应小于系统设置部位的耐火极限要求。

除《自动喷水灭火系统设计规范》（GB 50084—2017）另有规定外，自动喷水灭火系统的持续喷水时间应按火灾延续时间不小于 1h 确定。

利用有压气体作为系统启动介质的干式系统和预作用系统，其配水管道内的气压值应根据报警阀的技术性能确定；利用有压气体检测管道是否严密的预作用系统，配水管道内的气压值不宜小于 0.03MPa，且不宜大于 0.05MPa。

### 2. 水幕喷头布置

水幕系统的喷头选型应符合下列规定：

1）防火分隔水幕应采用开式洒水喷头或水幕喷头。

2）防护冷却水幕应采用水幕喷头。

水幕喷头按其构造与用途可分为缝隙式水幕喷头、雨淋式水幕喷头、檐口水幕喷头和窗口水幕喷头，见图 3-51。

水幕喷头应根据喷水强度的要求布置，不应出现空白点。对于防火分隔水幕的喷头布置，应保证水幕的宽度不小于 6m，采用水幕喷头时，喷头不少于三排；采用开式洒水喷头时，喷头不应少于两排。如图 3-52、图 3-53 所示。而对于防护冷却水幕的喷头宜布置成单排，且喷水方向应指向保护对象。用于保护舞台口的防护冷却水幕应采用开式喷头或水幕喷头。用于保护防火卷帘和防火门的防护冷却水幕应采用开式幕喷头。

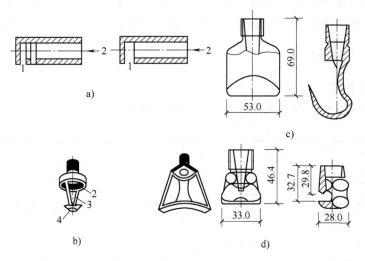

图 3-51　水幕喷头

a）缝隙式水幕喷头　b）雨淋式水幕喷头　c）檐口水幕喷头　d）窗口水幕喷头

1—缝隙　2—进水口　3—支架　4—反射盘

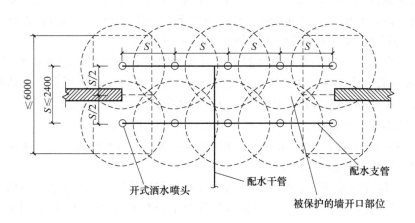

图 3-52　防火分隔水幕双排布置示意图（采用开式洒水喷头）

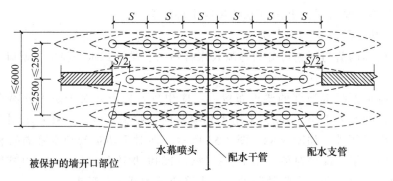

图 3-53　防火分隔水幕三排布置示意图（采用水幕喷头）

### 3. 管网布置

消防水幕喷头的控制阀后的管网内平时不充水，当发生火灾时，打开控制阀，水进入管网，通过水幕喷头喷水。

同一给水系统内，消防水幕超过三组时，消防水幕控制阀前的供水管网应采用环状管网。用阀门将环状管道分成若干独立段。阀门的布置应保证管道检修或发生事故时关闭的控制阀不超过两个。控制阀设在便于管理、维修方便且易于接近的地方。消防水幕控制阀后的供水管网可采用环状，也可采用枝状。

水幕系统的配水管道布置不宜过长，应具有较好的均匀供水条件，同时系统不宜过大，缩小检修影响范围，每组水幕系统安装的喷头数不应超过 72 个。水幕管道最大水幕喷头负荷数可按照表 3-21 所示采用。

表 3-21　管道最大水幕喷头负荷数

| 水幕喷头口径/ mm | 最大负荷数/个 | | | | | | | | | |
|---|---|---|---|---|---|---|---|---|---|---|
| | 管道公称直径/mm | | | | | | | | | |
| | 20 | 25 | 32 | 40 | 50 | 70 | 80 | 100 | 125 | 150 |
| 6 | 1 | 3 | 5 | 6 | | | | | | |
| 8 | 1 | 2 | 4 | 5 | | | | | | |
| 10 | 1 | 2 | 3 | 4 | | | | | | |
| 12.7 | 1 | 2 | 2 | 3 | 8(10) | 14(10) | 21(36) | 36(72) | | |
| 16 | | | 1 | 2 | 4 | 12 | 12 | 22(26) | 34(45) | 50(72) |
| 19 | | | | 1 | | 9 | 9 | 16(18) | 24(32) | 35(52) |

注：1. 本表是按喷头压力为 0.05MPa 时，流速不大于 5m/s 的条件下计算的。

2. 括弧中的数字是按管道流速不大于 10m/s 计算的。

### 4. 系统水力计算

水幕消防系统在作为配合保护门窗、屋檐、简易防火墙等分隔物时，其喷水量每米长度应不小于 0.5L/s。舞台口或面积不超过 3m² 的洞口，若要形成能分隔火源、阻止火势蔓延的水幕带，每根水幕管每米长度的喷水量应不小于 1L/s。当开口部位面积超过 3m² 时应设置消防水幕带。消防水幕带的供水强度，应保证每米保护长度内的消防用水量应不小于 2L/s。

（1）消防用水量

$$Q = qL \tag{3-18}$$

式中　$Q$——水幕系统消防流量（L/s）；

　　　$q$——喷水强度 [L/(s·m)]；

　　　$L$——水幕长度（m）。

（2）喷头流量

$$q = K\sqrt{10p} \tag{3-19}$$

式中　$q$——喷头喷水量（L/s）；

　　　$p$——喷水处的水压力（MPa）；

　　　$K$——与喷头构造有关的流量特性系数。

（3）水压　消防水幕管网最不利点水幕喷头的水压应不小于 0.05MPa，用于水幕带的水幕喷头，其最不利点喷头的水压应不小于0.10MPa，同一系统中处于下层的水幕管道应采取减压措施。

（4）流速 装置喷头的管道内流速不应大于3m/s，不装喷头的输水管道内流速不应大于5m/s。

（5）管道压力损失

$$p = p_1 + p_2 + p_3 + p_g \qquad (3-20)$$

式中 $p$——控制阀前供水管处所需水压（MPa）；

    $p_1$——管网最不利点水幕喷头压力（MPa）；

    $p_2$——最不利点水幕喷头与控制阀供水管处垂直压力差（MPa）；

    $p_3$——控制阀的压力损失（MPa），雨淋阀的压力损失，可按表3-20计算；

    $p_g$——最不利点水幕喷头至控制阀的管道压力损失（MPa）。

水幕水力计算方法与闭式系统方法相同，具体参见3.3相关内容。

## 3.6 水喷雾灭火系统

水喷雾灭火系统是在自动喷水灭火系统的基础上发展起来的一种灭火系统，可进行灭火或防护冷却。它是利用水雾喷头在一定水压下将水流分解成细小水雾滴后喷射到燃烧物质的表面，通过表面冷却、窒息、乳化、稀释几种作用实现灭火。水喷雾灭火系统不仅安全可靠、经济实用，而且具有适用范围广、灭火效率高的优点。

与自动喷水系统相比，水喷雾灭火系统具有以下几方面的特点：

1）其保护对象主要是火灾危险性大、火灾扑救难度大的专用设施或设备。

2）不仅能够扑救固体火灾，而且可扑救液体和电气火灾。

3）不仅可用于灭火，而且可用于控火和防护冷却。

### 3.6.1 水喷雾灭火系统的特点及应用范围

《建筑设计防火规范》（GB 50016—2014）规定下列场所应设置自动灭火系统，且宜采用水喷雾灭火系统：

1）单台容量在40MV·A及以上的厂矿企业油浸变压器，单台容量在90MV·A及以上的电厂油浸变压器，单台容量在125MV·A及以上的独立变电站油浸变压器。

2）飞机发动机试验台的试车部位。

3）设置在高层民用建筑内充可燃油的高压电容器和多油开关室。

设置在室内的油浸变压器、充可燃油的高压电容器和多油开关室，可采用细水雾灭火系统。

### 3.6.2 水喷雾灭火系统的组成

水喷雾灭火系统的组成和雨淋自动喷水系统相似，系统主要由雨淋阀、水雾喷头、管网、供水设施及探测系统和报警系统组成，如图3-54所示。

#### 1. 水雾喷头

水雾喷头是水喷雾灭火系统中重要的组成元件，其类型有离心雾化型水雾喷头和撞击型水雾喷头，如图3-55所示。

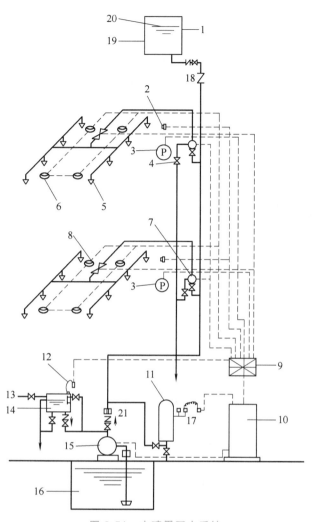

图 3-54　水喷雾灭火系统

1—消防水箱进水管　2—警铃　3—手动启动装置　4—试验阀　5—喷雾喷头　6—火灾探测器　7—控制阀　8—自动阀
9—报警装置　10—控制箱　11—压力罐　12—水位报警装置　13—补充水源　14—水泵充水水箱　15—消防水泵
16—消防水池　17—压力开关　18—出水管上的止回阀　19—消防水箱出水管　20—消防水箱　21—过滤器

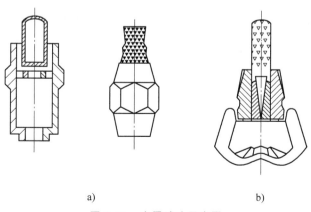

a)　　　　　　　　　　　　　　　　b)

图 3-55　水雾喷头示意图

a）离心雾化型水雾喷头　b）撞击型水雾喷头

扑救电气火灾应选用离心雾化型水雾喷头。离心雾化型喷头喷射出的雾状水滴是不连续的间断水滴，故具有良好的电绝缘性能。撞击型水雾喷头是利用撞击原理分解水流的，水的雾化程度较差，不能保证雾状水的电绝缘性能。

有腐蚀性环境应选用防腐型水雾喷头。粉尘场所设置的水雾喷头应有防尘罩。平时防尘罩在水雾喷头的喷口上，发生火灾时防尘罩在系统给水的水压作用下打开或脱落，不影响水雾喷头的正常工作。

**2. 雨淋阀组**

雨淋阀组由雨淋阀、电磁阀、压力开关、水力警铃、压力表、水流控制阀、检查阀、过滤器以及配套的通用阀门组成。雨淋阀组应设置在环境温度不低于4℃、并有排水设施的室内，其安装位置宜在靠近保护对象并便于操作的地点。

**3. 火灾探测与传动控制系统**

水喷雾灭火系统可采用火焰、感温、感烟火灾探测器进行报警和控制雨淋阀的开启，也可采用闭式喷头传动控制系统进行控制。

### 3.6.3 水喷雾灭火系统的控制方式

为了保证系统的响应时间和工作的可靠性，应设有自动控制、手动（远程）控制和应急操作三种控制方式。对规定系统响应时间大于60s的保护对象，系统可采用手动（远程）和应急操作两种控制方式。

1）自动控制可采用电气远程控制（火灾探测器）或闭式洒水喷头和传动管来完成操作。电气远程控制方式是由火灾探测器发出火灾信号，并将信号输入火灾报警控制器，由控制器再将信号传送到雨淋阀内的电磁阀，使阀门开启，从而自动喷雾。闭式喷头传动管控制则是闭式喷头受热动作后，利用传动管内的压力变化传输火灾信号。

传动管传输压力降的方式有气动和液动两种。传动管系统开启雨淋阀方式有直接启动和间接启动两种。直接启动方式是将传动管与雨淋阀的控制腔连接，当喷头爆破、传动管泄压时，控制腔同时泄压，开启雨淋阀。间接启动方式是利用压力开关将传动管的压力降信号传送给报警控制器，由报警控制器开启电磁阀后启动雨淋阀。

2）手动（远程）控制是指人为远距离操纵供水设备、雨淋阀组等系统组件的控制方式。

3）应急操作是指人为现场操作启动供水设备、雨淋阀组等系统组件的控制方式。

### 3.6.4 水喷雾灭火系统设计

**1. 系统设计基本参数**

（1）保护面积　采用水喷雾灭火系统的保护对象，其保护面积要按其外表表面积确定。

（2）喷雾强度与持续喷雾时间

1）水喷雾灭火系统的设计喷雾强度和持续喷雾时间要根据防护目的和保护对象而定，并且不能小于表3-22所示的规定。

2）移动式水喷雾灭火系统每个喷头的喷水量不小于350L/min，喷头数不少于两个。

3）各类易燃液体的灭火要求：高闪点油类灭火时，水雾的供给强度为$9.6 \sim 72 \text{L}/(\text{min} \cdot \text{m}^2)$。喷雾水滴的直径为0.4~0.8mm。扑灭非水溶性低闪点液体火灾的喷雾水滴直径应不大于

0.3mm。扑灭水溶性液体火灾的喷雾水滴直径应不大于 0.4mm。

表 3-22　水喷雾灭火系统设计喷雾强度与持续喷雾时间

| 保护目的 | 保护对象 | | 设计喷雾强度<br>/[L/(min·m²)] | 持续喷雾<br>时间/h |
|---|---|---|---|---|
| 灭火 | 固体火灾 | | 15 | 1 |
| | 液体火灾 | 闪点 60~120℃ 的液体 | 20 | 0.5 |
| | | 闪点高于 120℃ 的液体 | 13 | |
| | 电气火灾 | 油浸式电力变压器、油开关 | 20 | 0.4 |
| | | 油浸式电力变压器的集油坑 | 6 | |
| | | 电缆 | 13 | |
| 防护冷却 | 甲乙丙类液体生产、储存、装卸设施 | | 6 | 4 |
| | 甲、乙、丙类<br>液体储罐 | 直径 20m 以下 | 6 | 4 |
| | | 直径 20m 以下 | | 6 |
| | 可燃气体生产、输送、装卸、储存设施和灌瓶间、瓶库 | | 9 | 8 |

　　用水喷雾系统防护来自邻近火灾热辐射点燃的火灾危险时，对保护暴露的油冷却设备和贮槽、石油或液化石油气贮存库、原油、精制酒精等的大型贮槽的防护，推荐对暴露表面采用 9.6L/(min·m²) 的供给强度。

　　(3) 水雾喷头的工作压力与水喷雾灭火系统的响应时间　水雾喷头的工作压力与水喷雾灭火系统的响应时间见表 3-23。

表 3-23　喷头工作压力与系统响应时间

| 保护目的 | | 喷头工作压力/MPa | 系统响应时间/s |
|---|---|---|---|
| 灭　　火 | | 0.35 | 45 |
| 防护<br>冷却 | 液化气生产、储存装置或装卸设施 | 0.2 | 60 |
| | 其他设施 | | 300 |

　　(4) 水喷雾系统防火分区　目前尚无有关规范，以下是在一些设计中所采用的数据，仅供参考。

　　1) 一般按流量分区，一个区最大流量为 70~80L/s，有的国家采用小于 160L/s。

　　2) 对于电缆隧道，分区长度不大于 50m，有的国家采用 25m。

　　(5) 应注意事项　水喷雾灭火的效果与防护对象的种类和其容器内部所装各种可燃物的性质 (燃点、密度、黏度、混合性、水溶性)，以及防护对象周围的状况有很大关系，因此在设计前要调查清楚。当水喷雾用于建筑物内某个设备的灭火时，需将整个建筑物内部进行喷雾。

　　**2. 水雾喷头布置**

　　水雾喷头的平面布置方式可为矩形或菱形。当按矩形布置时，水雾喷头之间的距离不能大于 1.4 倍水雾喷头的水雾锥底圆半径。当按菱形布置时，水雾喷头之间的距离不能大于 1.7 倍水雾喷头的水雾锥底圆半径。

　　水雾喷头的布置要符合下列要求：

1）当保护对象为油浸式电力变压器时，水雾喷头要布置在变压器的周围，不能布置在变压器的顶部，保护变压器顶部的水雾不能直接喷向高压套管。水雾喷头之间的水平距离与垂直距离要满足水雾锥相交的要求，油枕、冷却器、集油坑也要设水雾喷头保护。

2）当保护对象为可燃气体和甲、乙、丙类液体储罐时，水雾喷头与储罐外壁之间的距离不能大于0.7m。

3）当保护对象为球罐时，水雾喷头的喷口应面向球心，水雾锥沿纬线方向要相交，沿经线方向要相接。当球罐的容积等于或大于1000m³时，除满足上述要求外，赤道以上环管之间的距离不能大于3.6m。无防护层的球罐钢支柱和罐体液位计、阀门等地方也要有水雾喷头保护。

4）当保护对象为电缆时，喷雾要完全包围电缆。

5）当保护对象为输送机传动带时，喷雾要完全包围输送机的机头、机尾和上、下行传动带。

水雾喷头的平面布置可按矩形或菱形方式布置。当按矩形布置时，为使水雾完全覆盖保护面积，且不出现空白，喷头之间的距离不应大于1.4倍喷头水雾锥的底圆半径；当按菱形布置时，水雾喷头之间的距离不应大于喷头水雾锥底圆半径的1.7倍，如图3-56所示。

水雾锥底圆半径可按下式计算：

$$R = B \cdot \mathrm{tg}\frac{\theta}{2} \tag{3-21}$$

式中　$R$——水雾锥底半径（m）；

$B$——水雾喷头的喷口与保护对象之间的距离（m），取值不应大于喷头的有效射程；

$\theta$——水雾喷头的雾化角。

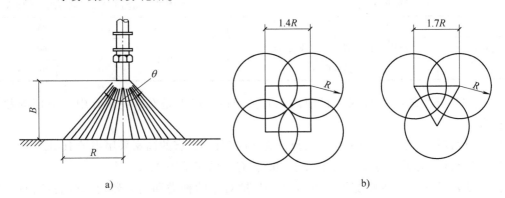

图3-56　水雾喷头的平面布置方式

a）水雾喷头的喷雾半径　b）水雾喷头间距及布置形式

$R$—水雾锥底圆半径　$B$—喷头与保护对象的间距　$\theta$—喷头雾化角

可燃气体和甲、乙、丙类液体贮罐布置的水雾喷头，其喷口与贮罐外壁之间的距离不应大于0.7m。

球罐周围布置的水雾喷头，一般安装在水平环绕球罐的环管上。水雾喷头的喷口应面向球心。每根环管上布置的喷头，应保证水雾锥沿纬线方向有交叉部分；上下相邻环管上布置的喷头，应保证水雾锥沿经线方向至少相切。容积≥1000m³的球罐，上半球体的环管间距不应大于 3.6m。

保护油浸式电力变压器的水喷雾系统，水雾喷头应布置在变压器的四周，而不宜布置在变压器的顶部上方。保护变压器顶部的水雾不得直接喷向高压套管。布置在变压器四周的水雾喷头，应安装在环绕变压器的管道上。每排水平布置的喷头之间，以及上下相邻各排水平布置的喷头之间的距离，均应满足使上下及左右方向水雾锥的底圆有相交的部分。变压器的油枕、冷却器和集油坑，应设有水雾喷头保护。

**3. 阀门的布置**

雨淋阀等控制阀布置应满足下列要求：

1）一般用水喷雾系统防护的大型设备：贮罐、变压器、电缆隧道等应设置独立的控制阀。当设备之间有防火墙隔开时，则应按独立的防护系统进行设计。

2）控制阀应布置在距防护物水平距离 15m 以外的地方。控制阀安装高度以 0.8~1.5m 为宜，应选择比较安全和容易接近的场所，应有明显的启闭标志。

3）雨淋阀组应设在环境温度不低于 4℃，并有排水设施的室内或专用阀室内。

4）雨淋阀前的管道应设置过滤器，当水雾喷头无滤网时，雨淋阀后的管道也应设过滤器。过滤器滤网应采用耐腐蚀金属材料，滤网的孔径应为 4.0~4.7 目/cm²。

**4. 系统水力计算**

（1）水雾喷头的流量

$$q = K\sqrt{10p} \tag{3-22}$$

式中　$q$——水雾喷头的流量（L/min）；

　　　$p$——水雾喷头的工作压力（MPa）；

　　　$K$——水雾喷头的流量系数，由生产厂家提供。

（2）保护对象的水雾喷头的计算数量　应根据设计喷雾强度、保护面积和水雾喷头特性按式（3-23）计算：

$$N = \frac{SW}{q} \tag{3-23}$$

式中　$N$——保护对象的水雾喷头的计算数量；

　　　$S$——保护对象的保护面积（m²）；

　　　$W$——保护对象的设计喷雾强度 [L/(min·m²)]。

（3）系统的计算流量

$$Q_j = \frac{1}{60}\sum_{i=1}^{n} q_i \tag{3-24}$$

式中　$Q_j$——系统的计算流量（L/s）；

　　　$n$——系统启动后同时喷雾的水雾喷头的数量；

　　　$q_i$——水雾喷头的实际流量（L/min），按水雾喷头的实际工作压力 $p_i$（MPa）计算。

当采用雨淋阀控制同时喷雾的水雾喷头数量时，水喷雾灭火系统的计算流量要按系统中同时喷雾的水雾喷头的最大用水量确定。

（4）系统的设计流量

$$Q_s = kQ_j \tag{3-25}$$

式中　$Q_s$——系统的设计流量（L/s）；

$Q_j$——系统的计算流量（L/s）；

$k$——安全系数，应取 1.05~1.10。

（5）钢管管道的沿程水头损失和管道的局部水头损失、系统管道入口或消防水泵的计算压力　计算方法与自动喷水管网相同。

### 3.6.5　系统的水力计算

1. 喷头流量

水雾喷头流量计算公式：

$$q = K\sqrt{10p} \tag{3-26}$$

式中　$q$——水雾喷头的流量（L/min）；

　　　$K$——水雾喷头的流量系数，由水雾喷头的生产厂提供；

　　　$p$——水雾喷头的工作压力（MPa）。

2. 喷头数量

保护对象布置的喷头数量，应按灭火或防护冷却的喷雾强度、保护面积、系统选用水雾喷头的流量特性计算确定。可按下式进行计算：

$$N = \frac{WS}{q} \tag{3-27}$$

式中　$N$——由保护对象的保护面积、喷雾强度和喷头工作压力确定的水雾喷头数量；

　　　$S$——保护对象的保护面积（m²）；

　　　$W$——保护对象的设计喷雾强度 [L/(min·m²)]。

3. 系统计算流量

从保护范围内的最不利位置开始，计算同时喷雾喷头的累计流量，按下式计算：

$$Q_j = \frac{1}{60} \times \sum_{i=1}^{n} q_i \tag{3-28}$$

式中　$Q_j$——系统的计算流量（L/s）；

　　　$n$——系统启动后同时喷雾的水雾喷头数量；

　　　$q_i$——水雾喷头的实际流量（L/min），应按给定水雾喷头的实际工作压力 $p_i$（MPa）计算。

当系统采用多台雨淋阀，通过控制同时喷雾来控制喷雾区域时，系统的计算流量应按系统各个局部喷雾区域中同时喷雾的水雾喷头的最大用水总量确定。

4. 系统的设计流量

系统的设计流量按下式计算：

$$Q_s = KQ_j \tag{3-29}$$

式中　$Q_s$——系统的设计流量（L/s）；

　　　$K$——安全保险系数，取值 1.05~1.10。

5. 管道的水头损失

钢管管道的沿程水头损失按下式计算：

$$i = 0.0000107 \frac{v^2}{D_j^{1.3}} \tag{3-30}$$

式中　$i$——管道的沿程水头损失（MPa/m）；

　　　$D_j$——管道的计算内径（m）；

　　　$v$——管道内水的流速（m/s），宜取 $v \leqslant 5m/s$。

管道的局部水头损失宜采用当量长度法计算，或者按管道沿程水头损失的 20% ~ 30%计算。

### 6. 雨淋阀的局部水头损失

雨淋阀的局部水头损失按下式计算：

$$h_r = B_R Q^2 \tag{3-31}$$

式中　$h_r$——雨淋阀的局部水头损失（MPa）；

　　　$B_R$——雨淋阀的比阻值，取值由生产厂提供；

　　　$Q$——雨淋阀的流量（L/s）。

### 7. 系统管道入口或消防水泵的计算压力

系统管道入口或消防水泵的计算压力按下式计算：

$$p_j = \sum p_y + p_0 + Z/100 \tag{3-32}$$

式中　$p_j$——系统管道入口或消防水泵的计算压力（MPa）；

　　　$\sum p_y$——系统管道沿程水头损失与局部水头损失之和（MPa）；

　　　$p_0$——最不利点水雾喷头的实际工作压力（MPa）；

　　　$Z$——最不利点水雾喷头与系统管道入口或消防水池最低水位之间的高程差，当系统管道入口或消防水池最低水位高于最不利点水雾喷头时，$Z$ 值应取负值（m）。

### 8. 管道减压措施

管道减压可采用减压孔板或节流管。管道采用减压孔板时宜采用圆缺型孔板，减压孔板的圆缺孔应位于管道底部，减压孔板前水平直管段的长度不应小于该段管道公称直径的 2 倍。

管道采用节流管减压时，节流管内水的流速不应大于 20m/s，长度不宜小于 1.0m，其公称直径按表 3-24 确定。

表 3-24　节流管的公称直径　（单位：mm）

| 管道 | 50 | 65 | 80 | 100 | 125 | 150 | 200 | 250 |
|---|---|---|---|---|---|---|---|---|
| 节流管 | 40 | 50 | 65 | 80 | 100 | 125 | 150 | 200 |
| | 32 | 40 | 50 | 65 | 80 | 100 | 125 | 150 |
| | 25 | 32 | 40 | 50 | 65 | 80 | 100 | 125 |

思考题与习题

1. 常用的自动喷水灭火系统有哪几种？适用条件是什么？
2. 自动喷水灭火系统的主要组件有哪些？其作用是什么？
3. 如何用作用面积法计算自动喷水灭火系统的设计流量？
4. 喷头的布置有何要求？
5. 自动喷水灭火系统的管道布置有何要求？
6. 自动开启雨淋阀常用的传动装置有哪些？

# 第4章
# 其他灭火系统

## 4.1  二氧化碳灭火系统

二氧化碳灭火系统是一种有效的灭火装置，二氧化碳是一种能够用于扑救多种类型火灾的灭火剂。它的灭火作用主要是相对地减少空气中的氧气含量，降低燃烧物的温度，使火焰熄灭。与卤代烷灭火剂相比，二氧化碳具有对大气臭氧层无破坏且来源经济方便等优点。

二氧化碳是一种惰性气体，自身无色、无味、无毒，密度比空气大约50%。长期存放不变质，灭火后能很快散逸，不留痕迹，在被保护物表面不留残余物，也没有毒害。适用于扑救各种可燃、易燃液体火灾和那些受到水、泡沫、干粉灭火剂的沾污而容易损坏的固体物质的火灾。另外，二氧化碳是一种不导电的物质，其电绝缘性比空气还高，可用于扑救带电设备的火灾。

二氧化碳灭火系统可以用于扑救灭火前可切断气源的气体火灾，液体火灾或石蜡、沥青等可熔化的固体火灾，固体表面火灾及棉毛、织物、纸张等部分固体深位火灾，电气火灾。

二氧化碳灭火系统不得用于扑救硝化纤维、火药等含氧化剂的化学制品火灾，钾、钠、镁、钛、锆等活泼金属火灾，氢化钾、氢化钠等金属氢化物火灾。

### 4.1.1  二氧化碳灭火系统的分类及组成

#### 1. 系统分类

二氧化碳灭火系统可分为全淹没灭火系统和局部应用灭火系统。全淹没灭火系统用于扑救封闭空间内的火灾；局部应用灭火系统用于扑救不需封闭空间条件的具体保护对象的非深位火灾。

按系统结构，二氧化碳灭火系统可分为有管网系统和无管网系统。管网系统又可分为组合分配系统和单元独立系统。

按储存容器中的储存压力，可分为高压系统和低压系统。

按管网布置，可分为均衡系统管网和非均衡系统管网。

#### 2. 系统组成

二氧化碳灭火系统一般为有管网灭火系统，它的主要设备包括二氧化碳贮存容器、容器阀、选择阀、气启动器、喷嘴及探测器、报警器、控制器等。

低压二氧化碳灭火系统还应有制冷装置、压力变送器等。

### 4.1.2  二氧化碳灭火系统的控制方式

（1）自动控制  将灭火报警联动控制器上控制方式选择键拨到"自动"位置时，灭火系统处于自动控制状态。当防护区发生火情，火灾探测器发出信号，灭火报警联动控制器即发出声、光报警信号，同时发出联动指令，相关设备联动，经过一段延时时间，发出灭火指令，打开电磁阀释放气体，气体通过启动管道打开相应的选择阀和瓶头阀，释放灭火剂，实施灭火。

（2）电气手动控制　将灭火报警联动器上控制方式选择键拨到"手动"位置时，灭火系统处于手动控制状态。当防护区发生火情，可按下手动控制盒或控制器上启动按钮即可启动灭火系统释放灭火剂，实施灭火。在自动控制状态，仍可实现电气手动控制。

（3）机械应急手动控制　当防护区发生火情，控制器不能发出灭火指令时，通知有关人员撤离现场，关闭联动设备，手动打开电磁阀，释放气体，即可打开选择阀、瓶头阀，释放灭火剂，实施灭火。如此时遇上电磁阀维修或启动钢瓶充换氮气不能工作时，可先打开相应的选择阀，然后打开瓶头阀，释放灭火剂，实施灭火。

当发出火灾警报，在延时时间内若发现有异常情况，不需启动灭火系统进行灭火时，可按下手动控制盒或控制器上的紧急停止按钮，即可阻止灭火指令的发出。

### 4.1.3　二氧化碳灭火系统的设计与计算

#### 1. 防护区的设置要求

采用全淹没灭火系统的防护区应符合下列要求：

1）全淹没防护区的面积一般不宜大于 $500m^2$，总容积不宜大于 $2000m^3$。

2）防护区的围护结构及门窗的耐火极限不应低于 $0.50h$，吊顶的耐火极限不应低于 $0.25h$，围护结构及门窗的允许压力不宜小于 $1.2kPa$。

3）对固体深位火灾，除泄压口以外的开口，在喷放二氧化碳前应自动关闭；对气体、液体、电气火灾和固体表面火灾，在喷放二氧化碳前不能自动关闭的开口，其面积不应大于防护区总内表面积的 3%，且开口不应设在底面。

4）防护区用的通风机和通风管道中的防火阀，在喷放二氧化碳前应自动关闭。

采用局部应用灭火系统的保护对象，应符合下列要求：

1）其防护区面积不宜大于 $25m^2$，最多不应超过 $50m^2$；具有主体火灾的防护区，其防护区不宜大于 $50m^3$，最多不应超过 $100m^3$。

2）保护对象周围的空气流动速度不宜大于 $3m/s$。必要时，应采取挡风措施。

3）在喷头与保护对象之间，喷头喷射角范围内不应有遮挡物。

4）当保护对象为可燃液体时，液面至容器缘口的距离不得小于 $150mm$。

防护区的安全应符合下列要求：

1）防护区应有在 $30s$ 内能使人员疏散的出口和通道，并应有疏散指示标志和应急照明装置。

2）防护区内和入口处应有声光报警装置，入口处还应有灭火剂释放指示灯类的安全标志。

3）无窗或固定窗扇的地上防护区和地下防护区应有机械排气装置。

4）防护区的门应向疏散方向开启，并能自动关闭和随意从防护区内打开。

5）当系统管道设置在可燃气体、蒸气或有爆炸危险的粉尘场所时，应设防静电接地。

6）防护区门外应设专用的空气呼吸器或氧气呼吸器。

7）系统管道、组件与带电设备的安全距离见表 4-1。

表 4-1　系统管道、组件与带电设备的安全距离

| 标准线路电压/kV | 最小距离/m | 标准线路电压/kV | 最小距离/m |
| --- | --- | --- | --- |
| ≤10 | 0.18 | 220 | 1.90 |
| 35 | 0.34 | 330 | 2.90 |
| 110 | 0.94 | 500 | 3.60 |

注：海拔高于 1000m 的防护区，高度每增加 100m，表中的最小距离应增加 1%。

**2. 灭火剂的设计浓度**

1）二氧化碳设计浓度不应小于灭火浓度的 1.7 倍，并不得低于 34%。可燃物的二氧化碳设计浓度可按《二氧化碳灭火系统设计规范》（GB 50193—1993）的规定采用。

2）当防护区内存在有两种及两种以上可燃物时，防护区的二氧化碳设计浓度应采用可燃物中最大的二氧化碳设计浓度。

3）全淹没灭火系统二氧化碳的喷放时间不应大于 1min。当扑救固体深位火灾时，喷放时间不应大于 7min，并应在前 2min 内使二氧化碳的含量达到 30%（体积分数）。

4）局部应用灭火系统的二氧化碳喷射时间不应小于 0.5min。对于燃点温度低于沸点温度的液体和可熔化固体的火灾，二氧化碳的喷射时间不应小于 1.5min。

**3. 系统的储存量计算**

（1）全淹没系统　对于全淹没系统：

二氧化碳灭火总量 = 设计灭火用量 + 流失补偿量 + 管网内和储存容器内的灭火剂的剩余量

设计灭火用量按式（4-1）计算：

$$M = K_b(0.2A + 0.7V) \tag{4-1}$$

式中　$M$——二氧化碳设计用量（kg）；

$A$——折算面积（m²），$A = A_v + 30A_0$；

$A_v$——防护区的总表面积（m²）；

$A_0$——防护区开口的总面积（m²）；

$K_b$——物质系数；

$V$——防护区的净容积（m³），$V = V_v - V_g$；

$V_g$——防护区非燃烧体和难燃烧体的总体积（m³）；

$V_v$——防护区容积（m³）。

当环境温度超过 100℃ 时，每增加 5℃，增加 2% 的二氧化碳设计用量，低于 -20℃ 时，每降低 1℃ 增加 2% 的二氧化碳设计用量。

一般储存容器剩余量按设计用量 8% 计算，管网剩余量可忽略不计。

一般储存容器二氧化碳灭火剂剩余量按设计用量 8% 计算，管网剩余量可忽略不计。

（2）局部应用灭火系统　局部应用灭火系统的设计分为面积法和体积法。当保护对象的着火部位是比较平直的表面时，宜采用面积法；当着火对象为不规则物体时，应采用体积法。

1）面积法。二氧化碳的设计用量按式（4-2）计算：

$$M = NQ_i t \tag{4-2}$$

式中　$M$——二氧化碳设计用量（kg）；

$N$——喷头数量；

$Q_i$——单个喷头的设计用量（kg/min）；

$t$——喷射时间（min）。

2）体积法。二氧化碳的设计用量按式（4-3）计算：

$$M = V_1 q_V t \tag{4-3}$$

式中　$V_1$——保护对象的计算体积（$m^3$）；

$q_V$——二氧化碳的单位体积的喷射率［$kg/(min \cdot m^3)$］。

$$q_V = K_b \left( 16 - \frac{12A_p}{A_t} \right) \tag{4-4}$$

式中　$K_b$——物质系数；

$A_t$——假定的封闭罩侧面围封面面积（$m^2$）；

$A_p$——在假定的封闭罩中存在的实体墙等实际围封面的面积（$m^2$）。

局部应用灭火系统采用局部施放用喷头，把二氧化碳以液态形式直接喷到被保护对象表面灭火，为保证设计用量全部呈液态形式喷出，需增加灭火剂储存量以补偿汽化部分。高压储存系统的储存量为基本设计用量的 1.4 倍，低压储存系统的储存量为基本设计用量的 1.1 倍。

（3）二氧化碳的储存量

$$M_c = K_m M + M_v + M_s + M_r \tag{4-5}$$

$$M_v = \frac{M_g c_p (T_1 - T_2)}{H} \tag{4-6}$$

$$M_r = \sum V_i \rho_i \,（低压系统） \tag{4-7}$$

$$\rho_i = -261.6718 + 545.9939 p_i - 11.4740 p_i^2 - 230.9276 p_i^3 + 122.4873 p_i^4 \tag{4-8}$$

$$p_i = \frac{p_{j-1} + p_j}{2} \tag{4-9}$$

式中　$M$——二氧化碳设计用量（kg）；

$M_c$——二氧化碳储存量（kg）；

$K_m$——裕度系数；对全淹没系数取 1；对局部应用系统：高压系统取 1.4，低压系统取 1.1；

$M_v$——二氧化碳在管道中的蒸发量（kg），高压全淹没系统取 0；

$T_2$——二氧化碳平均温度（℃），高压系统取 15.6℃，低压系统取 -20.6℃；

$H$——二氧化碳蒸发热（kJ/kg）；高压系统取 150.7kJ/kg，低压系统取 276.3kJ/kg；

$M_s$——储存容器内的二氧化碳剩余量（kg）；

$M_r$——管道内的二氧化碳剩余量（kg），高压系统取 0；

$V_i$——管网内第 $i$ 段管道的容积（$m^3$）；

$\rho_i$——第 $i$ 段管道内二氧化碳平均密度（$kg/m^3$）；

$p_i$——第 $i$ 段管道内的平均压力（MPa）；

$p_{j-1}$——第 $j$ 段管道首端的节点压力（MPa）；

$p_j$——第 $j$ 段管道末端的节点压力（MPa）；

$M_g$——管道质量（kg）；

$T_1$——二氧化碳喷射前管道的平均温度（℃）；可取环境温度；

$c_p$——管道金属材料的比热容 [$kJ/(kg\cdot℃)$]；钢管可取 $0.46kJ/(kg\cdot℃)$。

（4）储存容器数量

1）高压系统储存容器数量按式（4-10）计算：

$$N_p = \frac{M_c}{\alpha V_0} \tag{4-10}$$

式中　$N_p$——高压系统储存容器数量；

$\alpha$——充装系数（kg/L）；

$V_0$——单个储存容器的容积（L）。

2）低压系统储存容器的规格应根据二氧化碳储存量确定。

4. 管网水力计算

（1）管网中干管的设计流量计算

$$Q = \frac{M}{t} \tag{4-11}$$

式中　$Q$——管道的设计流量（kg/min）。

（2）管网中支管的设计流量计算

$$Q = \sum_1^{N_g} Q_i \tag{4-12}$$

式中　$N_g$——安装在计算支管流程下游的喷头数量；

$Q_i$——单个喷头的设计流量（kg/min）。

（3）管道内径计算

$$D = K_d \sqrt{Q} \tag{4-13}$$

式中　$D$——管道内径（mm）；

$K_d$——管径系数，取值范围 $1.41 \sim 3.78$。

（4）管道的计算长度　管道的计算长度等于实际长度与管道附件当量长度之和。管道的附件的当量长度可查设计手册。

（5）管道高程压力校正　管道高程压力校正系数，可查表 4-2。终点高度低于起点时取正值，终点高度高于起点时取负值。

表 4-2　管道高程压力校正系数

| 高压系统的高程校正系数 | | 低压系统的高程校正系数 | |
| --- | --- | --- | --- |
| 管道平均压力/MPa | 高程校正系数 $K_h$/(MPa/m) | 管道平均压力/MPa | 高程校正系数 $K_h$/(MPa/m) |
| 5.17 | 0.0080 | 2.07 | 0.0010 |
| 4.83 | 0.0068 | 1.93 | 0.0078 |
| 4.48 | 0.0058 | 1.79 | 0.0060 |
| 4.14 | 0.0049 | 1.65 | 0.0047 |
| 3.79 | 0.0040 | 1.52 | 0.0038 |
| 3.45 | 0.0034 | 1.38 | 0.0030 |
| 3.10 | 0.0028 | 1.24 | 0.0024 |
| 2.76 | 0.0024 | 1.10 | 0.0019 |
| 2.41 | 0.0019 | 1.00 | 0.0016 |
| 2.07 | 0.0016 | | |
| 1.72 | 0.0012 | | |
| 1.40 | 0.0010 | | |

（6）低压系统获得均相流的延迟时间　低压系统获得均相流的延迟时间，对全淹没灭火系统和局部应用灭火系统分别不应大于 60s 和 30s。其延迟时间按式（4-14）计算：

$$t_d = \frac{M_g c_p (T_1 - T_2)}{0.507Q} + \frac{16850 V_d}{Q} \tag{4-14}$$

式中　$t_d$——延迟时间（s）；

$\quad\quad M_g$——管道质量（kg）；

$\quad\quad c_p$——管道金属材料的比热容 [kJ/(kg·℃)]，钢管可取 0.46kJ/(kg·℃)；

$\quad\quad T_1$——二氧化碳喷射前管道的平均温度（℃），可取环境平均温度；

$\quad\quad T_2$——二氧化碳平均温度（℃），取 -20.6℃；

$\quad\quad V_d$——管道容积（m³）。

（7）喷头入口压力（绝对压力）计算值　高压系统不应小于 1.4MPa，低压系统不应小于 1.0MPa。

（8）喷头等效孔口面积计算

$$F = \frac{Q_i}{q_0} \tag{4-15}$$

式中　$F$——喷头等效孔口面积（mm²）；

$\quad\quad q_0$——等效孔口单位面积的喷射率 [kg/(min·mm²)]，查相关手册。

（9）喷头规格的确定　喷头规格应根据等效孔口面积确定，可以查相关手册确定。

图 4-1 所示为某图书馆变配电室的高压二氧化碳气体灭火系统图，该系统采用全淹没灭火系统的灭火方式，按管网布置为均衡系统。

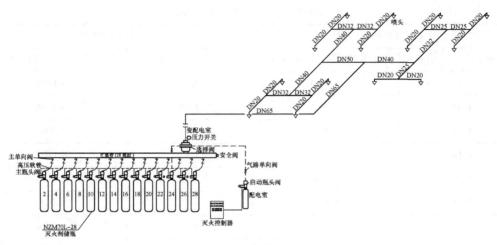

图 4-1　二氧化碳气体灭火系统图

## 4.2　蒸汽灭火系统

水蒸气是不燃的惰性气体，也是一种廉价的灭火介质，它能稀释或置换燃烧区内的可燃气体（蒸气）和助燃气体，并降低这两种气体的含量，从而达到有效窒息灭火的作用。根据蒸汽灭火的特点，蒸汽灭火系统主要应用于石油化工厂、炼油厂、火力发电厂、燃油锅炉房、油泵房、重油罐区、露天生产装置区、重油油品库等场所。

下列部位可设置蒸汽灭火系统：

1）使用蒸汽的甲、乙类厂房和操作温度等于或超过本身自燃点丙类液体厂房。

2）单台锅炉蒸发量超过 2t/h 的燃油、燃气锅炉房。

3）火柴厂的火柴大车部位。

### 4.2.1　蒸汽灭火系统的分类与组成

#### 1. 系统分类

蒸汽灭火系统按灭火方式分为全淹没灭火系统和局部应用灭火系统。全淹没灭火系统是通过建立蒸汽灭火浓度实现灭火，保护整个空间；局部应用灭火系统保护某一局部区域或设备，采用直接喷射灭火方式，布置管网时也仅在被保护设备的上方或周围设置蒸汽管道。

蒸汽灭火系统按设备安装方式分类，有固定式和半固定式两种类型。

固定式蒸汽灭火系统是采用全淹没方式使管道到喷汽设备都是固定的。主要用于扑灭整个房间、舱室的火灾，如生产厂房、燃油锅炉的泵房、油船舱、甲苯泵房等场所。对建筑物容积不大于 500m³ 的保护空间，灭火效果较理想。固定式蒸汽灭火系统一般由蒸汽源、输气干管、配气支管、配气管等组成，如图 4-2 所示。蒸汽

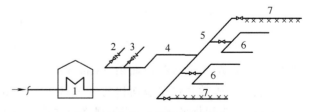

图 4-2　固定式蒸汽灭火系统

1—蒸汽锅炉房　2—生活蒸汽管线　3—生产蒸汽管线
4—输气干管　5—配气支管　6—配气管　7—蒸汽幕

源一般为生产或生活用的蒸汽锅炉，或者为蒸汽分配箱。配气管则通过其上均匀开设的一系列小孔释放蒸汽灭火。

半固定式蒸汽灭火系统是在固定的管道系统上接活动的蒸汽喷枪，利用水蒸气的机械冲击力量吹散可燃气体，并在瞬间在火焰周围形成蒸汽层扑灭火灾。这种系统主要用于扑救局部火灾。半固定式蒸汽灭火系统一般由蒸汽源、输气干管、输气管、接口短管等组成，如图4-3所示。接口短管上可设简易的橡胶管，在条件许可时，宜在橡胶管的前端设置蒸汽喷枪。发生火灾时，由灭火人员操作蒸汽喷枪实施灭火。

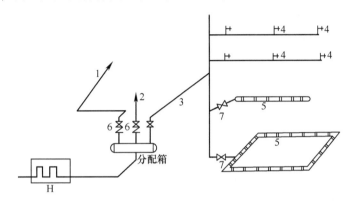

图 4-3　半固定式蒸汽灭火系统

H—蒸汽源　1—生产用蒸汽输气干管　2—生活用蒸汽管线　3—灭火用蒸汽输气管
4—接口短管和开关　5—蒸汽幕筛孔管　6—单向阀　7—蒸汽幕开关

**2. 系统组件**

（1）蒸汽源　蒸汽灭火系统不宜设置独立的灭火蒸汽锅炉。灭火蒸汽的蒸汽源常为工业和民用锅炉，应满足灭火的要求。当灭火蒸汽用量较大，而锅炉的供气量较小时，可将保护空间分成数个较小的空间。对于大多数蒸汽灭火系统来说，蒸汽分配箱即为其蒸汽源，蒸汽分配箱具有的蒸汽压力即为其蒸汽源的压力。

（2）蒸汽管线　蒸汽灭火管线包括输气干管、支管和配气管。输气干管、支管主要用来输送灭火蒸汽；配气管是将灭火蒸汽均匀分配在保护空间。蒸汽灭火系统的蒸汽管线应符合高压蒸汽的有关要求。

（3）控制阀门　为了保护蒸汽灭火系统按设计要求正常工作，在蒸汽管线上应设置必要的阀门。这些阀门常采用截止阀或闸阀。在分配箱上输气管线出口处，要设置总阀门，用以开启或关闭灭火蒸汽管线。对于同时保护几个房间的固定式蒸汽灭火系统，在分配管上要设置选择阀（释放阀），用以开启或关闭发生火灾的蒸汽管。在接口短管上，应设置手动阀，该手动阀可直接安装在接口短管上或安装在蒸汽支管上。所有的控制阀均需要有明显的颜色标志，便于识别和操作。

（4）接口短管　半固定式蒸汽灭火系统主要依靠接口短管上的蒸汽喷枪喷射蒸汽灭火。半固定式蒸汽管上的接口短管的数量应保证有一股蒸汽射流到达室内或露天生产装置区被保护对象的任何部位。泵房、框架、容器、反应器等处接口短管直径可采用 20mm；接口短管上连接的橡胶管长度可采用 15~20mm。地上式可燃液体储罐区设置的蒸汽灭火接口短管，每个接口短管保护的油罐数量不宜超过四个。接口短管直径按被保护油罐的最大容量决定：

油罐容量大于 5000m³ 时，接口短管直径采用 80mm；油罐容量 1000～5000m³ 时，采用 50mm；油罐容量小于 1000m³ 时，采用 40mm。

（5）蒸汽喷枪 蒸汽喷枪是供灭火人员操作使用的灭火器材，其灭火蒸汽由接口短管通过橡胶管等软管输送。

### 4.2.2 蒸汽灭火系统的设计计算

**1. 设计要求**

1）灭火用的蒸汽源不应被易燃、可燃液体或可燃气体所污染。生产、生活和消防合用蒸汽分配箱时，在生产或生活用的蒸汽管线上，应设置单向阀，以防止其管线内的蒸汽倒流。

2）灭火蒸汽管线蒸汽源的压力不应小于 0.6MPa。

3）输气干管和支管的长度不应超过 60m（即从蒸汽源到保护房间的距离）。当总长度超过 60m 时，宜设置灭火蒸汽分配箱，以保证蒸汽灭火效果。

**2. 基本参数**

1）蒸汽灭火浓度。采用蒸汽灭火系统灭火时，汽油、煤油、柴油和原油的蒸汽灭火体积分数不宜小于 35%，即每 1m³ 燃烧区空间内应有不少于 0.35m³ 的水蒸气。

2）每 1m³ 空间内灭火需要的蒸汽质量可按 281g 计。

3）厂房、库房、泵房、舱室、地下室、洞室等的整个空间内，需要灭火蒸汽的质量，可按式（4-16）计算。

$$W = 0.281V \tag{4-16}$$

式中　$W$——灭火最小蒸汽量（kg）；

　　　$V$——室内空间体积（m³）。

4）蒸汽灭火延续时间不应超过 3min，即在 3min 内使燃烧区空间达到灭火浓度。

5）灭火蒸汽的供给强度见表 4-3。

表 4-3　灭火蒸汽的供给强度

| 防护区封闭性 | 蒸汽供给强度/[kg/(s·m³)] | |
| --- | --- | --- |
|  | 防护区体积较小（<150m³） | 防护区体积较大（>150m³） |
| 全封闭 | 0.0015 | 0.002 |
| 有窗户及通风口其余均封闭 | 0.003 | 0.005 |

**3. 蒸汽管线计算**

1）防护区建筑物或舱内的配气管线数量及其最小直径，可按表 4-4 确定。

表 4-4　防护区建筑物或舱内的配气管线数量及其最小直径

| 房间、舱室的体积/m³ | 配气管最少数量/根 | 配气管最小直径/mm | | | |
| --- | --- | --- | --- | --- | --- |
|  |  | 供给强度/[kg/(s·m³)] | | | |
|  |  | 0.0015 | 0.002 | 0.003 | 0.005 |
| <25 | 1 | 20 | 20 | 25 | 32 |
| 25～150 | 1 | 25 | 25 | 32 | 40 |
| 150～450 | 1 | 32 | 32 | 40 | 70 |

（续）

| 房间、舱室的体积/ m³ | 配气管最少 数量/根 | 配气管最小直径/mm | | | |
|---|---|---|---|---|---|
| | | 供给强度/[kg/(s·m³)] | | | |
| | | 0.0015 | 0.002 | 0.003 | 0.005 |
| 450~850 | 2 | 32 | 32 | 40 | 70 |
| 850~1700 | 2 | 32 | 40 | 70 | 70 |
| 1700~3850 | 3 | 40 | 40 | 70 | 70 |
| 3850~5400 | 4 | 40 | 40 | 70 | 70 |

2）输气干管、配气支管的直径可按表 4-5 确定。

表 4-5 输气干管、配气支管的直径

| 房间、舱室的体积 /m³ | 干管或支管最小直径/mm | | | |
|---|---|---|---|---|
| | 供给强度/[kg/(s·m³)] | | | |
| | 0.0015 | 0.002 | 0.003 | 0.005 |
| <25 | 20 | 20 | 25 | 32 |
| 25~150 | 25 | 25 | 32 | 40 |
| 150~450 | 32 | 32 | 50 | 70 |
| 450~850 | 50 | 50 | 70 | 100 |
| 850~1700 | 50 | 70 | 70 | 100 |
| 1700~3850 | 70 | 70 | 80 | 125 |
| 3850~5400 | 70 | 80 | 100 | 150 |

## 4.3 干粉灭火系统

干粉灭火系统是由干燥的、易于流动的细微粉末，借助加压气体（二氧化碳或氮气）驱动，以喷雾的形式，通过喷嘴喷出的灭火系统。

干粉灭火系统可用于扑救下列火灾：

1）灭火前可切断气源的气体火灾。

2）易燃、可燃液体和可熔化固体火灾。

3）可燃固体表面火灾。

4）带电设备火灾。

干粉灭火系统不得用于扑救下列物质的火灾：

1）硝化纤维、炸药等无空气仍能迅速氧化的化学物质与强氧化剂。

2）钾、钠、镁等活泼金属及其氢化物。

### 4.3.1 干粉灭火系统的分类与组成

#### 1. 干粉灭火系统的分类

干粉灭火系统按应用方式可分为全淹没灭火系统和局部应用灭火系统。

（1）全淹没灭火系统 指在规定的时间内，向防护区喷射一定浓度的干粉，并使其均匀地充满整个防护区的灭火系统。在这种系统中，干粉灭火剂经永久性固定管道和喷嘴输送，火灾危险场所是一个封闭空间或封闭室，这个空间能足以形成需要的粉雾浓度。如果此空间有开口，开口的最大面积不能超过侧壁、顶部、底部总面积的15%。扑救封闭空间内的火灾应采用全淹没灭火系统。

（2）局部应用灭火系统　主要由一个适当的灭火剂供应源组成，它能将灭火剂直接喷放到着火物上或认为危险的区域。这种干粉灭火系统通过永久性固定管网及安装在管网上的喷嘴直接喷射到被保护对象（例如油槽、变压器）的干粉灭火系统。扑救具体保护对象的火灾应采用局部应用灭火系统。

### 2. 干粉灭火系统的组成

干粉灭火系统主要由干粉灭火设备部分和火灾自动探测控制部分两部分组成。干粉灭火设备由干粉储罐、动力气体容器、容器阀、输气管、过滤器、减压器、高压阀、输粉管、球形阀、压力表、喷嘴、喷枪、干粉炮等组成。火灾自动探测控制部分由火灾探测器、启动瓶、启动瓶控制机构、报警器、控制盘等组成，如图4-4所示。

火灾探测报警装置只设置在自动干粉灭火系统、全淹没系统、局部应用灭火系统，而手动干粉灭火系统、半固定式干粉灭火系统一般不需要设置。

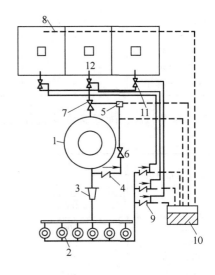

图4-4　干粉灭火系统

1—干粉储罐　2—氮气瓶和集气瓶　3—压力控制器
4—单向阀　5—压力传感器　6—减压阀　7—球形阀
8—喷嘴　9—启动瓶　10—消防控制中心
11—电磁阀　12—火灾探测器

## 4.3.2　干粉灭火系统的设计与计算

### 1. 一般要求

采用全淹没灭火系统的防护区，应符合下列规定：

1）喷放干粉时不能自动关闭的防护区开口，其总面积不应大于该防护区总内表面积的15%，且开口不应设在底面。

2）防护区的围护结构及门、窗的耐火极限不应小于0.50h，吊顶的耐火极限不应小于0.25h；围护结构及门、窗的允许压力不宜小于1200Pa。

采用局部应用灭火系统的保护对象，应符合下列规定：

1）保护对象周围的空气流动速度不应大于2m/s。必要时，应采取挡风措施。

2）在喷头和保护对象之间，喷头喷射角范围内不应有遮挡物。

3）当保护对象为可燃液体时，液面至容器缘口的距离不得小于150mm，当防护区或保护对象有可燃气体，易燃、可燃液体供应源时，启动干粉灭火系统之前或同时，必须切断气体、液体的供应源。

可燃气体，易燃、可燃液体和可熔化固体火灾宜采用碳酸氢钠干粉灭火剂；可燃固体表面火灾应采用磷酸铵盐干粉灭火剂。

组合分配系统的灭火剂储存量不应小于所需储存量最多的一个防护区或保护对象的储存量。

组合分配系统保护的防护区与保护对象之和不得超过八个。当防护区与保护对象之和超过 5 个时，或者在喷放后 48h 内不能恢复到正常工作状态时，灭火剂应有备用量，且备用量不应小于系统设计的储存量。

备用干粉储存容器应与系统管网相连，并能与主用干粉储存容器切换使用。

**2. 全淹没灭火系统设计与计算**

全淹没灭火系统的灭火剂设计浓度不得小于 $0.65kg/m^3$。

灭火剂设计用量：

$$m = K_1 V + \sum (K_{oi} A_{oi}) \tag{4-17}$$

$$V = V_v - V_g + V_z \tag{4-18}$$

$$V_z = Q_z t \tag{4-19}$$

$$K_{oi} = 0 \quad A_{oi} < 1\% A_v$$

$$K_{oi} = 2.5 \quad 1\% A_v \leqslant A_{oi} < 5\% A_v$$

$$K_{oi} = 5 \quad 5\% A_v \leqslant A_{oi} \leqslant 15\% A_v$$

式中　　$m$——干粉设计用量（kg）；

$K_1$——灭火剂设计浓度（$kg/m^3$）；

$V$——防护区净容积（$m^3$）；

$K_{oi}$——开口补偿系数（$kg/m^2$）；

$A_{oi}$——不能自动关闭的防护区开口面积（$m^2$）；

$V_v$——防护区容积（$m^3$）；

$V_g$——防护区内不燃烧体和难燃烧体的总体积（$m^3$）；

$V_z$——不能切断的通风系统的附加体积（$m^3$）；

$Q_z$——通风流量（$m^3/s$）；

$t$——干粉喷射时间（s）；

$A_v$——防护区的内侧面、底面、顶面（包括其中开口）的总内表面积（$m^2$）。

全淹没灭火系统的干粉喷射时间不应大于 30s。

全淹没灭火系统喷头布置，应使防护区内灭火剂分布均匀。

防护区应设泄压口，并宜设在外墙上，其高度应大于防护区净高的 2/3。泄压口的面积可按规范给定的公式计算。

**3. 局部应用灭火系统设计**

局部应用灭火系统的设计可采用面积法或体积法。当保护对象的着火部位是平面时，宜采用面积法；当采用面积法不能做到使所有表面被完全覆盖时，应采用体积法。

室内局部应用灭火系统的干粉喷射时间不应小于 30s；室外或有复燃危险的室内局部应用灭火系统的干粉喷射时间不应小于 60s。

（1）采用面积法设计　当采用该方法时，应符合下列规定：

1）保护对象计算面积应取被保护表面的垂直投影面积。

2）架空型喷头应以喷头的出口至保护对象表面的距离确定其干粉输送速率和相应保护面积；槽边型喷头保护面积应由设计选定的干粉输送速率确定。

3）喷头的布置应使喷射的干粉完全覆盖保护对象。

4）干粉设计用量应按式（4-20）计算：

$$m = NQ_i t \tag{4-20}$$

式中 $N$——喷头数量；

$Q_i$——单个喷头的干粉输送速率（kg/s）；按产品样本取值。

（2）采用体积法设计 当采用该方法时，应符合下列规定：

1）保护对象的计算体积应采用假定的封闭罩的体积，封闭罩的底应是实际底面；封闭罩的侧面及顶部当无实际围护结构时，它们至保护对象外缘的距离不应小于 1.5m。

2）喷头的布置应使喷射的干粉完全覆盖保护对象，并应满足单位体积的喷射速率和设计用量的要求。

3）干粉设计用量应按式（4-21）、式（4-22）计算：

$$m = V_1 q_V t \tag{4-21}$$

$$q_V = 0.04 - 0.006 A_p / A_t \tag{4-22}$$

式中 $V_1$——保护对象的计算体积（$m^3$）；

$q_V$——单位体积的喷射速率 [$kg/(s \cdot m^3)$]；

$A_p$——在假定封闭罩中存在的实体墙等实际围封面积（$m^2$）；

$A_t$——假定封闭罩的侧面围封面积（$m^2$）。

4. 预制灭火装置

预制灭火装置应符合下列规定：

1）灭火剂储存量不得大于 150kg。

2）管道长度不得大于 20m。

3）工作压力不得大于 2.5MPa。

一个防护区或保护对象宜用一套预制灭火装置保护。一个防护区或保护对象所用预制灭火装置最多不得超过四套，并应同时启动，其动作响应时间差不得大于 2s。

5. 管网计算

管网起点（干粉储存容器输出容器阀出口）压力不应大于 2.5MPa，管网最不利点喷头工作压力不应小于 0.1MPa。

管网中干管的干粉输送速率：

$$Q_0 = \frac{m}{t} \tag{4-23}$$

式中 $Q_0$——干管的干粉输送速率（kg/s）。

管网中支管的干粉输送速率：

$$Q_b = nQ_i \tag{4-24}$$

式中 $Q_b$——支管的干粉输送速率（kg/s）；

$n$——安装在计算管段下游的喷头数量。

管道内径：

$$d \leqslant 22\sqrt{Q} \tag{4-25}$$

式中 $d$——管道内径（mm）；

$Q$——管道中的干粉输送速率（kg/s）。

喷头孔口面积：

$$F = \frac{Q_i}{q_0} \tag{4-26}$$

式中　$F$——喷头孔口面积（$mm^2$）；

　　　$q_0$——在一定压力下，单位孔口面积的干粉输送速率 $[kg/(s \cdot mm^2)]$。

6. 干粉储存量与干粉储存容器容积

干粉储存量：

$$m_c = m + m_s + m_r \tag{4-27}$$

式中　$m_c$——干粉储存量（kg）；

　　　$m_s$——干粉储存容器内干粉剩余量（kg）；

　　　$m_r$——管网内干粉残余量（kg）。

干粉储存容器容积：

$$V_c = \frac{m_c}{K\rho_f} \tag{4-28}$$

式中　$V_c$——干粉储存容器容积（$m^3$），取系列值；

　　　$K$——干粉储存容器的装量系数；

　　　$\rho_f$——干粉密度（$kg/m^3$）。

7. 驱动气体储存量

驱动气体包括非液化驱动气体和液化驱动气体两种。

（1）非液化驱动气体的储存量

$$m_{gc} = N_p V_0 (10p_c + 1) \rho_{q0} \tag{4-29}$$

式中　$m_{gc}$——驱动气体储存量（kg）；

　　　$N_p$——驱动气体储瓶数量；

　　　$V_0$——驱动气体储瓶容积（$m^3$）；

　　　$p_c$——非液化驱动气体充装压力（MPa）；

　　　$\rho_{q0}$——常态下驱动气体密度（$kg/m^3$）。

（2）液化驱动气体的储存量

$$m_{gc} = \alpha V_0 N_p \tag{4-30}$$

式中　$\alpha$——液化驱动气体充装系数（$kg/m^3$）。

清扫管网内残存干粉所需清扫气体量，可按 10 倍管网内驱动气体残余量选取；瓶装清扫气体应单独储存；清扫工作应在 48h 内完成。

### 4.3.3　超细干粉灭火系统

超细干粉灭火剂是一种平均粒径不大于 $5\mu m$ 的白色固体粉末灭火剂，经加压、喷射后以气溶胶的形态弥散于保护空间。既适用于封闭空间的全淹没灭火，又适用于开放场所的局部应用灭火。

超细干粉无管网灭火系统是一种现代化的灭火设备。该灭火系统由火灾自动报警控制系统及灭火装置等组成，具有自动探测、自动报警及自动灭火功能，能以自动、电气手动控制方式启动灭火。广泛适用于工业、能源、交通、电信、国防、化工等领域的消防保护，用于扑救 A、B、C 及 E 类火灾。

灭火装置分为悬挂式储压超细干粉灭火装置和柜式超细干粉自动灭火装置。

### 1. 悬挂式储压超细干粉灭火装置

悬挂式储压超细干粉灭火装置由超细干粉灭火剂储罐、超细干粉灭火剂、喷头、感温元件、热引发器和压力指示器等组成，如图 4-5 所示。主要应用于电缆隧道、电缆夹层、计算机房、发电机房、档案室（库房）、配电室、地下液压站、通信机站等工业和民用建筑消防。

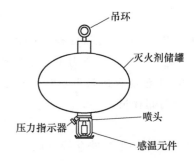

图 4-5　悬挂式储压灭火装置结构示意图

悬挂式储压超细干粉灭火装置的主要性能见表 4-6。

表 4-6　ABC 超细干粉悬挂式灭火装置性能

| 规格型号 | FZXA2/1.2-C | FZXA3/1.2-C | FZXA3.5/1.2-C | FZXA4/1.2-C | FZXA5/1.2-C |
|---|---|---|---|---|---|
| 灭火剂量/kg | 2 | 3 | 3.5 | 4 | 5 |
| 全淹没保护空间/m³ | 20 | 30 | 35 | 40 | 50 |
| 局部应用保护面积/m² | 10 | 12 | 13 | 14 | 16 |
| 安装高度/m | 2~4 | 2~4 | 2~4 | 2~4 | 3~4 |
| 喷射剩余率(%) | ≤5 | | | | |
| 有效喷射时间/s | ≤5 | | | | |
| 200C 氮气充装压力/MPa | 1.2 | | | | |
| 水压试验压力/MPa | 2.1 | | | | |
| 适用温度范围/℃ | 玻璃球感温-10~55；易熔合金感温-40~55 | | | | |

悬挂式灭火装置启动方式有三种：感温元件温控启动、热引发启动和电引发启动。当防护区采用火灾报警控制系统时，灭火装置可采用电引发启动方式启动。火灾时，火灾报警控制系统探测到火情，经报警灭火控制器确认并发出灭火指令给模块，输入输出模块动作接通灭火装置上的电子启动器电源，致使玻璃球感温元件受热膨胀破裂，开启喷头喷放灭火剂灭火。电引发启动灭火系统有自动和电气手动两种控制方式。

超细干粉是一种可以弥漫于整个空间的细微粉末，在全淹没灭火系统应用时，一般不考虑悬挂式灭火装置的安装高度，但当保护区高度超过 8m 时，可分两层布置；在局部保护应用时，其灭火装置喷口到保护物顶面的最佳距离为不大于 4m，当保护距离超过时，可考虑采用支架下降灭火装置的安装高度。悬挂式灭火装置采用带钩的膨胀螺钉予以固定，如图 4-6 所示。

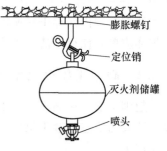

### 2. 柜式超细干粉自动灭火装置

柜式超细干粉自动灭火装置，是一种无管网（或短管网）轻便可移动的高科技灭火装置。广泛应用于库房、电缆夹层、变配电房、油库及化工领域等。

柜式超细干粉自动灭火装置可与任何报警控制系统联

图 4-6　悬挂式灭火装置（直喷）安装示意图

动，既可用于相对封闭空间的全淹没灭火，又可用于开放场所局部应用灭火，可单台使用，又可多台联动灭火，当防护区发生火灾时，探测器探测到复合火情信号后经控制系统确认火灾后，输出相对应的指令信号，指令信号经中继器启动消防电源给柜式自动灭火装置灭火，灭火时柜式灭火装置自动输出返回信号给报警主机或释放门灯，柜式自动灭火装置也可由相应人员确认火灾后手动灭火，在特殊情况下也可由相应人员机械应急启动灭火。

### 3. 灭火装置的布置安装

若需对封闭空间内所有保护对象进行防护时，灭火装置（或喷头）应均衡布置，若仅需对封闭空间内局部区域的保护对象进行防护时，灭火装置（或喷头）可尽量靠近保护对象。灭火装置（或喷头）一般安装在保护区上方，灭火剂沿铅垂方向自上而下喷射。特殊情况下，也可沿其他方向喷射灭火剂。

柜式自动灭火装置灭火装置可放置于保护区一角或者靠墙安放。配置数量根据被保护的场所保护空间（$m^3$）计算确定。

### 4. 工程实例

烷基铝钢瓶间消防工程。

（1）设计条件　保护区：共计 3 个分区（见图 4-7）。防护面积均为 $16m^2$。保护对象为储罐；火灾类别为 D 类火灾。保护区内温度：常温。

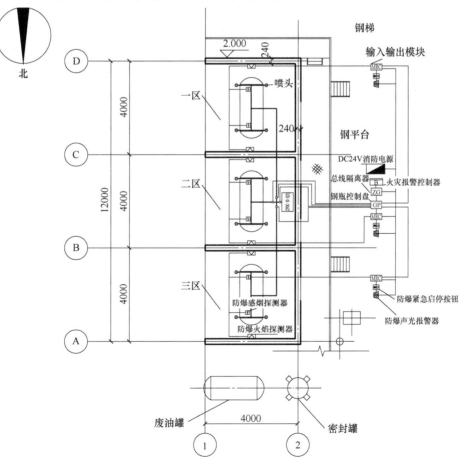

图 4-7　烷基铝钢瓶间超细干粉灭火装置平面布置图

（2）设计方案 按照设计规范和设计条件，防护区选用超细干粉局部应用灭火保护方式，选用柜式烷基 D 类火灾专用超细干粉灭火装置。采用电控方式启动。设计一套完整的火灾报警控制系统。

（3）灭火装置配置设计技术参数 灭火剂浓度：$5kg/m^2$；使用温度：$-10 \sim 55$（℃）；灭火剂选用量 90kg；灭火装置型号：ZFCG-30-3（D）；电引发。

（4）系统操作 有人值班时应采用电气手动方式，无人值班时则采用自动启动方式对各防护区实施分区控制。

（5）灭火装置布置 因保护对象基本上布满了防护区的下方，故柜式灭火装置采用短管网的形式均衡布置，喷头在防护区上方平面，如图 4-7 所示，灭火装置选用短管网柜式超细干粉灭火装置。

## 4.4 泡沫灭火系统

### 4.4.1 概述

泡沫灭火系统采用泡沫液作为灭火剂，主要用于扑救非水溶性可燃液体和一般固体火灾，如商品油库、煤矿、大型飞机库等。目前，该系统在国内外已经得到了广泛的应用。实践证明该系统具有安全可靠、经济实用、灭火效率高的特点，是行之有效的灭火方法之一。现在，泡沫灭火系统在我国的石油化工企业、商品油库等工程中使用很广泛，在煤矿、大型飞机库、地下工程、汽车库、各类车库等工程和场所中也已经被采用。由于泡沫灭火剂本身无毒性，泡沫灭火系统的应用会越来越广泛。

### 4.4.2 泡沫灭火剂及灭火原理

#### 1. 泡沫灭火剂

泡沫灭火剂是指能够与水混溶，并可通过化学反应或机械方法产生的灭火泡沫的灭火剂。

泡沫灭火剂主要分为两大类，分别为空气泡沫和化学泡沫。空气泡沫是指通过空气泡沫灭火剂的水溶液和空气泡沫产生器机械搅拌混合产生的，所以有时也把空气泡沫称为机械泡沫。化学泡沫灭火剂主要由碳酸氢钠和硫酸铝两种化学药剂组成，它的水溶液能通过化学反应生成灭火泡沫。化学泡沫灭火剂主要用于扑灭小型初期火灾，很少使用。目前我国大型的泡沫灭火系统以采用空气泡沫灭火剂为主，本章主要介绍这类泡沫灭火系统。

空气泡沫灭火剂按照泡沫的发泡倍数，又可以分为低倍数泡沫、中倍数泡沫和高倍数泡沫三类。低倍数泡沫灭火剂的发泡倍数一般在 20 倍以下；中倍数泡沫灭火剂的发泡倍数在 20~200 倍；高倍数泡沫灭火剂的发泡倍数在 200 以上。

泡沫灭火剂一般由发泡剂、稳泡剂、耐液添加剂、助溶剂与抗冻剂以及其他添加剂等组成。

#### 2. 泡沫灭火剂的灭火原理

空气泡沫灭火剂是一种体积较小，表面被液体围成的气泡群，其密度远小于一般可燃、易燃液体。因此，可飘浮、黏附在可燃、易燃液体、固体表面，形成一个泡沫覆盖层，在灭火中主要是通过以下几个方面的作用来进行灭火的。

1）灭火泡沫覆盖在燃烧的物质表面，可使燃烧物质表面与空气隔绝开来，起到窒息灭火的作用。

2）泡沫层可以封闭燃烧物表面，阻止燃烧区的热量作用于燃烧物质的表面，可以遮断火焰的热辐射，防止燃烧物质本身和周围可燃物质的蒸发。

3）泡沫中析出的水可对物质燃烧产生冷却作用。

4）泡沫受热产生水蒸气，可减少着火物质周围空间氧的浓度。

### 4.4.3 泡沫灭火系统的分类

#### 1. 按泡沫分

泡沫灭火系统包括低倍数泡沫灭火系统、中倍数泡沫灭火系统、高倍数泡沫灭火系统和泡沫-水喷淋系统。

低倍数泡沫灭火系统根据喷射方式不同可分为液上喷射泡沫灭火系统和液下喷射泡沫灭火系统。

根据灭火范围不同，中、高倍数泡沫灭火系统可分为全淹没系统和局部应用系统。全淹没系统是由固定式泡沫发生装置将泡沫喷放到封闭或被围挡的防护区内，并在规定的时间内达到一定泡沫淹没深度的灭火系统。局部应用系统由固定或半固定泡沫发生装置直接或通过导泡筒将泡沫喷放到火灾部位的灭火系统。

#### 2. 按安装方式分

根据设备与管道的安装方式不同，泡沫灭火系统可分为固定式泡沫灭火系统、半固定式泡沫灭火系统和移动式泡沫灭火系统。

（1）固定式泡沫灭火系统　固定式泡沫灭火系统由固定的泡沫消防泵、泡沫比例混合器、泡沫产（发）生装置和管道等组成。

固定式泡沫灭火系统具有如下优点：可以随时启动，立刻进行灭火；该系统操作简单，并且自动化程度高，具有较高的安全可靠性。它适用于以下场合：

1）总贮量大于等于 $500m^3$ 独立的非水溶性甲、乙、丙类液体贮罐区。

2）总贮量大于等于 $200\ m^3$ 的水溶性甲、乙、丙类液体贮罐区。

3）机动消防设施不足的企业附属非水溶性甲、乙、丙类液体贮罐区。

目前我国独立的专业油库（如原商业部所属油库）和部分规模较大的炼油厂、化工厂的企业油库，多半采用固定式空气泡沫灭火系统。

（2）半固定式泡沫灭火系统　由固定的泡沫产（发）生装置及部分连接管道，泡沫消防车或机动泵，用水带连接组成。半固定式泡沫灭火系统有一部分设备为固定式，可及时启动，另一部分是不固定的，发生火灾时，进入现场与固定设备组成灭火系统灭火。

根据固定安装的设备不同，半固定式泡沫灭火系统有两种形式：一种为设有固定的泡沫产生装置，泡沫混合液管道、阀门、固定泵站。当发生火灾时，泡沫混合液由泡沫消防车或机动泵通过水带从预留的接口进入。另一种为设有固定的泡沫消防泵站和相应的管道，灭火时，通过水带将移动的泡沫产生装置（如泡沫枪）与固定的管道相连，组成灭火系统。

半固定式泡沫灭火系统用于石油化工生产企业的装置区、油库的附属码头、给油槽车装卸的鸭管栈桥以及露天或吊棚堆放以及具有较强的机动消防设施的甲、乙、丙类液体的贮罐区等。

（3）移动式泡沫灭火系统　移动式泡沫灭火系统一般由消防车或机动消防泵、泡沫比例混合器、移动式泡沫产（发）生装置，用水带连接组成。当发生火灾时，所有移动设施进入现场，通过管道、水带连接组成灭火系统。

该系统使用起来机动灵活，并且不受初期燃烧爆炸的影响。因此移动式泡沫灭火系统常作为固定式、半固定式泡沫灭火系统的备用和辅助设施。

但是该系统是在发生火灾后应用的，因此扑救不如固定式泡沫灭火系统及时，同时由于灭火设备受风力等外界因素影响较大，造成泡沫的损失量大，需要供给的泡沫量和强度都较大。

## 4.4.4　系统形式的选择

甲、乙、丙类液体储罐区宜选用低倍数泡沫灭火系统；单罐容量不大于5000m³的甲、乙类固定顶与内浮顶油罐和单罐容量不大于10000m³的丙类固定顶与内浮顶油罐，可选用中倍数泡沫系统。

甲、乙、丙类液体储罐区固定式、半固定式或移动式泡沫灭火系统的选择应符合下列规定：

1）低倍数泡沫灭火系统，应符合相关现行国家标准的规定。

2）油罐中倍数泡沫灭火系统宜为固定式。

全淹没式、局部应用式和移动式中倍数、高倍数泡沫灭火系统的选择，应根据防护区的总体布局、火灾的危害程度、火灾的种类和扑救条件等因素，经综合技术经济比较后确定。

储罐区泡沫灭火系统的选择，应符合下列规定：

1）烃类液体固定顶储罐，可选用液上喷射、液下喷射或半液下喷射泡沫系统。

2）水溶性甲、乙、丙液体的固定顶储罐，应选用液上喷射或半液下喷射泡沫系统。

3）外浮顶和内浮顶储罐应选用液上喷射泡沫系统。

4）烃类液体外浮顶储罐、内浮顶储罐、直径大于18m的固定顶储罐以及水溶性液体的立式储罐，不得选用泡沫炮作为主要灭火设施。

5）高度大于7m、直径大于9m的固定顶储罐，不得选用泡沫枪作为主要灭火设施。

6）油罐中倍数泡沫系统，应选液上喷射泡沫系统。

全淹没式高倍数、中倍数泡沫灭火系统可用于封闭空间场所和设有阻止泡沫流失的固定围墙或其他围挡设施的场所。

局部应用式高倍数泡沫灭火系统可用于不完全封闭的A类可燃物火灾与甲、乙、丙类液体火灾场所和天然气液化站与接收站的集液池或储罐围堰区。

局部应用式中倍数泡沫灭火系统可用于下列场所：

1）不完全封闭的A类可燃物火灾场所。

2）限定位置的甲、乙、丙类液体流散火灾。

3）固定位置面积不大于100m²的甲、乙、丙类液体流淌火灾场所。

移动式高倍数泡沫灭火系统可用于下列场所：

1）发生火灾的部位难以确定或人员难以接近的火灾场所。

2）甲、乙、丙类液体流淌火灾场所。

3）发生火灾时需要排烟、降温或排除有害气体的封闭空间。

移动式中倍数泡沫灭火系统可用于下列场所：

1）发生火灾的部位难以确定或人员难以接近的较小火灾场所。

2）甲、乙、丙类液体流散火灾场所。

3）不大于100m²的甲、乙、丙类液体流淌火灾场所。

泡沫-水喷淋系统可用于下列场所：

1）具有烃类液体泄漏火灾危险的室内场所。

2）单位面积存放量不超过25L/m²或超过25L/m²但有缓冲物的水溶性甲、乙、丙类液体室内场所。

3）汽车槽车或火车槽车的甲、乙、丙类液体装卸栈台。

4）设有围堰的甲、乙、丙类液体室外流淌火灾区域。

泡沫炮系统可用于下列场所：

1）室外烃类液体流淌火灾区域。

2）大空间室内烃类液体流淌火灾场所。

3）汽车槽车或火车槽车的甲、乙、丙类液体装卸栈台。

4）烃类液体卧式储罐与小型烃类液体固定顶储罐。

泡沫枪系统可用于下列场所：

1）小型烃类液体卧式与立式储罐。

2）甲、乙、丙类液体储罐区流散火灾。

3）小面积甲、乙、丙类液体流淌火灾。

泡沫喷雾系统可用于保护面积不大于200m²的烃类液体室内场所、独立变电站的油浸电力变压器。

### 4.4.5  泡沫液和系统组件

#### 1. 泡沫液及选择

烃类液体储罐的低倍数泡沫灭火系统泡沫液的选择应符合下列规定：

1）当采用液上喷射泡沫灭火系统时，可选用蛋白、氟蛋白、成膜氟蛋白或水成膜泡沫液。

2）当采用液下喷射泡沫灭火系统时，应选用氟蛋白、成膜氟蛋白或水成膜泡沫液。

保护烃类液体的泡沫-水喷淋系统、泡沫枪系统、泡沫炮系统泡沫液的选择应符合下列规定：

1）当采用泡沫喷头、泡沫枪、泡沫炮等吸气型泡沫产生装置时，可选用蛋白、氟蛋白、水成膜或成膜氟蛋白泡沫液。

2）当采用水喷头、水枪、水炮等非吸气型喷射装置时，应选用水成膜或成膜氟蛋白泡沫液。

对水溶性甲、乙、丙类液体和含氧添加剂含量体积比超过10%的无铅汽油，以及用一套泡沫灭火系统同时保护水溶性和烃类液体的，必须选用抗溶性泡沫液。

高倍数泡沫灭火系统泡沫液的选择应符合下列规定：

1）当利用新鲜空气发泡时，应根据系统所采用的水源，选择淡水型或耐海水型高倍数泡沫液。

2）当利用热烟气发泡时，应采用耐温耐烟型高倍数泡沫液。

3）系统宜选用混合比为 3% 的泡沫液。

中倍数泡沫灭火系统的泡沫液的选择应符合下列规定：

1）应根据系统所采用的水源，选择淡水型或耐海水型高倍数泡沫液，也可选用淡水海水通用型中倍数泡沫液。

2）选用中倍数泡沫液时，宜选用混合比为 6% 的泡沫液。

泡沫液宜储存在通风干燥的房间内或敞棚内；贮存的环境温度应符合泡沫液的使用温度。

### 2. 泡沫消防泵

泡沫消防水泵、泡沫混合液泵的选择与设置应符合下列规定：

1）应选择特性曲线平缓的离心泵，且其工作压力和流量应满足系统设计要求。

2）当采用水力驱动式平衡式比例混合装置时，应将其消耗的水流量计入泡沫消防水泵的额定流量内。

3）当采用环泵式比例混合器时，泡沫混合液泵的额定流量应为系统设计流量的 1.1 倍。

4）泵进口管道上，应设置真空压力表或真空表。

5）泵出口管道上，应设置压力表、单向阀和带控制阀的回流管。

泡沫液泵的选择与设置应符合下列规定：

1）泡沫液泵的工作压力和流量应满足系统最大设计要求，并应与所选比例混合装置的工作压力范围和流量范围匹配，同时应保证在设计流量下泡沫液供给压力大于最大水压力。

2）泡沫液泵的结构形式、密封或填充类型应适宜输送所选的泡沫液，其材料应耐泡沫液腐蚀且不影响泡沫液的性能。

3）除水力驱动型泵外，泡沫液泵应按规范对泡沫消防泵的相关规定设置动力源和备用泵，备用泵的规格型号应或工作泵相同，工作泵故障时应能自动或手动切换到备用泵。

4）泡沫液泵应耐受时长不低于 10min 的空载运行。

5）当泡沫液泵平时充泡沫液时，应充满。

### 3. 泡沫比例混合器（装置）

泡沫比例混合器是泡沫灭火系统的核心部件。它的作用是将水与泡沫液按一定比例自动混合，形成泡沫混合液。

泡沫比例混合器（装置）的选择，应符合下列规定：

1）系统比例混合器（装置）的进口工作压力与流量，应在标定的工作压力与流量范围内。

2）单罐容量大于 10000m³ 的甲类烃类液体与单罐容量大于 5000m³ 的甲类水溶性液体固定顶储罐及按固定顶储罐对待的内浮顶储罐、单罐容量大于 50000m³ 浮顶储罐，宜选择计量注入式比例混合装置或平衡式比例混合装置。

3）当选用的泡沫液密度低于 1.10g/mL 时，不应选择无囊的压力式比例混合装置。

泡沫比例混合器有环泵式比例混合器、压力比例混合器、平衡式比例混合器、计量注入式比例混合器、管线式比例混合器等多种形式，每种装置都有具体的要求，规范中都有具体的规定。几种常用的泡沫比例混合器见表 4-7。

表 4-7　泡沫比例混合器

| 名　称 | 适　用　条　件 | 图　　　示 |
|---|---|---|
| 环泵式泡沫比例混合器 | 适用于低倍数泡沫灭火系统或建有独立泡沫消防泵站的单位,尤其适用于储罐规格较单一的甲、乙、丙类液体储罐区;也可安装在泡沫消防车上 | 1—调节手柄　2—指示牌　3—调节球阀　4—喷嘴 |
| 压力式泡沫比例混合器 | 适用于全厂统一供高压或稳高压消防水的石油化工企业,尤其适用于分散设置独立泡沫站的石油化工生产装置 | 1—球阀　2—压差孔板　3—节流孔板　4—泡沫液管　5—扩散管<br>6—联动手柄　7—混合器本体　8—连接法兰　9—缓冲管 |
| 管线式(又称负压式)泡沫比例混合器 | 在低、中、高倍数泡沫灭火系统中采用。主要用于移动式泡沫系统,且许多是与泡沫炮、泡沫枪、泡沫发生器装配一体使用的,在固定式泡沫系统中很少使用 | 1—过滤网　2—喷嘴　3—吸液管接口　4—调节手柄 |

### 4. 泡沫液储罐

泡沫液储罐用于储存泡沫液,有卧式、立式圆柱形储罐两种形式。图 4-8 所示为泡沫液卧式圆柱形储罐安装图。

高倍数泡沫灭火系统的泡沫液储罐应采用耐腐蚀材料制作。其他泡沫液储罐宜采用耐腐蚀材料制作;当采用普通碳素钢板制作时,其内壁应做防腐处理,且与泡沫液直接接触的内壁或防腐层不应对泡沫液的性能产生不利影响。

泡沫液储罐不得安装在火灾及爆炸危险环境中,其安装场所的温度应符合其泡沫液的储存温度要求。当安装在室内时,其建筑

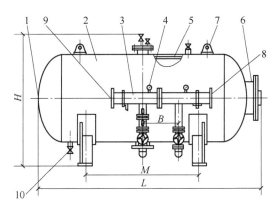

图 4-8　泡沫液卧式圆柱形储罐安装图

1—铭牌　2—储罐　3—比例混合器　4—压力表<br>
5—胶囊　6—端盖　7—吊装点　8—压力水入口<br>
9—混合液出口　10—放空管

耐火等级不应低于二级；当露天安装时，与被保护对象应有足够的安全距离。

下列条件宜选用常压储罐：

1）单罐容量大于10000m³的甲类油品与单罐容量大于5000m³的甲类水溶性液体固定顶储罐及按固定顶储罐对待的内浮顶储罐。

2）单罐容量大于50000m³浮顶储罐。

3）总容量大于100000m³的甲类水溶性液体储罐区与总容量大于600000m³甲类油品储罐区。

4）选用蛋白类泡沫液的系统。

**5. 泡沫产（发）生装置**

泡沫产生器应符合下列要求：

1）固定顶储罐、按固定顶储罐防护的内浮顶罐，宜选用立式泡沫产生器。

2）泡沫产生器进口的工作压力，应为其额定值±0.1MPa。

3）泡沫产生器及露天的泡沫喷射口应设置防止异物进入的金属网。

4）泡沫产生器进口前应有不小于10倍混合液管径的直管段。

5）外浮顶储罐上的泡沫产生器不应设置密封玻璃。

高倍数泡沫发生器的选择应符合下列规定：

1）在防护区内设置并利用热烟气发泡时，应选用水力驱动式泡沫发生器。

2）防护区内固定设置泡沫发生器时，必须采用不锈钢材料制作的发泡网。

3）与泡沫液或泡沫混合液接触的部件，应采用耐腐蚀材料。

**6. 控制阀门和管道**

当泡沫消防泵出口管道口径大于300mm时，宜采用电动、气动或液动阀门。

高倍数泡沫发生器前的管道过滤器与每台高倍数泡沫发生器连接的管道应采用不锈钢管，其他固定泡沫管道与泡沫混合液管道，应采用钢管。

管道外壁应进行防腐处理，其法兰连接处应采用石棉橡胶垫片。

泡沫-水喷淋系统的报警阀组、水流指示器、压力开关、末端试水装置的设置，应符合《自动喷水灭火系统设计规范》（GB 50084—2017）的相关规定。

## 4.4.6 低倍数泡沫灭火系统

### 1. 系统形式

泡沫发泡倍数在20倍以下称为低倍数沫灭火系统。低倍数泡沫灭火系统在20世纪60年代我国开始应用，并且应用十分广泛。低倍数泡沫灭火系统是目前对扑灭各类液体（液化烃除外）火灾普通使用的灭火系统，常用于炼油厂、石油化工厂、油库、无缝钢管厂、毛纺厂、大宾馆、加油站、汽车库、飞机维修库、燃油锅炉房等场所。一般民用建筑泡沫消防系统常采用低倍数泡沫灭火系统。

根据喷射方式不同，低倍数泡沫灭火系统可分为液上喷射泡沫灭火系统和液下喷射泡沫灭火系统。

液上喷射泡沫灭火系统是一种将泡沫喷射到燃烧的液体表面上，形成泡沫层或一层膜，将火窒息的灭火系统。图4-9所示为固定式液上喷射泡沫灭火系统。

固定式液上喷射泡沫灭火系统在我国大型易燃和可燃液体贮罐区的消防设施中应用较为广泛。该系统主要由固定的泡沫混合液泵、泡沫比例混合器、泡沫液罐、泡沫产生器以及水源和动力源组成。水源可以直接从江、河、湖、海中抽取，也可以从专为消防准备的水池中取水。水质要保证不影响泡沫的形成和泡沫的稳定性。固定式液上泡沫灭火系统造价较低，并且不易遭受油品的污染。但该系统也有一定的不足，如果油罐爆炸，安装在油罐上的泡沫产生器有可能受到破坏而失去作用，造成火灾失控。

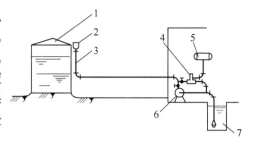

图 4-9　固定式液上喷射泡沫灭火系统
1—油罐　2—泡沫产生器　3—泡沫混合液管道
4—泡沫比例混合器　5—泡沫液罐
6—泡沫混合液泵　7—水池

液下喷射灭火系统是一种在燃烧液体表面下注入泡沫，泡沫通过油层上升到液体表面并扩散开形成泡沫层的灭火系统。图 4-10 所示为固定式液下喷射泡沫灭火系统。固定式液下喷射泡沫灭火系统的主要设备和液上喷射泡沫灭火系统基本相同，主要有泡沫混合液泵、泡沫比例混合器、泡沫管道和泡沫产生器等组成。固定式液下喷射泡沫灭火系统在灭火时，泡沫通过液下达到燃烧的液面，不通过高温火焰，没有沿着灼热的罐壁流入，减少了泡沫损失，提高了灭火效果。泡沫从油罐下部浮升到燃烧的液面时，促使罐内下面冷油和上面热油产生对流，加快了冷却作用。有利于灭火。该系统适用于固定拱顶贮罐，不适用于对外浮顶和内浮顶贮罐。

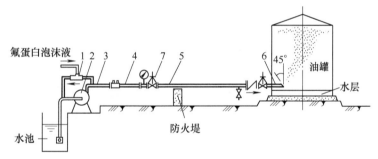

图 4-10　固定式液下喷射泡沫灭火系统
1—环泵式泡沫比例混合器　2—泡沫混合液泵　3—泡沫混合液管道　4—液下喷射泡沫产生器
5—泡沫管道　6—泡沫注入管　7—背压调节阀

### 2. 设计要求

低倍数泡沫灭火系统扑救一次火灾的泡沫混合液设计用量，应按罐内用量、该罐辅助泡沫枪用量、管道剩余量三者之和最大的储罐确定。

设置固定式泡沫灭火系统的储罐区，应在其防火堤外设置用于扑救液体流散火灾的辅助泡沫枪，其数量及其泡沫混合液连续供给时间，不应小于表 4-8 中的规定。每支辅助泡沫枪的泡沫混合液流量不应小于 240L/min。

表 4-8　泡沫枪数量和泡沫混合液连续供给时间

| 储罐直径/m | 配备泡沫枪数（支） | 连续供给时间/min |
|---|---|---|
| ≤10 | 1 | 10 |
| >10~20 | 1 | 20 |
| >20~30 | 2 | 20 |
| >30~40 | 2 | 30 |
| >40 | 3 | 30 |

当储罐区固定式泡沫灭火系统的泡沫混合液流量大于或等于100L/s时，系统的泵、比例混合装置及其管道上的控制阀、干管控制阀宜具备遥控操纵功能，所选设备设置在有爆炸和火灾危险的环境时且应符合《爆炸危险环境电力装置设计规范》（GB 50058—2014）的规定。

在固定式泡沫灭火系统的泡沫混合液主管道上应留出泡沫混合液流量检测仪器的安装位置；在泡沫混合液管道上应设置试验检测口。

储罐区固定式泡沫灭火系统与消防冷却水系统合用一组消防给水泵时，应有保障泡沫混合液供给强度满足设计要求的措施，且不得以火灾时临时调整的方式来保障。

采用固定式泡沫灭火系统的储罐区，应沿防火堤外侧均匀布置泡沫消火栓。泡沫消火栓的间距不应大于60m，且设置数量不宜少于4个。

储罐区固定式泡沫灭火系统宜具备半固定系统功能。

固定式泡沫炮系统的设计，除应符合《泡沫灭火系统设计规范》（GB 50151—2010）的规定外，尚应符合现行国家标准《固定消防炮灭火系统设计规范》（GB 50338—2003）的规定。

### 4.4.7　高倍数、中倍数泡沫灭火系统

#### 1. 系统形式

中高倍数泡沫灭火技术是近代消防科学的一门新兴技术，自20世纪50年代初期应用以来，很快在欧洲及美国、日本等一些工业发达的国家得以推广，其主要装置的种类和规格越来越多，并已经形成标准化、系列化。我国自20世纪60年代开始应用中高倍数泡沫灭火技术，它以其独有的特性在灭火实战中显示了威力。我国不但在煤矿的矿井广泛地应用高倍数泡沫灭火技术，在大型飞机库、汽车库、地下油库、地下工程、仓库、船舶、工业厂房、油库储油罐等主要场所也应用了高倍数泡沫灭火系统。

高倍数、中倍数泡沫灭火机理和灭火特点基本相似，因此，《泡沫灭火系统设计规范》（GB 50151—2010）将高倍数、中倍数泡沫灭火系统合在一起写。

高倍数、中倍数泡沫灭火系统可分为全淹没式灭火系统、局部应用式灭火系统和移动式灭火系统三种类型。防护区采用高倍数、中倍数泡沫灭火系统进行保护时，应根据其防火要求、消防设施配置情况以及防护区的结构特点、危险品的种类、火灾类型等的不同，合理地选择全淹没式、局部应用式、移动式灭火系统，正确地确定泡沫灭火剂、泡沫发生器、配套的泡沫比例混合器等主要装置的品种型号，降低灭火系统的成本。

（1）全淹没式高倍数、中倍数泡沫灭火系统　采用全淹没式高倍数、中倍数泡沫灭火系统进行控火和灭火，就是将高倍数泡沫按规定的高度充满被保护区域，并将泡沫保持到所需要的时间。在保护区内的高倍数泡沫以高倍数、中倍数全淹没的方式封闭火灾区域，阻止连续燃烧所必需的新鲜空气接近火焰，使火焰熄灭、冷却，达到控制和扑灭火灾的目的。全淹没式高倍数泡沫灭火系统由水泵、泡沫液泵、贮水设备、泡沫液储罐、泡沫比例混合器、压力开关、管道过滤器、控制箱、泡沫发生器、阀门、导泡筒、管道及其附件等组成。

该系统按控制方式可分为自动控制全淹没式灭火系统和手动控制全淹没式灭火系统。

自动控制全淹没式灭火系统中自动探测报警控制系统，在防护区昼夜有人员工作或值班时，可取消自动探测报警控制系统，而采用手动控制全淹没式灭火系统。

下列场所可选择全淹没式泡沫灭火系统：

1）大范围的封闭空间。

2）大范围的设有阻止泡沫流失的固定围墙或其他围挡设施的场所。

（2）局部应用式高倍数、中倍数泡沫灭火系统　局部应用式灭火系统主要应用于大范围内的局部场所。局部应用有两种情况，一种是指在一个大的区域或范围内有一个或几个相对独立的封闭空间，需要用高倍数泡沫灭火系统进行保护，而其他部分则不需要进行保护或采用其他的防护系统。例如需要特殊保护的高层建筑下层的汽车库及地下仓库等场所。另一种是指在大范围内没有完全被封闭的空间，此空间是用围墙或其他不燃烧材料围住的防护区，其围挡高度应大于该防护区所需要的泡沫淹没深度。

局部应用式高倍数泡沫灭火系统可采用固定或半固定安装方式。固定设置的局部应用式灭火系统的组成与全淹没式灭火系统的组成相同。半固定设置的局部应用式灭火系统由泡沫发生器、压力开关、导泡筒、控制箱、管道过滤器、阀门、泡沫比例混合器、水罐消防车或泡沫消防车、管道、水带及其附件等组成。

下列场所可选择局部应用式灭火系统：

1）大范围内的局部封闭空间。

2）大范围内的局部设有阻止泡沫流失的围挡设施的场所。

（3）移动式高倍数、中倍数泡沫灭火系统　移动式高倍数泡沫灭火系统的组件可以是车载式或者便携式，其全部组件均可以移动，所以该灭火系统使用灵活、方便，而且随机应变性强，可以用来扑救难以确定具体发生位置的火灾。移动式高倍数泡沫灭火系统对可燃液体泄漏引起的流淌火灾是非常有效的，同时它还可以作为固定式灭火系统的补充使用。

移动式高倍数、中倍数泡沫灭火系统由手提式泡沫发生器或车载式泡沫发生器、泡沫比例混合器、泡沫液桶、水带、导泡筒、分水器、水罐消防车等组成。全淹没式或局部式应用灭火系统在使用中出现意外情况时或为了更快、更可靠地扑救防护区的火灾，可利用移动式高倍数泡沫灭火装置向防护区喷放高倍数泡沫，弥补或增加高倍数泡沫供给速率，达到更迅速扑救防护区火灾的目的，若某火灾现场没有设置固定式灭火系统，移动式高倍数泡沫灭火系统可作为主要的灭火装置使用。

下列场所可选用该系统：

1）发生火灾的部位难以确定或人员难以接近的火灾现场。

2）B 类火灾场所。

3）发生火灾时需要排烟、降温或排除有毒气体的封闭空间。

在我国，移动式高倍数泡沫灭火系统扑救矿井火灾已有 20 多年的历史，在此领域，积累了许多宝贵经验。

2. 设计要求

（1）一般规定　全淹没系统应设置火灾自动报警系统，固定设置的局部应用系统宜设置火灾自动报警系统，且应符合下列规定。

1）系统应设有自动控制、手动控制、应急机械控制三种方式。

2）消防控制中心（室）和防护区应设置声光报警装置。

3）消防自动控制设备宜与防护区内的门窗的关闭装置、排气口的开启装置以及生产、照明电源的切断装置等联动。

4）系统自接到火灾信号至开始喷放泡沫的延时不宜超过1min。

5）火灾自动报警系统的设计应符合现行国家标准《火灾自动报警系统设计规范》（GB 50116—2013）的规定。

手动控制系统应设有手动控制、应急机械控制两种方式。当一套泡沫灭火系统以集中控制方式保护两个或两个以上的场所时，其中任何一个场所发生火灾均不应危及其他场所；系统的泡沫混合液供给速率与用量应按最大的场所确定；手动与应急机械控制装置应有标明其所控制区域的标记。

泡沫发生器的设置应符合下列规定：

1）高度应在泡沫淹没深度以上。

2）宜接近保护对象，但其位置应免受爆炸或火焰损坏。

3）能使防护区形成比较均匀的泡沫覆盖层。

4）应便于检查、测试及维修。

5）当泡沫发生器在室外或坑道应用时，应采取防止风对泡沫的发生和分布产生影响的措施。

当泡沫发生器的出口设置导泡筒时，导泡筒的横截面面积宜为泡沫发生器出口横截面面积的1.05~1.10倍；当导泡筒上设有闭合器件时，其闭合器件不得阻挡泡沫的通过。

水泵入口前或压力水进入系统时应设管道过滤器，其网孔基本尺寸宜为2.00mm。

固定安装的泡沫发生器前应设压力表、管道过滤器和手动阀门。固定设置的泡沫液桶（罐）和泡沫比例混合器不应放置在防护区内。

系统管路应采取防冻措施；干式水平管道最低点应设排液阀，且坡向排液阀的管道坡度不得小于3‰。系统管道上的控制阀门应设在防护区以外。自动控制阀门应具有手动启闭功能。

爆炸危险环境中的电气设备选择与系统设计，应符合现行国家标准《爆炸危险环境电力装置设计规范》的规定。

（2）全淹没系统　全淹没系统的防护区应是封闭或设置灭火所需的固定围挡的区域，且应符合下列规定。

1）泡沫的围挡应为不燃结构，且应在系统设计灭火时间内具备围挡泡沫的能力。

2）门、窗等位于设计淹没深度以下的开口，在充分考虑人员撤离的前提下，应在泡沫喷放前或同时关闭。

3）对于不能自动关闭的开口，全淹没系统应对其泡沫损失进行相应补偿。

4）在泡沫淹没深度以下的墙上设置窗口时，宜在窗口部位设置网孔基本尺寸不大于3.15mm的钢丝网或钢丝纱窗。

5）利用防护区外部空气发泡的封闭空间，应设置排气口，其位置应避免燃烧产物或其他有害气物回流到泡沫发生器进气口。排气口在灭火系统工作时应自动、手动开启，其排气速度不宜超过5m/s。

6）防护区内应设置排水设施。

高倍数泡沫淹没深度的确定应符合下列规定：

1）当用于扑救A类火灾时，泡沫淹没深度不应小于最高保护对象高度的1.1倍，且应高于最高保护对象最高点以上0.6m。

2）当用于扑救 B 类火灾时，汽油、煤油、柴油或苯类火灾的泡沫淹没深度应高于起火部位 2m；其他 B 类火灾的泡沫淹没深度应由试验确定。

淹没体积应按下式计算：

$$V = SH - V_g \tag{4-31}$$

式中　$V$——淹没体积（m³）；

$S$——防护区地面面积（m²）；

$H$——泡沫淹没深度（m）；

$V_g$——固定的机器设备等不燃物体所占的体积（m³）。

高倍数泡沫的淹没时间不宜超过表 4-9 所示的规定。系统自接到火灾信号至开始喷放泡沫的延时不宜超过 1min；当超过 1min 时，应从表 4-9 的规定中扣除超出的时间。

表 4-9　高倍数泡沫的淹没时间　　　　　　　　　　　　（单位：min）

| 可燃物 | 高倍数泡沫灭火系统单独使用 | 高倍数泡沫灭火系统与<br>自动喷水灭火系统联合使用 |
| --- | --- | --- |
| 闪点不超过 40℃ 的液体 | 2 | 3 |
| 闪点超过 40℃ 的液体 | 3 | 4 |
| 发泡橡胶、发泡塑料、成卷的织物或皱纹纸等低密度可燃物 | 3 | 4 |
| 成卷的纸、压制牛皮纸、涂料纸、纸板箱、纤维圆筒、橡胶轮胎等高密度可燃物 | 5 | 7 |

注：水溶性液体的淹没时间应由试验确定。

A 类火灾单独使用高倍数泡沫灭火系统时，淹没体积的保持时间应大于 60min；高倍数泡沫灭火系统与自动喷水灭火系统联合使用时，淹没体积的保持时间应大于 30min。

高倍数泡沫最小供给速率应按下式计算：

$$R = \left( \frac{V}{T} + R_s \right) C_N C_L \tag{4-32}$$

$$R_s = L_s Q_y \tag{4-33}$$

式中　$R$——泡沫最小供给速率（m³/min）；

$T$——淹没时间（min）；

$C_N$——泡沫破裂补偿系数，宜取 1.15；

$C_L$——泡沫泄漏补偿系数，宜取 1.05～1.2；

$R_s$——喷水造成的泡沫破泡率（m³/min）；

$L_s$——泡沫破泡率与水喷头排放速率之比，应取 0.0748（m³/L）；

$Q_y$——预计动作的最大水喷头数目总流量（L/min）。

全淹没式高倍数泡沫灭火系统泡沫液和水的贮备量应符合下列规定：

1）当用于扑救 A 类火灾时，系统泡沫液和水的连续供应时间应超过 25min。

2）当用于扑救 B 类火灾时，系统泡沫液和水的连续供应时间应超过 15min。

3）中倍数泡沫灭火系统的设计参数宜由试验确定，也可采用高倍数泡沫灭火系统的设计参数。

（3）局部应用系统　局部应用系统的保护范围应包括火灾蔓延的所有区域；对于多层

或三维立体火灾，应提供适宜的泡沫封堵设施；对于室外场所，应考虑风等气候因素的影响。

高倍数泡沫的供给速率应按下列要求确定：

1）淹没或覆盖保护对象的时间不应大于2min。

2）淹没或覆盖A类火灾保护对象最高点的厚度不应小于0.6m。

3）对于汽油、煤油、柴油或苯，覆盖起火部位的厚度不应小于2m。

4）其他B类火灾的泡沫覆盖深度应由试验确定。

当高倍数泡沫灭火系统用于扑救A类和B类火灾时，其泡沫连续供给时间不应小于12min。

当高倍数泡沫灭火系统设置在液化天然气（LNG）集液池或储罐围堰区时，应符合下列规定：

1）应选择固定式系统，并应设置导泡筒。

2）宜采用发泡倍数为300~500倍的泡沫发生器。

3）泡沫混合液供给强度应根据阻止形成蒸汽云和降低热辐射强度试验确定，并应取两项试验的较大值；当缺乏实验数据时，可采用大于7.2L/(min·m²)的泡沫混合液供给强度。

4）系统泡沫液和水的连续供给时间应根据所需的控制时间确定，且不宜小于40min；当同时设置了移动式高倍数泡沫灭火系统时，固定系统中的泡沫液和水的连续供给时间可按达到稳定控火时间确定。

5）保护场所应有适合设置导泡筒的位置。

6）系统设计尚应符合现行国家标准《石油天然气工程设计防火规范》（GB 50183—2004）的规定。

对于A类火灾场所，中倍数泡沫灭火系统覆盖保护对象的时间不应大于2min；泡沫连续供给时间不应小于12min。覆盖保护对象最高点的厚度宜由试验确定，也可按《泡沫灭火系统设计规范》（GB 50151—2010）中的第6.3.2条第2款的规定执行。

对于流散的或不大于100m²流淌的B类火灾场所，中倍数泡沫灭火系统的设计应符合下列规定：

1）沸点不低于45℃的烃类液体，泡沫混合液供给强度应大于4L/(min·m²)。

2）室内场所的最小泡沫供给时间，应大于10min。

3）室外场所的最小泡沫供给时间，应大于15min。

4）水溶性液体、沸点低于45℃的烃类液体，设置泡沫灭火系统的适用性及其泡沫混合液供给强度，应由试验确定。

（4）移动式系统　高倍数泡沫移动式系统的淹没时间或覆盖保护对象时间、泡沫供给速率与连续供给时间，应根据保护对象的类型与规模确定。

高倍数泡沫移动式系统的泡沫液和水的贮备量应符合下列规定：

1）当辅助全淹没或局部应用高倍数泡沫灭火系统使用时，可在其泡沫液和水的贮备量中增加5%~10%。

2）当在消防车上配备时，每套系统的泡沫液贮存量不宜小于0.5t。

3）当用于扑救煤矿火灾时，每个矿山救护大队应贮存大于2t的泡沫液。

对于沸点不低于45℃的烃类液体流散的或不大于100m²的流淌火灾，中倍数泡沫混合液供给强度应大于4L/（min·m²）、供给时间应大于15min。

供水压力可根据泡沫发生器和泡沫比例混合器的进口工作压力及比例混合器和水带的压力损失确定。

高倍数泡沫灭火系统用于扑救煤矿井下火灾时，泡沫发生器的驱动风压、发泡倍数应满足矿井的特殊需要。

移动式系统的泡沫液与相关设备应放置在能立即运送到所有指定防护对象的场所；当移动泡沫发生装置预先连接到水源或泡沫混合液供给源时，应放置在易于接近的地方，并且水带长度应能达到其最远的防护地。

当两个或两个以上的移动式泡沫发生装置同时使用时，其泡沫液和水供给源应能足以供给可能使用的最大数量的泡沫发生装置。

移动式系统应选用有衬里的消防水带，水带的口径与长度应满足系统要求；水带应以能立即使用的排列形式储存，且应防潮。

移动式系统所用的电源与电缆应满足输送功率要求，且应满足保护接地和防水以及耐受一般不当使用的要求。

### 4.4.8 泡沫-水喷淋系统与泡沫喷雾系统

#### 1. 一般规定

泡沫-水喷淋系统的泡沫混合液连续供给时间不应小于10min，泡沫混合液与水的连续供给时间之和应不小于60min。

泡沫-水喷淋系统与泡沫-水预作用系统的控制，应符合下列规定：

1）系统应同时具备自动、手动功能和应急机械手动启动功能。

2）机械手动启动力不应超过180N，且操纵行程不应超过360mm。

3）系统自动或手动启动后，泡沫液供给控制装置应自动随供水主控阀的动作而动作，或与之同时动作。

4）系统应设置故障监视与报警装置，且应在主控制盘上显示。

当泡沫液管线埋地敷设，或地上敷设长度超过15m时，泡沫液应充满管线，并应提供检查系统密封性的手段，且泡沫液管线及其管件的温度应保持在泡沫液指定的储存温度范围内。

泡沫-水喷淋系统应设置系统试验接口，其口径应分别满足系统最大流量与最小流量要求。

泡沫-水喷淋系统的防护区应设置安全排放或容纳设施，且排放或容纳量应按被保护液体最大可能泄漏量、固定系统喷洒量以及管枪喷射量之和确定。

为泡沫-水雨淋系统与泡沫-水预作用系统配套设置的火灾探测与联动控制系统除应符合国家标准《火灾自动报警系统设计规范》的有关规定外，还应符合下列规定：

1）当电控型自动探测及附属装置设置在有爆炸和火灾危险的环境时，应符合《爆炸和火灾危险环境电力装置设计规范》（GB 50058—2014）的规定。

2）设置在腐蚀气体环境中的探测装置，应由耐腐蚀材料制成或采取防腐蚀保护。

3）当选用带闭式喷头的传动管传递火灾信号时，传动管的长度不应大于300m，公称直径宜为 15~25mm，传动管上喷头应选用快速响应喷头，且布置间距不宜大于 2.5m。

**2. 泡沫-水雨淋系统**

1）系统的保护面积应按保护场所内的水平面面积或水平面投影面积确定。

2）当保护烃类液体时，其泡沫混合液供给强度不应小于表 4-10 的规定。

表 4-10　泡沫混合液供给强度

| 泡沫液种类 | 喷头设置高度/ m | 泡沫混合液供给强度/ [L/(min·m²)] |
|---|---|---|
| 蛋白、氟蛋白 | ≤10 | 8 |
| | >10 | 10 |
| 水成膜、成膜氟蛋白 | ≤10 | 6.5 |
| | >10 | 8 |

当保护水溶性甲、乙、丙类液体时，其混合液供给强度和连续供给时间宜由试验确定。

系统应设置雨淋阀、水力警铃，并应在每个雨淋阀出口管路上设置压力开关，但喷头数小于 10 个的单区系统可不设雨淋阀和压力开关。

系统应选用吸气型泡沫-水喷头或泡沫-水雾喷头。

喷头的布置应符合下列规定：

1）喷头的布置应根据系统设计供给强度、保护面积和喷头特性确定。

2）喷头周围不应有影响泡沫喷洒的障碍物。

3）喷头的布置应保证整个保护面积内的泡沫混合液供给强度均匀。

系统设计时应进行管道水力计算，并应符合下列规定：

1）自雨淋阀开启至系统各喷头达到设计喷洒流量的时间不得超过 60s。

2）任意四个相邻喷头组成的四边形保护面积内的平均泡沫混合液供给强度不应小于设计强度。

**3. 闭式泡沫-水喷淋系统**

下列场所不宜选用闭式泡沫-水喷淋系统：

1）流淌面积较大，按规范规定的作用面积不足以保护的甲、乙、丙类液体场所。

2）靠泡沫液或水稀释不能有效灭火的水溶性甲、乙、丙类液体场所。

火灾水平方向蔓延较快的场所不宜选用干式泡沫-水喷淋系统。

下列场所不宜选用系统管道充水的湿式泡沫-水喷淋系统：

1）初始火灾极有可能为液体流淌火灾的甲、乙、丙类液体桶装库、泵房等场所。

2）含有甲、乙、丙类液体敞口容器的场所。

闭式泡沫-水喷淋系统的作用面积应为 465m²；当防护区面积小于 465m² 时，可按防护区实际面积确定；当试验值不同于本条上述规定时，可采用试验值。

系统的供给强度不应小于 6.5L/(min·m²)。

系统输送的泡沫混合液应在 8L/s 至最大设计流量范围内符合规范的规定混合比。

喷头的选用应符合下列规定：

1）应选用闭式洒水喷头。

2）当喷头设置在屋内顶时，其公称动作温度应在 121~149℃。

3）当喷头设置在保护场所的竖向中间位置时，其公称动作温度应在 57~79℃。

4）当保护场所的环境温度较高时，其公称动作温度宜高于环境最高温度 30℃。

喷头的设置应符合下列规定：

1）喷头的布置应保证任意四个相邻喷头组成的四边形保护面积内的平均供给强度不应小于设计强度，也不宜大于设计供给强度的 1.2 倍。

2）喷头周围不应有影响泡沫喷洒的障碍物。

3）喷头设置高度不应大于 9m。

4）每只喷头的保护面积不应大于 12m²。

5）同一支管上两只相邻喷头的水平间距、两条相邻平行支管的水平间距均不应大于 3.6m。

湿式泡沫-水喷淋系统的设置应符合下列规定：

1）当系统管道充注泡沫预混液时，其管道及管件应耐泡沫预混液腐蚀，且不影响泡沫预混液的性能。

2）充注泡沫预混液的系统环境温度宜在 5~40℃ 范围内。

3）当系统管道充水时，在 8L/s 的流量下，自系统启动至喷泡沫的时间不应大于 2min。

4）充水系统适宜的环境温度应符合现行国家标准《自动喷水灭火系统设计规范》（GB 50084—2017）的规定。

预作用与干式系统每个报警阀后的管道容积不得超过 2.8m³，且控制喷头数，预作用系统不应超过 800 只；干式系统不宜超过 500 只。

当系统兼有扑救 A 类火灾时，尚应符合现行国家标准《自动喷水灭火系统设计规范》（GB 50084—2017）的规定；《泡沫灭火系统设计规范》（GB 50151—2010）未作规定的，可执行现行国家标准《自动喷水灭火系统设计规范》（GB 50084—2017）。

**4. 泡沫喷雾系统**

泡沫喷雾系统可采用如下形式：

1）由压缩惰性气体驱动储罐内的泡沫预混液经雾化喷头喷洒泡沫到防护区。

2）由耐腐蚀泵驱动储罐内的泡沫预混液经雾化喷头喷洒泡沫到防护区。

3）由压力水通过囊式压力比例混合器输送泡沫混合液经雾化喷头喷洒泡沫到防护区。

当保护独立变电站的油浸电力变压器时，系统设计应符合下列规定：

1）保护面积应按变压器油箱本体水平投影且四周外延 1m 计算确定。

2）泡沫混合液（或泡沫预混液）供给强度不应小于 8L/（min·m²）。

3）泡沫混合液（或泡沫预混液）连续供给时间不应小于 15min。

4）喷头的设置应使泡沫覆盖变压器油箱顶面，且每个变压器输入与输出导线绝缘子升高座孔口应设置专门的喷头覆盖。

5）覆盖绝缘子升高座孔口喷头的雾化角宜为 60°，其他喷头的雾化角不应大于 90°。

6）所用泡沫灭火剂的灭火性能级别应为 I，抗烧水平不应低于 B。

当保护烃类液体室内场所时，泡沫混合液或预混液供给强度不应低于 6.5L/（min·m²），连续供给时间不应小于 10min。系统喷头的布置应符合下列规定：

1）保护面积内的泡沫混合液供给强度应均匀。

2）泡沫应直接喷射到保护对象上。

3）喷头周围不应有影响泡沫喷洒的障碍物。

喷头应带过滤器，其工作压力不应小于其额定工作压力，且不宜高于其额定工作压力0.1MPa。喷头的发泡倍数不应小于3倍。

系统喷头、管道与电气设备带电（裸露）部分的安全净距应符合国家现行有关标准的规定；泡沫喷雾系统的带电绝缘性能检验应符合国家标准《接触电流和保护导体电流的测量方法》（GB/T 12113—2003）的规定。

泡沫喷雾系统应设自动、手动和机械式应急操作三种启动方式。在自动控制状态下，灭火系统的响应时间不应大于60s。与泡沫喷雾系统联动的火灾自动报警系统的设计应符合国家标准《火灾自动报警系统设计规范》（GB 50116—2013）的有关规定。

系统湿式供液管道应选用不锈钢管，干式供液管道可选用热镀锌钢管。

当动力源采用压缩惰性气体时，系统储液罐、启动装置、惰性气体驱动装置，应安装在温度高于0℃的专用设备间内。系统所需动力源瓶组数量应按式（4-34）计算。

$$N = \frac{p_2 V_2}{(p_1 - p_2) V_1} \times k \tag{4-34}$$

式中　$N$——所需动力源瓶组数量（只），取自然数；

　　　$p_1$——动力源瓶组储存压力（MPa）；

　　　$p_2$——系统泡沫液储罐出口压力（MPa）；

　　　$V_1$——动力源单个瓶组容积（L）；

　　　$V_2$——系统泡沫液储罐容积与动力气体管路容积之和（L）；

　　　$k$——裕量系数（通常取1.5~2.0）。

## 4.5　消防炮灭火系统

消防炮灭火系统由固定消防炮和相应配置的系统组件组成，主要用于保护面积较大、空间高大、火灾危险性较高、价值较昂贵的重点工程等要害部位。它是能及时、有效地扑灭较大规模的区域性火灾的灭火设备。

### 4.5.1　消防炮喷水灭火系统的分类

**1. 按系统的启动方式分类**

（1）远控消防炮灭火系统　简称远控炮系统，可远距离控制消防炮的固定消防炮灭火系统。设置在下列场所的固定消防炮灭火系统宜选用远控炮系统：

1）有爆炸危险性的场所。

2）有大量有毒气体产生的场所。

3）燃烧猛烈，产生强烈辐射热的场所。

4）火灾蔓延面积较大，且损失严重的场所。

5）高度超过8m，且火灾危险性较大的室内场所。

6）发生火灾时，灭火人员难以及时接近或撤离固定消防炮位的场所。

（2）手动消防炮灭火系统　简称手动炮系统，只能在现场手动操作消防炮的固定消防炮灭火系统。远控炮系统也要同时具有手动功能。

### 2. 按应用方式分类

（1）移动消防炮灭火系统 主要有活动支架（支座）、水平回转节、俯仰回转节和喷嘴等组成，用于远距离、大流量喷射灭火以及对油罐和建筑物进行长时间冷却保护等消防作业。它比水枪的流量和射程大，又比固定式消防炮机动灵活，因此可以进入消防车无法靠近的现场，接近火源灭火。

（2）固定消防炮灭火系统 由固定消防炮和相应配置的系统组件组成的固定灭火系统。固定消防炮系统按喷射介质可分为水炮系统、泡沫炮系统和干粉炮系统。它不需要铺设消防带，灭火剂喷射迅速，可以减少操作人员的数量和减轻操作强度。

### 3. 按消防炮的喷射介质分类

（1）水炮系统 喷射水灭火剂的固定消防炮系统，主要由水源、消防泵组、管道、阀门、水炮、动力源和控制装置等组成。水炮系统适用于一般固体可燃物火灾场所，不得用于扑救遇水发生化学反应而引起燃烧、爆炸等物质的火灾。

（2）泡沫炮系统 喷射泡沫灭火剂的固定消防炮系统，主要由水源、泡沫液罐、消防泵组、泡沫比例混合装置、管道、阀门、泡沫炮、动力源和控制装置等组成。泡沫炮系统适用于甲、乙、丙类液体、固体可燃物火灾场所，不得用于扑救遇水发生化学反应而引起燃烧、爆炸等物质的火灾。

（3）干粉炮系统 喷射干粉灭火剂的固定消防炮系统，主要由干粉罐、氮气瓶组、管道、阀门、干粉炮、动力源和控制装置等组成。干粉炮系统适用于液化石油气、天然气等可燃气体火灾场所。

### 4. 按驱动动力装置分类

1）气控消防炮系统。

2）液控消防炮系统。

3）电控消防炮系统。

## 4.5.2 消防炮灭火系统的构成及消防炮

### 1. 系统的构成

消防炮灭火系统的组件包括消防炮、泡沫比例混合装置、泡沫液罐、干粉罐、氮气瓶和消防泵组等，这些专用系统组件是消防炮系统实施区域灭火的主要设备，它们的性能好坏直接关系到灭火的成败，因此必须通过国家消防产品质量监督检验测试机构检测合格，证明其符合国家产品质量标准。根据国内外的消防惯例，主要系统组件的外表面涂成红色。

### 2. 主要设备

（1）消防炮 消防炮是消防炮灭火系统的主要设备，也是该系统与其他传统消防设施的主要区别。消防炮主要由进口连接附件、炮体、喷射部件等组成，其中连接附件提供连接接口，炮体通过水平回转节和俯仰回转节的运动实现喷射方向的调整，喷射部件用以实现不同的喷射射流。

炮体的形式多种多样，它们可以和不同的喷射部件组合，根据需要分别应用于不同类型的火灾场所，图 4-11 所示是几种常用的消防炮形式。

（2）泡沫比例混合装置 泡沫比例混合装置是泡沫消防炮灭火系统中泡沫混合液的供

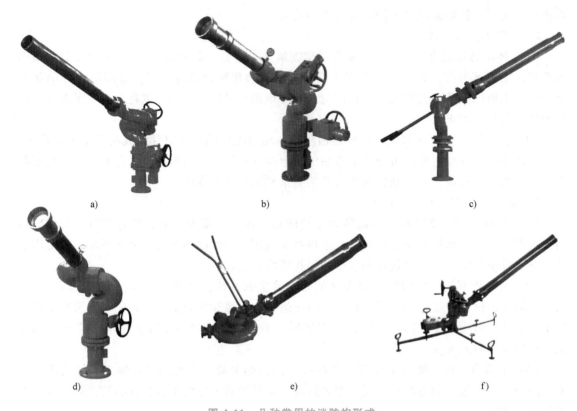

图 4-11 几种常用的消防炮形式

a）电控消防炮 b）液控消防炮 c）手柄式手动消防炮 d）手轮式手动消防炮
e）圆盘移动式消防炮 f）支架移动式消防炮

给源。泡沫比例混合装置由罐体、混合器管路、进水管路、出液管路、排气管路、排液管路、排渣管路、进料孔、人孔、取样孔、液位标、压力表和安全阀等构成，各管路上均设置有相应阀门。混合装置按安装形式可以分为卧式和立式，按内部构造可以分为整体型、分隔型和隔膜型，按操作形式可以分为手动和自动。

整体型泡沫比例混合装置如图 4-12 所示。在工作时，压力水从罐顶进入内腔，与主管道的压力平衡后将下面的泡沫液压出贮罐进入混合器形成混合液。压力水与泡沫液直接接触，一般将罐内理想化为水与泡沫液有一个分隔面，随着混合液的供给，该分隔面逐渐下降。整体型泡沫比例混合装置工作时，水与泡沫液没有隔离，工作后的水与泡沫液混合，泡沫药剂的成分发生变化，因此每次使用后须将罐内的泡沫液和水排空，重新灌装泡沫液。

（3）干粉罐与氮气瓶　干粉炮灭火系统中的干粉罐和氮气瓶的构造和使用与干粉灭火系统相同，区别仅在于其供应的末端灭火设备不是喷嘴或喷枪，而是干粉炮。

干粉罐必须选用压力贮罐，宜采用耐腐蚀材料制作；当采用钢质贮罐时，其内壁应做防腐蚀处理；干粉罐应按现行压力容器国家标准设计和制造，并应保证其在最高使用温度下的安全强度。

干粉驱动装置应采用高压氮气瓶组，氮气瓶的额定充装压力不应小于 15MPa。干粉罐和氮气瓶应采用分开设置的形式。这样做可以避免干粉长时间受压而结块以及干粉罐长期受压

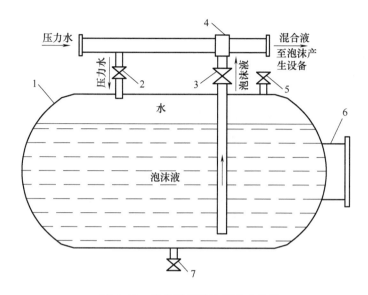

图 4-12 整体型泡沫比例混合装置

1—罐体 2—进水阀 3—出液阀 4—混合器 5—排气阀 6—人孔 7—排液阀

而造成损坏或危害,并且贮压式干粉罐内不必留有较大的空间安置氮气瓶。

(4)消防泵组 消防泵宜选用特性曲线平缓的离心泵,即使在闷泵的情况下,管路系统的压力也不至于变化过大,也不会损坏管道和配件。

自吸消防泵吸水管应设置真空压力表,消防泵出口应设置压力表,其最大指示压力不应小于消防泵额定工作压力的 1.5 倍。消防泵出水管上应设置自动泄压阀和回流管。

为了防止杂质堵塞水泵,消防泵吸水口处宜设置过滤器。吸水管的布置应有向水泵方向上升的坡度,以防止水泵汽蚀影响水泵性能。吸水管上应设置闸阀,阀上应有启闭标志。

(5)消防炮塔 消防炮塔是安装消防炮实施高位喷射灭火剂的主要设备之一,在通常情况下,消防炮塔为双平台,上平台安装泡沫炮,下平台安装水炮;也有三平台或者多平台消防炮塔,上平台安装泡沫炮,中平台安装水炮,下平台安装干粉炮。这主要是根据泡沫、水、干粉等不同灭火剂各自的喷射特性以及泡沫炮的炮筒长度等因素决定的。

消防炮塔的布置应符合下列规定:甲、乙、丙类液体储罐区、液化烃储罐区和石化生产装置的消防炮塔高度应使消防炮对被保护对象实施有效保护;甲、乙、丙类液体、油品、液化石油气、天然气装卸码头的消防炮塔高度应使消防炮的俯仰回转中心高度不低于在设计潮位和船舶空载时的甲板高度;消防炮水平回转中心与码头前沿的距离不应小于 2.5m;消防炮塔的周围应留有供设备维修用的通道。

(6)动力源 消防炮灭火系统的动力源主要包括电动力源、液压动力源和气压动力源三种形式,为了保证系统的运行可靠性和经济合理性,动力源应符合下列要求:

1)动力源应具有良好的耐腐蚀、防雨和密封性能。

2)动力源及其管道应采取有效的防火措施。

3)液压和气压动力源与其控制的消防炮的距离不宜大于 30m。

4)动力源应满足远控炮系统在规定时间内操作控制与联动控制的要求。

### 4.5.3 消防炮喷水灭火系统设计要求

#### 1. 系统设置的一般规定

1）供水管道应与生产、生活用水管道分开，不宜与泡沫混合液的供给管道合用。寒冷地区的湿式供水管道应设置防冻保护措施，干式管道应设置排除管道内积水和空气的设施。管道设计应满足设计流量、压力和启动至喷射的时间等要求。

2）消防水源的容量不应小于规定灭火时间和冷却时间内需要同时使用水炮、泡沫炮、保护水幕喷头等用水量及供水管网内充水量之和。该容量可减去规定灭火时间和冷却时间内可补充的水量。

3）消防水泵提供的供水压力应能满足系统中水炮、泡沫炮喷射压力的要求。

4）灭火剂及加压气体的补给时间均不宜大于48h。

5）水炮系统和泡沫炮系统从启动至炮口喷射水或泡沫的时间不应大于5min，干粉炮系统从启动至炮口喷射干粉的时间不应大于2min。

#### 2. 消防炮布置

室内消防炮的布置数量不应少于两门，其布置高度应保证消防炮的射流不受上部建筑构件的影响，并应能使两门水炮的水射流同时到达被保护区域的任一部位。室内系统应采用湿式给水系统，消防炮位处应设置消防水泵启动按钮。

室外消防炮的布置应能使消防炮的射流完全覆盖被保护场所及被保护物，且应满足灭火强度及冷却强度的要求。消防炮应设置在被保护场所常年主导风向的上风方向，当灭火对象高度较高、面积较大时，或在消防炮的射流受到较高大障碍物的阻挡时，应设置消防炮塔。

消防炮宜布置在甲、乙、丙类液体储罐区防护堤外，当不能满足规范的规定时，可布置在防护堤内，此时应对远控消防炮和消防炮塔采取有效的防爆和隔热保护措施。

液化石油气、天然气装卸码头和甲、乙、丙类液体，油品装卸码头的消防炮的布置数量不应少于两门，泡沫炮的射程应满足覆盖设计船型的油气舱范围，水炮的射程应满足覆盖设计船型的全船范围。

### 4.5.4 水炮系统设计计算

#### 1. 水炮的设计射程

水炮的设计射程应符合消防炮布置的要求。室内布置的水炮的射程应按产品射程的指标值计算，室外布置的水炮的射程应按产品射程指标值的90%计算。当水炮的设计工作压力与产品额定工作压力不同时，应在产品规定的工作压力范围内选用。

$$D_s = D_{so}\sqrt{\frac{p_e}{p_o}} \tag{4-35}$$

式中　$D_s$——水炮的设计射程（m）；

　　　$D_{so}$——水炮在额定工作压力时的射程（m）；

　　　$p_e$——水炮的设计工作压力（MPa）；

　　　$p_o$——水炮的额定工作压力（MPa）。

当计算的水炮设计射程不能满足消防炮布置的要求时，应调整原设定的水炮数量、布置位置或规格型号，直至达到要求。

### 2. 水炮系统的计算总流量

水炮系统的计算总流量应为系统中需要同时开启的水炮设计流量的总和，且不得小于灭火用水计算总流量及冷却用水计算总流量之和。

水炮的设计流量：

$$Q_s = q_{so}\sqrt{\frac{p_e}{p_o}} \tag{4-36}$$

式中　$Q_s$——水炮的设计流量（L/s）；

$q_{so}$——水炮的额定流量（L/s）。

室外配置的水炮其额定流量不宜小于 48L/s。

水炮系统灭火及冷却用水的连续供给时间应符合下列规定：

1）扑救室内火灾的灭火用水连续供给时间不应小于 1.0h。

2）扑救室外火灾的灭火用水连续供给时间不应小于 2.0h。

3）甲、乙、丙类液体储罐，液化烃储罐，石化生产装置和甲、乙、丙类液体，油品码头等冷却用水连续供给时间应符合国家有关标准的规定。

扑救室内一般固体物质火灾的供给强度应符合国家有关标准的规定，其用水量应按两门水炮的水射流同时到达防护区任一部位的要求计算。民用建筑的用水量不应小于 40L/s，工业建筑的用水量不应小于 60L/s；扑救室外火灾的灭火及冷却用水的供给强度应符合国家有关标准的规定；甲、乙、丙类液体储罐、液化烃储罐和甲、乙、丙类液体、油品码头等冷却用水的供给强度应符合国家有关标准的规定；石化生产装置的冷却用水的供给强度不应小于 16L/（min·m²）。

水炮系统灭火面积及冷却面积的计算应符合下列规定：

1）甲、乙、丙类液体储罐，液化烃储罐冷却面积的计算应符合国家有关标准的规定。

2）石化生产装置的冷却面积应符合《石油化工企业设计防火规范》（GB 50160—2008）的规定。

3）甲、乙、丙类液体，油品码头的冷却面积：

$$F = 3BL - f_{max} \tag{4-37}$$

式中　$F$——冷却面积（m²）；

$B$——最大油舱的宽度（m）；

$L$——最大油舱的纵向长度（m）；

$f_{max}$——最大油舱的面积（m²）。

## 4.5.5　泡沫炮系统设计计算

### 1. 泡沫炮的设计射程

泡沫炮的设计射程应符合消防炮布置的要求。按产品射程的指标值计算室内布置的泡沫炮的射程，按产品射程指标值的 90% 计算室外布置的泡沫炮的射程。

$$D_p = D_{po}\sqrt{\frac{p_e}{p_o}} \tag{4-38}$$

式中　$D_p$——泡沫炮的设计射程（m）；

$D_{po}$——泡沫炮在额定工作压力时的射程（m）；

$p_e$——泡沫炮的设计工作压力（MPa）；

$p_o$——泡沫炮的额定工作压力（MPa），在产品规定的工作压力范围内选用。

2. 泡沫混合液设计总流量

泡沫混合液设计总流量为系统中需要同时开启的泡沫炮设计流量的总和，且不应小于灭火面积与供给强度的乘积。混合比的范围应符合《泡沫灭火系统设计规范》（GB 50151—2010）的规定，计算中应取规定范围的平均值。泡沫液设计总量应为其计算总量的1.2倍。

泡沫炮的设计流量：

$$Q_s = q_{so}\sqrt{\frac{p_e}{p_o}}$$ （4-39）

式中 $Q_s$——泡沫炮的设计流量（L/s）；

$q_{so}$——泡沫炮的额定流量（L/s）。

室外配置的泡沫炮其额定流量不宜小于48L/s。供给泡沫炮的水质应符合设计所用泡沫液的要求。

甲、乙、丙类液体储罐区的灭火面积应按实际保护储罐中最大一个储罐横截面积计算。

泡沫混合液的供给量应按两门泡沫炮计算；甲、乙、丙类液体、油品装卸码头的灭火面积应按油轮设计船型中最大油舱的面积计算；飞机库的灭火面积应符合《飞机库设计防火规范》（GB 50284—2008）的规定；其他场所的灭火面积应按照国家有关标准或根据实际情况确定。

### 4.5.6 干粉炮系统设计计算

干粉炮的设计射程应符合消防炮布置的要求。按产品射程的指标值计算室内布置的干粉炮的射程，按产品射程指标值的90%计算室外布置的干粉炮的射程。

干粉炮系统的单位面积干粉灭火剂供给量可按表4-11选取。

表 4-11　干粉炮系统的单位面积干粉灭火剂供给量

| 干粉种类 | 单位面积干粉灭火剂供给量/(kg/m²) | 干粉种类 | 单位面积干粉灭火剂供给量/(kg/m²) |
|---|---|---|---|
| 碳酸氢钠干粉 | 8.8 | 氨基干粉 | 3.6 |
| 碳酸氢钾干粉 | 5.2 | 磷酸铵盐干粉 | 3.6 |

可燃气体装卸站台等场所的灭火面积可按保护场所中最大一个装置主体结构表面积的50%计算。干粉炮系统的干粉连续供给时间不应小于60s。

干粉设计用量应符合下列规定：

1）干粉计算总量应满足规定时间内需要同时开启干粉炮所需干粉总量的要求，并不应小于单位面积干粉灭火剂供给量与灭火面积的乘积；干粉设计总量应为计算总量的1.2倍。

2）在停靠大型液化石油气、天然气船的液化气码头装卸臂附近宜设置喷射量不小于2000kg干粉的干粉炮系统。

干粉炮系统应采用标准工业级氮气作为驱动气体，其含水量不应大于0.005%（体积分数），其干粉罐的驱动气体工作压力可根据射程要求分别选用1.4MPa、1.6MPa、1.8MPa。

干粉供给管道的总长度不宜大于 20m。炮塔上安装的干粉炮与低位安装的干粉罐的高度差不应大于 10m。

干粉炮系统的气粉比：当干粉输送管道总长度大于 10m、小于 20m 时，每千克干粉需配给 50L 氮气；当干粉输送管道总长度不大于 10m 时，每千克干粉需配给 40L 氮气。

### 4.5.7　系统水力计算

#### 1. 供水设计总流量

系统的供水设计总流量：

$$Q = Q_p \sum N_P + Q_s \sum N_s + Q_m \sum N_m \tag{4-40}$$

式中　$Q$——系统供水设计总流量（L/s）；

$N_P$——系统中需要同时开启的泡沫炮的数量（门）；

$N_s$——系统中需要同时开启的水炮的数量（门）；

$N_m$——系统中需要同时开启的保护水幕喷头的数量（只）；

$Q_p$——泡沫炮的设计流量（L/s）；

$Q_s$——水炮的设计流量（L/s）；

$Q_m$——保护水幕喷头的设计流量（L/s）。

#### 2. 供水或供泡沫混合液管道总压力损失

供水或供泡沫混合液管道总压力损失：

$$\sum p = 0.00107 \frac{v^2}{d^{1.3}} L + \sum \zeta \frac{v^2}{2g} \tag{4-41}$$

式中　$\sum p$——水泵出口至最不利点消防炮进口供水或供泡沫混合液管道压力总损失（MPa）；

$L$——计算管道长度（m）；

$v$——设计流速（m/s）；

$d$——管道内径（m）；

$\zeta$——局部阻力系数；

$g$——重力加速度（m/s$^2$）。

#### 3. 消防水泵供水压力

消防水泵供水压力：

$$p_g = 0.01 \times Z + \sum p + p_e \tag{4-42}$$

式中　$p_g$——消防水泵供水压力（MPa）；

$Z$——最低引水位至最高位消防炮进口的垂直高度（m）；

$\sum p$——水泵出口至最不利点消防炮进口供水或供泡沫混合液管道压力总损失（MPa）；

$p_e$——泡沫（水）炮的设计工作压力（MPa）。

## 4.6　气体灭火系统

目前常用的气体灭火系统主要有七氟丙烷灭火系统、IG541 混合气体灭火系统、热气溶胶预制灭火系统和三氟甲烷灭火系统。

气体灭火系统适用于扑救电气火灾、固体表面火灾、液体火灾、灭火前能切断气源的气体火灾。气体灭火系统不适用于扑救硝化纤维、硝酸钠等氧化剂或含氧化剂的化学制品火灾；钾、镁、钠、钛、镐、铀等活泼金属火灾；氢化钾、氢化钠等金属氢化物火灾；过氧化氢、联胺等能自行分解的化学物质火灾；可燃固体物质的深位火灾。

气体灭火系统防护区划分应符合下列规定：

1）防护区宜以单个封闭空间划分；同一区间的吊顶层和地板下需同时保护时，可合为一个防护区。

2）采用管网灭火系统时，一个防护区的面积不宜大于 800m$^2$，且容积不宜大于 3600m$^3$。

3）采用预制灭火系统时，一个防护区的面积不宜大于 500m$^2$，且容积不宜大于 1600m$^3$。

防护区围护结构承受内压的允许压力，不宜低于 1200Pa。防护区的最低环境温度不应低于 -10℃。

两个或两个以上的防护区采用组合分配系统时，一个组合分配系统所保护的防护区不应超过 8 个。

采用气体灭火系统保护的防护区，其灭火设计用量或惰化设计用量，应根据防护区内可燃物相应的灭火设计浓度或惰化设计浓度经计算确定。有爆炸危险的气体、液体类火灾的防护区，应采用惰化设计浓度；无爆炸危险的气体、液体类火灾和固体类火灾的防护区，应采用灭火设计浓度。几种可燃物共存或混合时，灭火设计浓度或惰化设计浓度，应按其中最大的灭火设计浓度或惰化设计浓度确定。

组合分配系统的灭火剂储存量，应按储存量最大的防护区确定。

灭火系统的灭火剂储存量，应为防护区的灭火设计用量、储存容器内的灭火剂剩余量和管网内的灭火剂剩余量之和。灭火系统的储存装置 72h 内不能重新充装恢复工作的，应按系统原储存量的 100% 设置备用量。

灭火系统的设计温度，应采用 20℃。

喷头宜贴近防护区顶面安装，距顶面的最大距离不宜大于 0.5m。喷头的最大保护高度不宜大于 6.5m，最小保护高度不应小于 0.3m。喷头安装高度小于 1.5m 时，保护半径不宜大于 4.5m；喷头安装高度不小于 1.5m 时，保护半径不应大于 7.5m。

### 4.6.1　七氟丙烷灭火系统

七氟丙烷是以化学灭火方式为主的气体灭火剂，通过抑制燃烧反应进行灭火。七氟丙烷对大气臭氧层无破坏作用，不导电，灭火后无残留物，是目前卤代烷灭火剂较为理想的替代物。

七氟丙烷灭火系统适宜扑救固体物质的表面、液体火灾或可熔化固体、可燃气体及电气火灾。

七氟丙烷灭火系统应用于数据处理中心、电信通信设施、过程控制中心、昂贵的医疗设施、贵重的工业设备、图书馆、博物馆及艺术馆、机器人、洁净室、消声室、应急电力设施、易燃液体储存区等场所。

**1. 七氟丙烷灭火系统分类组成与控制方式**

七氟丙烷灭火系统主要由自动报警控制器、储存装置、阀驱动装置、选择阀、单向阀、压力信号器、框架、喷头、管网等部件组成。

七氟丙烷灭火系统类型较多，习惯上按灭火方式、系统结构特点、储存压力等级、管网布置形式进行分类。按防护区的特征和灭火方式可分为全淹没灭火系统和局部应用系统。按系统结构特点可分为管网系统和无管网系统。管网系统又可分为单元独立灭火系统（见图4-13）和组合分配灭火系统（见图4-14）。按灭火剂在储存容器中的储压分类，可分为高压（储存）系统和低压（储存）系统。七氟丙烷灭火系统按管网布置形式可分为均衡系统管网和非均衡系统管网。

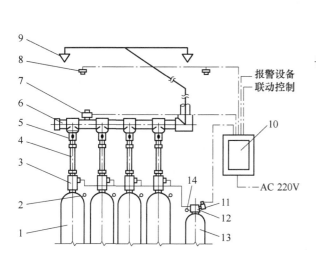

图 4-13  单元独立灭火系统结构示意图
1—七氟丙烷储瓶  2—压力表  3—瓶头阀  4—高压软管
5—单向阀  6—集流管  7—压力信号器  8—探测器
9—喷头  10—控制盘  11—电磁启动器
12—启动瓶头阀  13—N₂启动瓶  14—压力表

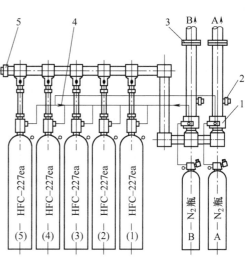

图 4-14  组合分配灭火系统结构示意图
1—选择阀  2—压力信号器  3—法兰
4—单向阀  5—安全阀

七氟丙烷灭火系统控制方式包括自动控制、电气手动控制与机械应急手动控制三种方式。

**2. 七氟丙烷灭火系统设计要求**

（1）灭火设计浓度  七氟丙烷灭火系统的灭火设计浓度不应小于灭火浓度的1.3倍，惰化设计浓度不应小于惰化浓度的1.1倍。

固体表面火灾的灭火浓度为5.8%，其他灭火浓度可按《气体灭火系统设计规范》（GB 50370—2005）的规定取值，惰化浓度也可按该规范的规定取值。

图书、档案、票据和文物资料库等防护区，灭火设计浓度宜采用10%。

油浸变压器室、带油开关的配电室和自备发电机房等防护区，灭火设计浓度宜采用9%。

通信机房和计算机房等防护区，灭火设计浓度宜采用8%。

防护区实际应用的浓度不应大于灭火设计浓度的1.1倍。

（2）灭火时间  在通信机房和计算机房等防护区，设计喷放时间不应大于8s；在其他防护区设计喷放时间不应大于10s。

灭火浸渍时间应根据火灾对象确定：木材、纸张、织物等固体表面火灾，宜采用20min；通信机房、计算机房内的电气设备火灾，宜采用5min；其他固体表面火灾，宜采用10min；气体和液体火灾，不应小于1min。

（3）储存装置及布置　七氟丙烷储存装置由储存容器、容器阀、单向阀和集流管等组成。无管网装置由储存器、容器阀等组成。七氟丙烷储存容器的增压压力宜分为三级：一级（2.5+0.1）MPa（表压）；二级（4.2+0.1）MPa（表压）；三级（5.6+0.1）MPa（表压）。

储存装置宜设在靠近防护区的专用储瓶间内。该房间的耐火等级不应低于二级，室温应为-10~50℃，应有直接通向室外或疏散走道的出口。

储存装置的布置，应便于操作、维修及防止阳光照射。操作面距墙面或两操作面之间的距离不宜小于1m。

七氟丙烷单位容积的充装量应符合相应的规定：一级增压储存容器，不应大于1120kg/$m^3$；二级增压焊接结构储存容器，不应大于950kg/$m^3$；二级增压无缝结构储存容器，不应大于1120kg/$m^3$；三级增压储存容器，不应大于1080kg/$m^3$。

（4）管网布置　管网布置宜设计为均衡系统，并应保证喷头设计流量相等，管网的第1分流点至各喷头的管道阻力损失，其相互间的最大差值不应大于20%。

管网的管道内容积，不应大于流经该管网的七氟丙烷储存量体积的80%。

（5）七氟丙烷灭火系统应采用氮气增压输送　氮气的含水量不应大于0.006%（质量分数）。

### 3. 七氟丙烷灭火系统设计计算

（1）灭火设计用量或惰化设计用量和系统灭火剂储存量　防护区灭火设计用量或惰化设计用量，应按式（4-43）计算：

$$W = K \frac{V}{S} \cdot \frac{C_1}{(100-C_1)} \tag{4-43}$$

式中　$W$——灭火设计用量或惰化设计用量（kg）；

$\quad\quad$ $C_1$——灭火设计浓度或惰化设计浓度（%）；

$\quad\quad$ $S$——灭火剂过热蒸气在101kPa大气压和防护区最低环境温度下的质量体积（$m^3$/kg）；

$\quad\quad$ $V$——防护区净容积（$m^3$）；

$\quad\quad$ $K$——海拔修正系数，可按《气体灭火系统设计规范》（GB 50370—2005）附录B的规定取值。

灭火剂过热蒸气在101kPa大气压和防护区最低环境温度下的质量体积，应按式（4-44）计算：

$$S = 0.1269 + 0.000513T \tag{4-44}$$

式中　$T$——防护区最低环境温度（℃）。

系统灭火剂储存量：

$$W_0 = W + \Delta W_1 + \Delta W_2 \tag{4-45}$$

式中　$\Delta W_1$——储存容器的灭火剂剩余量（kg）；

$\quad\quad$ $\Delta W_2$——管道内的灭火剂剩余量（kg）。

储存容器内的灭火剂剩余量，可按储存容器内引升管管口以下的容器容积换算。

均衡管网和只含一个封闭空间的非均衡管网，其管网内的灭火剂剩余量均可不计。

防护区中含两个或两个以上封闭空间的非均衡管网，其管网内的灭火剂剩余量，可按各支管与最短支管之间长度差值的容积计算。

（2）防护区的泄压口面积　防护区的泄压口面积，宜按式（4-46）计算：

$$F_x = 0.15 \frac{Q_x}{\sqrt{p_f}} \tag{4-46}$$

式中　$F_x$——泄压口面积（$m^2$）；

$Q_x$——灭火剂在防护区的平均喷放速率（kg/s）；

$p_f$——围护结构承受内压的允许压力（Pa）。

（3）管网计算　管网计算时，各管道中灭火剂的流量，宜采用平均设计流量。

主干管平均设计流量：

$$Q_w = \frac{W}{t} \tag{4-47}$$

式中　$Q_w$——主干管平均设计流量（kg/s）；

$t$——灭火剂设计喷放时间（s）。

支管平均设计流量：

$$Q_g = \sum_1^{N_g} Q_c \tag{4-48}$$

式中　$Q_g$——支管平均设计流量（kg/s）；

$N_g$——安装在计算支管下游的喷头数量（个）；

$Q_c$——单个喷头的设计流量（kg/s）。

管网阻力损失宜采用过程中点时储存容器内压力和平均设计流量进行计算。

管网的阻力损失应根据管道种类确定。当采用镀锌钢管时，其阻力损失可按式（4-49）计算：

$$\frac{\Delta p}{L} = \frac{5.75 \times 10^5 Q^2}{\left(1.74 + 2 \times \lg \dfrac{D}{0.12}\right)^2 D^5} \tag{4-49}$$

式中　$\Delta p$——计算管段阻力损失（MPa）；

$L$——管道计算长度（m），为计算管段中沿程长度与局部损失当量长度之和；

$Q$——管道设计流量（kg/s）；

$D$——管道内径（mm）。

喷头工作压力：

$$p_c = p_m - \sum_1^{N_d} \Delta p \pm p_h \tag{4-50}$$

式中　$p_c$——喷头工作压力（MPa，绝对压力）；

$\sum_1^{N_d} \Delta p$——系统流程阻力总损失（MPa）；

$N_d$——流程中计算管段的数量；

$p_h$——高程压力（MPa）；

$p_m$——过程中点时储存容器内压力（MPa，绝对压力）。

高程压力：

$$p_h = 10^{-6} \gamma Hg \tag{4-51}$$

式中 $H$——过程中点时，喷头高度相对储存容器内液面的位差（m）；

$g$——重力加速度（m/s$^2$）。

喷头等效孔口面积应按式（4-52）计算：

$$F_c = \frac{Q_c}{q_c} \tag{4-52}$$

式中 $F_c$——喷头等效孔口面积（cm$^2$）；

$q_c$——等效孔口单位面积喷射率 [kg/(s·cm$^2$)]，见相关规范。

## 4.6.2 IG541 混合气体灭火系统

IG541 混合气体由 52% 的氮气、40% 的氩气和 8% 的二氧化碳组成，是一种无毒、无色、无味、惰性及不导电的纯"绿色"压缩气体，它既不支持燃烧又不与大部分物质产生反应，且来源丰富无腐蚀性。

IG541 混合气体灭火系统是物理方式灭火，释放后靠把氧气含量降低到不能支持燃烧的含量来扑灭火灾。当 IG541 气体按规定的设计灭火浓度喷放于防护区内时，在 1min 内将防护区内的氧气含量迅速降至 12.5%（体积分数），将防护区中的二氧化碳含量从自然状态下的低于 1% 提高到 4%，从而使燃烧无法继续进行。

IG541 混合气体灭火系统特别适用于必须使用不导电的灭火剂实施消防保护的场所；使用其他灭火剂易产生腐蚀或损坏设备、污染环境、造成清洁困难等问题的消防保护场所；防护区内经常有人工作而要求灭火剂对人体无任何毒害的消防保护场所。

### 1. IG541 混合气体灭火系统的分类组成与控制

按应用方式和防护区的特点分类，IG541 混合气体灭火系统的类型为全淹没式的灭火方式，灭火系统可以设计成单元独立系统和组合分配系统。

单元独立系统是指由一套灭火装置对某个防护区实施消防保护的灭火系统。组合分配系统是指由一套灭火装置对多个防护区实施消防保护的灭火系统。用于重点防护对象的 IG541 气体灭火系统或超过 8 个防护区的组合分配系统，应设置备用量，备用量不应小于设计用量。

系统主要组件包括灭火剂储瓶、瓶头阀、选择阀、单向阀、安全阀、减压装置、启动钢瓶、电磁阀、启动管路单向阀、压力开关等。图 4-15 所示是单元独立系统结构示意图，图 4-16 所示是组合分配灭火系统结构示意图。

IG541 气体灭火系统的控制，要求同时具有自动控制、手动控制和应急操作三种控制方式。

### 2. IG541 混合气体灭火系统设计要求

（1）灭火设计浓度 IG541 混合气体灭火系统的灭火设计浓度不应小于灭火浓度的 1.3 倍，惰化设计浓度不应小于灭火浓度的 1.1 倍。

固体表面火灾的灭火浓度为 28.1%，其他灭火浓度可按《气体灭火系统设计规范》的

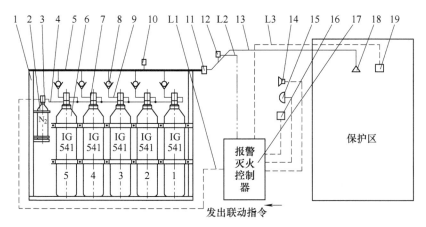

图 4-15 单元独立灭火系统结构示意图

1—灭火剂储瓶框架及安装部件　2—启动气瓶　3—电磁阀　4—启动管路　5—集流管

6—灭火剂储瓶　7—瓶头阀　8—单向阀　9—高压金属软管　10—安全阀　11—减压装置

12—压力开关　13—灭火剂输送管路　14—声光报警器　15—放气显示灯

16—手动控制盒　17—报警灭火控制器　18—喷嘴　19—火灾探测器

L1—控制线路　L2—释放反馈信号线路　L3—探测报警线路

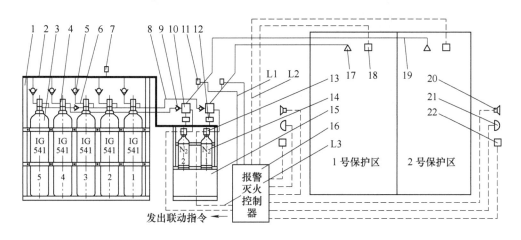

图 4-16 组合分配灭火系统结构示意图

1—灭火剂储瓶框架及安装部件　2—集流管　3—灭火剂储瓶　4—瓶头阀　5—单向阀

6—高压金属软管　7—安全阀　8—启动管路　9—启动管路单向阀　10—选择阀　11—压力开关

12—减压装置　13—电磁阀　14—启动气瓶　15—启动瓶框架　16—报警灭火控制器　17—喷嘴

18—火灾探测器　19—灭火剂输送管路　20—声光报警器　21—放气显示灯　22—手动控制盒

L1—释放反馈信号线路　L2—探测报警线路　L3—控制线路

规定取值，惰化浓度也可按该规范的规定取值。

（2）灭火时间　当 IG541 混合气体灭火剂喷放至设计用量的 95% 时，其喷放时间不应大于 60s，且不应小于 48s。

灭火浸渍时间应根据火灾对象确定：木材、纸张、织物等固体表面火灾，宜采用 20min；通信机房、计算机房内的电气设备火灾，宜采用 10min；其他固体表面火灾，宜采用 10min。

（3）储存容器充装量　一级充压（15.0MPa）系统，充装量应为211.15kg/m³；二级充压（20.0MPa）系统，充装量应为281.06kg/m³。

（4）喷头与管网布置　喷头应以其喷射流量和保护半径进行合理配置，在防护区均匀分布，管网布置成均衡系统。

某供电局调度中心大楼采用IG541自动灭火系统，该系统采用组合分配系统。图4-17所示为其管网平面布置。

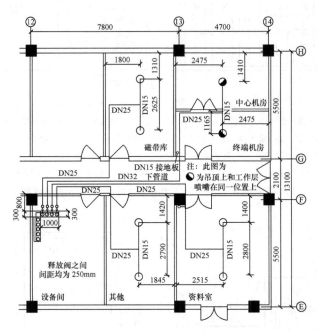

图4-17　IG541自动灭火系统管网平面布置

### 3. IG541混合气体灭火系统设计计算

（1）防护区的泄压口面积　防护区的泄压口面积，宜按式（4-53）计算：

$$F_x = 1.1\frac{Q_x}{\sqrt{p_f}} \tag{4-53}$$

式中　$F_x$——泄压口面积（m²）；

　　　$Q_x$——灭火剂在防护区的平均喷放速率（kg/s）；

　　　$p_f$——围护结构承受内压的允许压力（Pa）。

（2）灭火设计用量或惰化设计用量和系统灭火剂储存量　防护区灭火设计用量或惰化设计用量，按式（4-54）计算：

$$W = K\frac{V}{S}\ln\left(\frac{100}{100-C_1}\right) \tag{4-54}$$

式中　$W$——灭火设计用量或惰化设计用量（kg）；

　　　$C_1$——灭火设计浓度或惰化设计浓度（%）（体积分数）；

　　　$V$——防护区净容积（m³）；

　　　$S$——灭火剂气体在101kPa大气压和防护区最低环境温度下的质量体积（m³/kg）；

$K$——海拔修正系数，可按《气体灭火系统设计规范》附录 B 的规定取值。

灭火剂气体在 101kPa 大气压和防护区最低环境温度下的质量体积：

$$S = 0.6575 + 0.0024T \tag{4-55}$$

式中　$T$——防护区最低环境温度（℃）。

系统灭火剂储存量，应为防护区灭火设计用量及系统灭火剂剩余量之和：

$$W_S \geq 2.7V_0 + 2.0V_p \tag{4-56}$$

式中　$W_S$——系统灭火剂剩余量（kg）；

　　　$V_0$——系统全部储存容器的总容积（$m^3$）；

　　　$V_p$——管网的管道内容积（$m^3$）。

（3）管网计算　管道流量宜采用平均设计流量。主干管、支管的平均设计流量：

$$Q_w = \frac{0.95W}{t} \tag{4-57}$$

$$Q_g = \sum_1^{N_g} Q_c \tag{4-58}$$

式中　$Q_w$——主干管平均设计流量（kg/s）；

　　　$t$——灭火剂设计喷放时间（s）；

　　　$Q_g$——支管平均设计流量（kg/s）；

　　　$N_g$——安装在计算支管下游的喷头数量（个）；

　　　$Q_c$——单个喷头的设计流量（kg/s）。

管道内径：

$$D = (24 \sim 36)\sqrt{Q} \tag{4-59}$$

式中　$D$——管道内径（mm）；

　　　$Q$——管道设计流量（kg/s）。

减压孔板前的压力：

$$p_1 = p_0 \left( \frac{0.525V_0}{V_0 + V_1 + 0.4V_2} \right)^{1.45} \tag{4-60}$$

式中　$p_1$——减压孔板前的压力（MPa，绝对压力）；

　　　$p_0$——灭火剂储存容器充压压力（MPa，绝对压力）；

　　　$V_0$——系统全部储存容器的总容积（$m^3$）；

　　　$V_1$——减压孔板前管网管道容积（$m^3$）；

　　　$V_2$——减压孔板后管网管道容积（$m^3$）。

减压孔板后的压力：

$$p_2 = \delta p_1 \tag{4-61}$$

式中　$p_2$——减压孔板后的压力（MPa，绝对压力）；

　　　$\delta$——减压比（临界落压比：$\delta = 0.52$）。一级充压（15.0MPa）的系统，可在 $\delta = 0.52 \sim 0.60$ 选用；二级充压（20.0MPa）的系统，可在 $\delta = 0.52 \sim 0.55$ 选用。

减压孔板孔口面积计算：

$$F_k = \frac{Q_k}{0.95\mu_k p_1 \sqrt{\delta^{1.38} - \delta^{1.69}}} \tag{4-62}$$

式中 $F_k$——减压孔板孔口面积（$cm^2$）；

$Q_k$——减压孔板设计流量（kg/s）；

$\mu_k$——减压孔板流量系数。

### 4.6.3 热气溶胶预制灭火系统

#### 1. 热气溶胶灭火剂的特性

热气溶胶灭火剂是由氧化剂、还原剂（可燃剂）、黏合剂、燃速调节剂等物质构成的固体混合药剂，在启动电流或热引发下，经过药剂自身的氧化还原燃烧反应后而生成了既有固体又有气体的灭火胶体。溶胶中大部分为 $N_2$、$CO_2$ 和水蒸气等灭火气体，固体颗粒是钾和锶的氧化物。目前市场上主要有 K 型热气溶胶和 S 型热气溶胶。K 型热气溶胶灭火剂以钾盐（硝酸钾）为主氧化剂，其喷放物灭火效率高，但因为其中含有大量钾离子，易吸湿，形成一种黏稠状的导电物质，而这种物质对电子设备有很大的损坏性，故 K 型热气溶胶有一定的局限性。

S 型热气溶胶灭火剂采用 $Sr(NO_3)_2$ 作主氧化剂，同时以 $KNO_3$ 作为辅氧化剂，其中 $Sr(NO_3)_2$ 的质量分数为 35%~50%，$KNO_3$ 为 10%~20%。S 型气溶胶灭火产品对电器类火灾等场所的保护具有无损害、不导电、不腐蚀、不二次污染等优势，是理想的哈龙替代产品，其成本低、常压储存、设计安装维护简单方便、绿色环保等优点是其他气体灭火产品所不具备的。

#### 2. 热气溶胶灭火原理

热气溶胶是通过若干种机理来达到灭火效果的，其中包括：

（1）吸热分解的降温灭火作用 金属氧化物 $K_2O$ 在温度大于 350℃时就会分解，$K_2CO_3$ 的熔点为 891℃，超过此温度即分解，这些都存在着强烈的吸热反应。另外 $K_2O$ 和燃烧物质 C 在高温下也会进行反应并吸收热量。

任何火灾初期，短时内放出的热量往往有限，若在短时内气溶胶中固体颗粒能吸收火源放出的部分热量，则火焰温度就会降低，同时辐射到燃烧表面和用于将已经气化的可燃烧分子裂解成游离基的热量将会减少，燃烧反应也就会得到一定程度的抑制。

（2）气相化学抑制作用 在热的作用下，气溶胶中的固体微粒离解出的 K 可能以蒸气或阳离子的形式存在。在瞬间它可能与燃烧中的活性基团 H·、OH·和 O·发生多次链反应。消耗活性基团和抑制活性基团 H·、OH·和 O·之间的放热反应，对燃烧反应起到抑制作用。

（3）固体颗粒表面对链式反应的抑制作用（固相化学抑制作用） 气溶胶中的固体微粒具有很大的表面积和表面能，在火场中被加热和发生裂解需要一定时间，并不可能完全被裂解或气化。固体颗粒进入火场后，受可燃物裂解产物的冲击，由于这些固体颗粒相对于活性基团 H·、OH·和 O·的尺寸仍要大得多，故活性基团与固体微粒表面相碰撞时，被瞬间吸附并发生化学作用。反应反复进行，从而起到消耗燃料活性基团的效果。

#### 3. 热气溶胶灭火系统的应用

热气溶胶灭火系统可用于扑救下列初期火灾：

1）变配电间、发电机房、电缆夹层、电缆井、电缆沟、通信机房、电子计算机房等场所的火灾。

2）生产、使用或储存动物油、植物油、重油、润滑油、变压器油、闪点>60℃的柴油等各种丙类可燃液体的火灾。

3）不发生阴燃的可燃固体物质的表面火灾。

热气溶胶灭火系统不适宜扑救下列火灾：

1）无空气条件下仍能迅速氧化的化学物质，如硝酸纤维火药等。

2）钾、钠、镁、钛、铀等活泼金属。

3）氢化钾、氢化钠等金属氢化物。

4）能自行分解的化学物质，如一些过氧化物、联氨等。

5）强氧化剂，如氧化氮、氟等。

6）会自燃的物质，如磷等。

7）可燃固体物质的深位火灾。

热气溶胶灭火系统不适用于下列场所的火灾扑救：

1）爆炸危险区域。

2）商场、交通系统的售票处、候车（机）厅、饮食服务、文体娱乐等公共活动场所。

3）人员密集的场所。

热气溶胶灭火装置不宜安装在下列部位：

1）临近明火、火源处。

2）临近进风、排风口、门、窗及其他开口处。

3）容易被雨淋、水浇、水淹处。

4）疏散通道。

5）经常受振动、冲击、腐蚀影响处。

**4. 系统的分类**

热气溶胶灭火系统按应用形式可分为全淹没灭火系统和局部应用灭火系统。全淹没灭火系统应用于扑救封闭空间内的火灾；局部应用灭火系统应用于扑救不需封闭空间条件的具体被保护对象的非深位火灾。

**5. 系统的构成**

热气溶胶灭火系统由热气溶胶灭火装置、驱动控制装置及火灾探测器三部分构成。图 4-18 所示为独立防护区的热气溶胶灭火系统图。

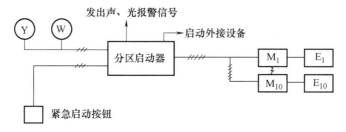

图 4-18　独立防护区的热气溶胶灭火系统

M—启动模块　E—热气溶胶灭火装置

（1）热气溶胶灭火装置　在热气溶胶灭火系统中储存热气溶胶灭火剂，产生和喷射热气溶胶的装置，简称热气溶胶灭火装置。它可按热气溶胶灭火剂用量预装成不同的规格系列。根据防护区特点和不同容积设计的热气溶胶灭火剂用量，可以通过单具或多具热气溶胶灭火装置组合来满足工程灭火设计要求。

（2）驱动控制装置

1）分区启动控制器，简称启动器。适于设置在独立防护区内，负载小于24Ω的热气溶胶灭火装置及其系统。启动器接收火灾探测器发出的火灾信号，做出判断，并通过输出端启动热气溶胶灭火装置。

当防护区内需用多具热气溶胶灭火装置时，可在启动器后加入启动模块，一个启动模块可串联连接负载电阻小于24Ω的热气溶胶灭火装置，一个启动器最多可并联连接15个启动模块。

2）启动模块。接收来自启动器或通过接口的动作指令，启动热气溶胶灭火装置投入灭火动作的执行装置。

3）分区通用接口，简称通用接口。是专为热气溶胶灭火系统与灭火自动报警控制系统联网而设计的。通用接口可与国内外火灾报警控制器联动，当被监视部位发生火情时，火灾报警控制器收到火灾探测器发出的信号而发出声、光报警，并通过现场控制模块给通用接口发出火灾信号，通用接口接到信号后，发出声、光报警，并延时30s通过启动模块自动启动热气溶胶灭火装置灭火，也可在现场做紧急启动或紧急中断。同时兼具有对热气溶胶灭火装置启动部件自动巡检功能。一个通用接口可并联连接10个启动模块。

4）紧急启动按钮和紧急停止按钮，均应选用经国家质量监督机构认定的合格产品。

（3）火灾探测器　采用的各类火灾探测器务必是经国家质量监督机构认定的合格产品，并应在安装验收过程做到抽测部分探测器试验火灾报警、故障报警及光警优先等功能。有关的声、光报警装置应能给出符合设计要求的正常信号。

**6. 热气溶胶预制灭火系统设计与计算**

（1）灭火设计浓度　热气溶胶预制灭火系统的灭火设计密度不应小于灭火密度的1.3倍。S型和K型热气溶胶固体表面的灭火密度为$100g/m^3$。

通信机房和电子计算机房等场所的电气设备火灾，S型热气溶胶的灭火设计密度不应小于$130g/m^3$。

电缆隧道（夹层，井）及自备发电机房火灾，S型和K型热气溶胶的灭火设计密度不应小于$140g/m^3$。

（2）灭火时间　在通信机房，电子计算机房等防护区，灭火剂喷放时间不应大于90s，喷口温度不应大于150℃；在其他防护区，喷放时间不应大于120s，喷口温度不应大于180℃。

灭火浸渍时间应根据火灾对象确定：木材、纸张、织物等固体表面火灾，应采用20min；通信机房、电子计算机房等防护区火灾及其他固体表面火灾，应采用10min。

（3）防护区的确定　单台热气溶胶预制灭火系统装置的保护容积不应大于$160m^3$；设置多台装置时，其相互间的距离不得大于10m。

采用热气溶胶预制灭火系统的防护区，其高度不宜大于6.0m。

热气溶胶预制灭火系统装置的喷口宜高于防护区地面2.0m。

（4）热气溶胶预制灭火系统灭火设计用量　灭火设计用量：

$$W = C_2 K_V V \qquad (4-63)$$

式中　$W$——灭火设计用量（kg）；

$C_2$——灭火设计密度（kg/m³）；

$V$——防护区净容积（m³）；

$K_V$——容积修正系数。$V < 500\text{m}^3$，$K_V = 1.0$；$500\text{m}^3 \leqslant V < 1000\text{m}^3$，$K_V = 1.1$；$V \geqslant 1000\text{m}^3$，$K_V = 1.2$。

（5）防护区泄压口的面积　完全密闭的防护区应设置泄压口，泄压口应设在外墙，泄压口尽可能做成矩形，并横向设置在防护区外墙最高处。对已设有防爆泄压设施或门、窗缝隙未加密封条的防护区，可不设泄压口。

泄压口的面积按式（4-64）计算：

$$S = \dfrac{0.014 Q_{\mathrm{m}}}{\sqrt{V \mu_{\mathrm{m}} p_{\mathrm{b}}}} \qquad (4-64)$$

式中　$S$——泄压口面积（m²）；

$Q_{\mathrm{m}}$——热气溶胶的平均设计质量流量（kg/s）；

$p_{\mathrm{b}}$——围护构件的允许压力（kPa）；

$V$——防护区净容积（m³）；

$\mu_{\mathrm{m}}$——通过泄压口流出的混合气体比体积（m³/kg）。

$$Q_{\mathrm{m}} = \dfrac{W}{t} \qquad (4-65)$$

式中　$W$——热气溶胶的设计用量（kg）；

$t$——热气溶胶的喷射时间（s），$t \leqslant 40\text{s}$；

$$\mu_{\mathrm{m}} = \dfrac{1}{\left[ 1.293(1-\phi)+2.5\phi \right]} \qquad (4-66)$$

$$\phi = \dfrac{0.4W}{0.4W+V} \qquad (4-67)$$

### 4.6.4　三氟甲烷灭火系统

三氟甲烷灭火剂分子式为 $CHF_3$，其物质名称为 HFC-23，是一种无色、微味、低毒、不导电的气体，密度大约是空气密度的 2.4 倍，在一定压力下呈液态，不含溴和氯，ODP 值为零，对大气臭氧层无破坏作用，符合环保要求。

三氟甲烷（HFC-23）灭火剂的灭火机理类似于哈龙，是一种物理和化学方式共同参与灭火的洁净气体灭火剂。

三氟甲烷灭火系统适宜扑救电气火灾、液体火灾或可熔化的固体火灾；固体表面火灾及灭火前能切断气源的气体火灾。不适宜扑救含氧化剂的化学制品及混合物，如硝化纤维、硝酸钠等火灾；活泼金属，如钾、钠、镁、钛、锆、铀等火灾；金属氢化物，如氢化钾、氢化钠等火灾；磷等易自燃物质的火灾；能自行分解的化学物质，如过氧化氢、联胺等火灾。

#### 1. 三氟甲烷灭火系统的分类组成与控制

根据用户需要，三氟甲烷灭火系统可设计成全淹没单元独立系统、组合分配系统（见

图 4-19）和无管网装置等多种形式，有管网系统又可以设计成单元独立系统和组合分配系统，对单区或多区实现消防保护。

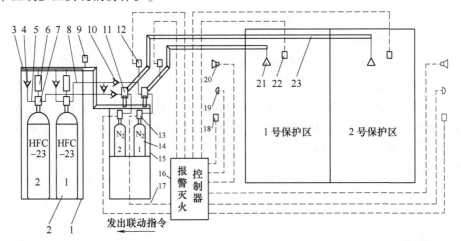

图 4-19　组合分配系统结构示意图

1—灭火剂储瓶框架　2—灭火剂储瓶　3—集流管　4—液流单向阀　5—金属软管（连接管）　6—称重装置
7—瓶头阀　8—启动管路　9—安全阀　10—气流单向阀　11—选择阀　12—压力开关　13—电磁瓶头阀
14—启动钢瓶　15—启动瓶框架　16—报警灭火控制器　17—控制线路　18—手动控制盒　19—放气显示灯
20—声光报警器　21—喷嘴　22—火灾探测器　23—灭火剂输送管道

三氟甲烷灭火系统的主要组件包括：灭火剂储瓶、瓶头阀、选择阀、液流单向阀、安全阀、启动钢瓶、电磁瓶头阀、气流单向阀、压力开关及称重装置。系统的控制方式包括自动控制、电气手动控制与机械应急手动控制三种方式。

2. 防护区的设置要求

防护区要以固定的单个封闭空间划分；当防护区的吊顶内和地板下需要同时保护，可合为一个防护区。防护区的设置要求见表 4-12。

表 4-12　防护区的设置要求

| 环境温度 | 防护区最低环境温度不能低于 $-10$℃，最高环境温度不能高于 $50$℃ |
|---|---|
| 防护区的大小 | 当采用管网灭火系统时，一个防护区的面积不宜大于 $500m^2$，容积不宜大于 $2000m^3$；<br>采用预制（柜式）灭火装置时，一个防护区的面积不宜大于 $200m^2$，容积不宜大于 $600m^3$ |
| 耐火极限 | 防护区围护结构及门窗的耐火极限均不应低于 $0.5h$；吊顶的耐火极限不应低于 $0.25h$ |
| 建筑构件的耐压性能 | 防护区围护结构承受内压的允许压力，不宜低于 $1.2kPa$ |
| 防护区的泄压口 | 泄压口宜设在外墙上，应位于防护区净高的 $2/3$ 以上。泄压口的面积：<br><br>$$F_x = 0.087 \frac{Q}{\sqrt{p_f}}, \quad Q = \frac{W}{t}$$<br><br>式中　$F_x$——泄压口面积（$m^2$）；<br>　　　$Q$——三氟甲烷在防护区内的喷放速率（$kg/s$）；<br>　　　$W$——灭火剂的设计用量（$kg$）；<br>　　　$t$——灭火剂的喷射时间（$s$）；<br>　　　$p_f$——围护结构承受内压的允许压力（$Pa$） |
| 其他要求 | 1. 空调系统的送、排风设备和空调机在灭火前必须能自动关闭；<br>2. 要求单独配置自动控制所需的火灾探测器，并能独立完成整个灭火过程 |

3. 管网布置

三氟甲烷气体灭火系统管网布置宜设计为均衡系统。管网分流要采用三通管件，其分流出口要水平布置。

## 4.7 SDE 灭火系统

### 4.7.1 SDE 灭火剂

#### 1. SDE 灭火剂的特点

SDE 灭火剂在常温常压下以固体形态储存，工作时经电子气化启动器激活催化剂，促使灭火剂启动，并立即气化，气态组分（体积分数）约为 $CO_2$ 占 35%、$N_2$ 占 25%、气态水占 39%，雾化金属氧化物占 1%~2%。

SDE 灭火剂主要性能指标：

1）外观：淡棕色粉末或颗粒及固态形体。

2）水分：1%。

3）视密度：$0.55g/cm^3$。

4）气体产物水溶液 pH：7~8。

5）气体转化率：$0.7515m^3/kg$。

6）气化速率：$0.02~0.09g/(cm^2 \cdot s)$。

SDE 气体灭火系统为全淹没灭火系统，可用于扑救相对密闭空间的 A、B、C 类火灾及电气火灾。不适宜扑救硝化纤维、火药等强氧化剂的化学制品火灾；活泼金属，如钾、钠、镁、钛、锆、铀等火灾；磷等易自燃物质的火灾；人员密集场所的火灾。

#### 2. SDE 的灭火机理

SDE 自动灭火系统灭火机理是以物理、化学、水雾降温三种灭火方式同时进行全淹没灭火，以物理反应稀释被保护区内空气中氧气浓度，达到"窒息灭火"为主要方式；切断火焰反应链进行链式反应，破坏火灾现场的燃烧条件，迅速降低自由基的浓度，抑制链式燃烧反应进行的化学灭火方式也同时存在；低温气态水重复吸热降低燃烧物温度，达到彻底窒息火灾的目的，对于木材深位火尤其突出。

化学反应式为：$SDE \rightarrow CO_2 + N_2 + H_2O(\uparrow) + MO$，其中 MO 为雾化 $Cr_2O_3$。

### 4.7.2 系统分类及组成

SDE 气体灭火系统根据防护区的要求和经济技术比较可分有管网灭火系统和无管网灭火系统两类。

SDE 自动管网灭火系统主要由惰性气体发生器、电子气化启动器、集流管、选择阀、系统管线、管件、喷嘴等组成。

1）气体发生器（药剂储瓶）用于储存药剂，如图 4-20 所示。

2）喷嘴，可根据保护对象的特点及位置选用不同的喷嘴，如图 4-21 所示。

图 4-20　药剂储瓶

图 4-21　喷嘴

### 4.7.3　防护区的设置要求

设置管网灭火系统的防护区应符合下列规定：

1）对于气体、液体、电气火灾和固体火灾，在喷放 SDE 灭火剂前不能自动关闭的开口的总面积，不应大于防护区总内表面积的 3%，且开口不应设在底面。

2）完全密闭的防护区应设泄压口，泄压口应设在外墙上，其底部距室内地面高度不应低于室内净高的 2/3。对设有防爆泄压设施或门窗缝隙未设密封条的防护区，可不设泄压口。

泄压口面积 $(A_x)$，应按式（4-68）计算：

$$A_x = \frac{0.11 Q_x}{\sqrt{p_f}} \tag{4-68}$$

式中　$A_x$——泄压口面积（$m^2$）；

　　　$Q_x$——SDE 灭火剂在防护区的平均喷放速率（kg/s）；

　　　$p_f$——围护结构承受内压的允许压力（Pa）。

3）在灭火时，除泄压口以外的开口和防护区用的通风机和通风管道中的防火阀及排烟阀等，在喷放 SDE 灭火剂前应关闭。

4）防护区的围护结构及门、窗的耐火极限不应低于 0.5h，吊顶的耐火极限不应低于 0.25h，围护结构及门、窗的允许压力不宜小于 1200Pa。

5）当保护对象为可燃液体时，必须切断可燃、助燃气体的气源和电气火灾的电源。

6）两个或两个以上邻近的防护区，宜采用组合分配系统。

无管网灭火系统的防护区应符合下列规定：

1）防护区面积不超过 500$m^2$，容积不超过 2000$m^3$。

2）在无管网灭火系统启动之前，防护区的通风、换气设施应自动关闭，影响灭火效果的生产操作应停止进行。

3）一个防护区设置多具无管网灭火系统时，应均匀分散布置。

4）同一防护区的多具无管网灭火装置应同时启动。

#### 4.7.4　系统设计

**1. 灭火剂设计浓度**

1）采用 SDE 灭火系统的防护区，其 SDE 灭火剂设计用量，所换算的浓度应不低于防护区内可燃物相应的灭火设计浓度或惰化设计浓度。

2）可燃物的灭火设计浓度不应小于灭火浓度或惰化浓度的 1.3 倍。有关可燃物的灭火设计浓度与惰化设计浓度，可按表 4-13 确定，表中未列出的应经试验确定。

表 4-13　扑灭可燃物的 SDE 灭火设计浓度与惰化设计浓度

| 可燃物 | 单位用量/ $(kg/m^3)$ | 物质系数 $K_r$ | 面积系数 $K_a$ | 灭火设计浓度 | | 惰化设计浓度 $V(\%)$ |
|---|---|---|---|---|---|---|
| | | | | % | $g/m^3$ | |
| 一般可燃物 | 0.1 | 1 | 1~1.3 | 6.00 | 80 | — |
| 弱电设备 | 0.1 | 1.10 | 1~1.3 | 6.60 | 88 | — |
| 强电设备 | 0.1 | 1.10 | 1~1.3 | 6.60 | 88 | — |
| 丙酮 | 0.1 | 1.18 | 1~1.3 | 7.08 | 94 | 10.8 |
| 甲烷 | 0.1 | 1.16 | 1~1.3 | 6.96 | 93 | — |
| 戊烷 | 0.1 | 1.18 | 1~1.3 | 7.08 | 94 | — |
| 己烷 | 0.1 | 1.16 | 1~1.3 | 6.96 | 93 | — |
| 汽油 | 0.1 | 1.18 | 1~1.3 | 7.08 | 94 | — |
| 苯 | 0.1 | 1.22 | 1~1.3 | 7.32 | 98 | 11.1 |
| 乙烷 | 0.1 | 1.27 | 1~1.3 | 7.62 | 102 | — |
| 丙烷 | 0.1 | 1.19 | 1~1.3 | 7.14 | 95 | 10.6 |
| 丁烷 | 0.1 | 1.16 | 1~1.3 | 6.96 | 93 | — |
| 乙醚 | 0.1 | 1.31 | 1~1.3 | 7.86 | 105 | — |
| 丙烯 | 0.1 | 1.31 | 1~1.3 | 7.86 | 105 | 15.8 |
| 甲醇 | 0.1 | 1.27 | 1~1.3 | 7.62 | 102 | — |
| 乙醇 | 0.1 | 1.31 | 1~1.3 | 7.86 | 105 | 15.8 |
| 乙炔 | 0.1 | 2.13 | 1~1.3 | 12.78 | 170 | — |
| 乙烯 | 0.1 | 1.45 | 1~1.3 | 8.70 | 116 | 14.0 |
| 一氧化碳 | 0.1 | 2.88 | 1~1.3 | 17.28 | 230 | — |
| 氢 | 0.1 | 2.88 | 1~1.3 | 17.28 | 230 | — |

使用表 4-13 时应注意以下几点：

1）环境温度以 20℃ 为标准，每降低 1℃，灭火设计浓度和惰化设计浓度数值增加 0.03，每升高 1℃，$K_r$ 减少 0.01。

2）有关可燃气体和甲、乙、丙类液体的惰性浓度未给出的，应经试验确定。

3）有爆炸危险的气体、液体类防护区，应采用惰化设计浓度；无爆炸危险的气体、液体火灾和固体火灾的防护区，应采用灭火设计浓度。

4）当几种易燃物共存或混合时，灭火设计浓度或惰化设计浓度，应按其中最大的灭火浓度或惰化浓度确定。

5) 图书、档案、票据资料库、金库等防护区，SDE 的灭火设计浓度宜采用 10%。

6) 油浸变压器室、带油开关的配电室和自备发电机房等防护区，SDE 的灭火设计浓度宜采用 9%。

7) 电信通信机房和计算机房等防护区，SDE 的灭火设计浓度宜采用 8%～10%。

### 2. 灭火剂设计用量

SDE 灭火剂用量是根据单位容积灭火剂用量、物质系数、面积系数和被保护区容积计算确定的，以灭火试验为基础。但是这种计算方法中没有将灭火（惰化）设计浓度考虑进去，因此应将 SDE 灭火剂计算用量换算成该保护区内 SDE 的浓度，该值不应低于各种物质设计（惰化）灭火浓度表中的数值。

（1）无管网系统灭火剂设计用量　SDE 灭火剂用量为设计灭火用量和流失补偿量之和。SDE 灭火剂设计灭火用量按式（4-69）计算确定：

$$M = mV k_1 k_2 \tag{4-69}$$

式中　$M$——SDE 灭火剂设计灭火用量（kg）；

　　　$m$——单位容积灭火剂用量（kg/m³），取 0.1kg/m³；

　　　$V$——防护区的净容积（m³）；

　　　$k_1$——容积系数，当 $V>100$m³ 时，$k_1=1.2$；当 $V\leqslant100$m³ 时，$k_1=1$；

　　　$k_2$——重要系数：变（配）电室、通信机房、计算机房等 $k_2=1$；文物、档案、图书资料库等 $k_2=1.5$。

对气体、液体、电气火灾和固体火灾，在喷放 SDE 灭火剂前不能自动关闭的开口的总面积，不应大于防护区内总内表面积的 3%，且开口不应设在底面。当不能关闭的开口面积超过 3% 时，开口面积比允许开口面积每增加 1%，增加设计用量 15% 进行流失量补偿。若防护区的开口面积比较大，应有自动关闭装置。

（2）有管网系统灭火剂设计用量

面积系数 $K_a$：

$$K_a = \left(1 + \frac{5A_0}{A_v}\right)^2 \tag{4-70}$$

式中　$A_0$——防护区内不可关闭的开口总面积（m²）；

　　　$A_v$——防护区侧面、底面、顶面（包括开口）的总面积（m²）。

防护区净容积 $V$：

$$V = V_f - V_g \tag{4-71}$$

式中　$V_f$——防护区总容积（m³）；

　　　$V_g$——防护区内非燃烧体或难燃物的总容积（m³）。

灭火剂设计用量 $M$：

$$M = mK_r K_a V \tag{4-72}$$

式中　$M$——灭火剂设计用量（kg）；

　　　$m$——单位容积灭火剂用量（kg/m³），见表 4-13；

　　　$K_r$——物质系数，见表 4-13；

$K_a$——面积系数，见表 4-13；

$V$——防护区净容积（m³）。

组合分配系统的 SDE 灭火剂的设计用量，应按该组合中需灭火剂用量最多的一个防护区的设计用量计算。

用于重点防护对象防护区的 SDE 灭火系统与超过 5 个防护区的一个组合分配系统，应设备用量。备用量不应小于设计用量，并与主储存容器切换使用。

SDE 灭火剂的剩余量，可不计。

**3. SDE 灭火剂的浸渍时间**

SDE 灭火剂的浸渍时间：救 A 类深位火灾时，必须大于 20min，扑救 B 类、C 类及电气电缆火灾时，必须大于 2min。

## 4.7.5　管网设计计算

**1. 主要技术参数**

1）管网设计计算的环境温度，可采用 20℃。

2）SDE 灭火剂喷射的滞后时间，应小于等于 15s。

3）管网计算应根据发生器内压力和该压力下的流量进行。该流量在管道口径为 150mm 时，以 30kg/min（±10%）为宜，管网流体计算应符合下列规定：

① 设计压力为 1.6MPa。

② 工作压力小于或等于 1.6MPa。

③ 喷嘴的单孔喷射压力应大于 0.1MPa。

**2. 管网计算**

（1）SDE 惰性气体在管道内的压力损失　SDE 惰性气体在管道内的压力损失：

$$\Delta p = \lambda \frac{L}{d} \frac{\rho \mu^2}{2} Z \varepsilon \qquad (4\text{-}73)$$

式中　$\Delta p$——管道压力损失（Pa）；

$\lambda$——摩擦阻力系数，取 $\lambda = 0.44$；

$L$——管道的长度（m）；

$d$——管道的内径（mm）；

$\rho$——SDE 惰性气体综合密度（kg/m³），取 1.333kg/m³；

$\mu$——SDE 在所计算管道中的流速（m/s）；

$Z$——压缩因子，首端到末端取 1.05~1.47；

$\varepsilon$——管道中的粗糙系数，无缝钢管为 1.15，有缝钢管为 1.3。

管道单位长度压力损失也可查表 4-14 获得。

表 4-14　SDE 惰性气体在管网内流动时的压力损失 $\Delta p$ 　　（单位：Pa/m）

| $\mu$/(m/s)　　$d$/mm | 50 | 65 | 80 | 100 | 125 | 150 |
|---|---|---|---|---|---|---|
| 4 | 135 | 104 | 84 | 67 | 54 | 45 |
| 6 | 304 | 234 | 190 | 152 | 121 | 101 |

（续）

| $d/mm$<br>$\mu/(m/s)$ | 50 | 65 | 80 | 100 | 125 | 150 |
|---|---|---|---|---|---|---|
| 8 | 540 | 415 | 337 | 270 | 216 | 180 |
| 10 | 843 | 649 | 527 | 422 | 337 | 281 |
| 12 | 1214 | 934 | 759 | 607 | 486 | 405 |
| 13 | 1425 | 1096 | 891 | 713 | 570 | 475 |
| 14 | 1635 | 1271 | 1033 | 826 | 661 | 551 |
| 15 | 1897 | 1459 | 1181 | 949 | 759 | 633 |
| 16 | 2159 | 1660 | 1349 | 1079 | 863 | 720 |
| 17 | 2437 | 1874 | 1523 | 1218 | 975 | 812 |
| 18 | 2732 | 2102 | 1707 | 1366 | 1093 | 911 |
| 19 | 3044 | 2342 | 1902 | 1522 | 1218 | 1015 |
| 20 | 3373 | 2594 | 2108 | 1686 | 1349 | 1124 |
| 21 | 3719 | 2860 | 2324 | 1859 | 1487 | 1240 |
| 22 | 4081 | 3139 | 2551 | 2041 | 1632 | 1360 |
| 23 | 4461 | 3431 | 2788 | 2230 | 1784 | 1487 |
| 24 | 4857 | 3736 | 3036 | 2428 | 1943 | 1619 |
| 25 | 5270 | 4054 | 3294 | 2635 | 2108 | 1757 |

注：按无缝钢管，内径 $(d)$，压缩因子 $Z=1.25$，$\varepsilon=1.15$ 计算。表中：$\lambda=0.44$，$\rho=1.333$。

（2）SDE 惰性气体喷嘴的局部压力损失　SDE 惰性气体喷嘴的局部压力损失：

$$\Delta p = \xi \frac{\rho \mu^2}{2} Z \varepsilon \tag{4-74}$$

式中　$\mu$——SDE 惰性气体在喷嘴的单孔喷射流速（m/s）；

　　　$\xi$——SDE 喷嘴局部收缩系数，查相关规范。

（3）管网流体计算　管网中干管的平均设计流量：

$$Q = \frac{M}{T_p} \tag{4-75}$$

式中　$Q$——灭火剂在管道中的平均设计流量（kg/min）；

　　　$M$——SDE 灭火剂设计用量（kg）；

　　　$T_p$——气化时间，取 6~8min。

### 4.7.6　喷嘴选用

根据具体保护区的要求，可按设计选用相应的等效面积的杯型（13型）、O 型或 V 型喷嘴。

1）选用喷嘴时，每个喷嘴的等效面积应为直接与其相连支线管截面积的 70%~100%，SDE 喷嘴等效孔口尺寸参数见有关资料。

2）在保护区布设喷嘴时，沿墙边缘部位宜选用 V 型喷嘴；喷嘴垂直下方为关键设备，宜用杯型（13型）喷嘴；保护区易燃、可燃物上方宜选用 O 型喷嘴。

3）喷嘴数量的确定，一般可按 SDE 惰性气体发生器的数量计算。每个发生器选用 2~3 个喷嘴。根据防护区容积的不同区可采用体积法来修正确定，每个喷嘴的保护体积约为 60m³。

4）吊顶上或地板上的喷嘴数量，宜按面积法确定，每个喷嘴的保护半径≤6m。

5）防护区有顶棚时，有管网灭火系统的管网应安装在顶棚之内，管网不应露出顶棚。

6）惰性气体发生器的数量按式（4-76）计算：

$$N_p = \frac{M}{M_0} \tag{4-76}$$

式中　$N_p$——发生器数（个），取整数；

　　　$M$——设计用量（kg）；

　　　$M_0$——单个气体发生器中灭火剂的质量（kg）。

## 思考题与习题

1. 二氧化碳灭火系统有何特点？适用条件是什么？

2. 二氧化碳设计浓度和喷射时间应满足哪些要求？

3. 干粉灭火系统的特点是什么？

4. 泡沫灭火系统的灭火机理是什么？

5. 七氟丙烷气体灭火系统有何特点？适用条件是什么？

# 第5章
# 灭火器的配置

## 5.1 灭火器配置场所的火灾种类和危险等级

### 5.1.1 火灾种类

灭火器配置场所的火灾种类根据该场所内的物质及其燃烧特性划分为以下五类：

（1）A类火灾 指固体物质火灾。如木材、棉、毛、麻、纸张及其制品等燃烧的火灾。

（2）B类火灾 指液体火灾或可熔化固体物质火灾。如汽油、煤油、柴油、原油、甲醇、乙醇、沥青、石蜡等燃烧的火灾。

（3）C类火灾 指气体火灾。如煤气、天然气、甲烷、乙烷、丙烷、氢气等燃烧的火灾。

（4）D类火灾 指金属火灾。如钾、钠、镁、钛、锆、锂、铝镁合金等燃烧的火灾。

（5）E类（带电）火灾 指带电物体的火灾。如发电机房、变压器室、配电间、仪器仪表间和电子计算机房等在燃烧时不能及时或不宜断电的电气设备带电燃烧的火灾。E类火灾是建筑灭火器配置设计的专用概念，主要是指发电机、变压器、配电盘、开关箱、仪器仪表和电子计算机等在燃烧时仍旧带电的火灾，必须用能达到电绝缘性能要求的灭火器来扑灭。对于那些仅有常规照明线路和普通照明灯具而且并无上述电气设备的普通建筑场所，可不按E类火灾的规定配置灭火器。

### 5.1.2 危险等级

民用建筑灭火器配置场所的危险等级，根据其使用性质，人员密集程度，用电用火情况，可燃物数量，火灾蔓延速度，扑救难易程度等因素，划分为以下三级：

（1）严重危险级 使用性质重要，人员密集，用电用火多，可燃物多，起火后蔓延迅速，扑救困难，容易造成重大财产损失或人员群死群伤的场所。

（2）中危险级 使用性质较重要，人员较密集，用电用火较多，可燃物较多，起火后蔓延较迅速，扑救较难的场所。

（3）轻危险级 使用性质一般，人员不密集，用电用火较少，可燃物较少，起火后蔓延较缓慢，扑救较易的场所。

一些常见的民用建筑灭火器配置场所的危险等级见表5-1。

表 5-1　民用建筑灭火器配置场所的危险等级举例

| 危险等级 | 举例 |
|---|---|
| 严重危险级 | 1. 县级及以上的文物保护单位、档案馆、博物馆的库房、展览室、阅览室 |
| | 2. 设备贵重或可燃物多的实验室 |
| | 3. 广播电台、电视台的演播室、道具间和发射塔楼 |
| | 4. 专用电子计算机房 |
| | 5. 城镇及以上的邮政信函和包裹分拣房、邮袋库、通信枢纽及其电信机房 |
| | 6. 客房数在 50 间以上的旅馆、饭店的公共活动用房、多功能厅、厨房 |
| | 7. 体育场(馆)、电影院、剧院、会堂、礼堂的舞台及后台部位 |
| | 8. 住院床位在 50 张及以上的医院的手术室、理疗室、透视室、心电图室、药房、住院部、门诊部、病历室 |
| | 9. 建筑面积在 $2000m^2$ 及以上的图书馆、展览馆的珍藏室、阅览室、书库、展览厅 |
| | 10. 民用机场的候机厅、安检厅及空管中心、雷达机房 |
| | 11. 超高层建筑和一类高层建筑的写字楼、公寓楼 |
| | 12. 电影、电视摄影棚 |
| | 13. 建筑面积在 $1000m^2$ 及以上的经营易燃易爆化学物品的商场、商店的库房及铺面 |
| | 14. 建筑面积在 $200m^2$ 及以上的公共娱乐场所 |
| | 15. 老人住宿床位在 50 张及以上的养老院 |
| | 16. 幼儿住宿床位在 50 张及以上的托儿所、幼儿园 |
| | 17. 学生住宿床位在 100 张及以上的学校集体宿舍 |
| | 18. 县级及以上的党政机关办公大楼的会议室 |
| | 19. 建筑面积在 $500m^2$ 及以上的车站和码头的候车(船)室、行李房 |
| | 20. 城市地下铁道、地下观光隧道 |
| | 21. 汽车加油站、加气站 |
| | 22. 机动车交易市场(包括旧机动车交易市场)及其展销厅 |
| | 23. 民用液化气、天然气灌装站、换瓶站、调压站 |
| 中危险级 | 1. 县级以下的文物保护单位、档案馆、博物馆的库房、展览室、阅览室 |
| | 2. 一般的实验室 |
| | 3. 广播电台、电视台的会议室、资料室 |
| | 4. 设有集中空调、电子计算机、复印机等设备的办公室 |
| | 5. 城镇以下的邮政信函和包裹分拣房、邮袋库、通信枢纽及其电信机房 |
| | 6. 客房数在 50 间以下的旅馆、饭店的公共活动用房、多功能厅和厨房 |
| | 7. 体育场(馆)、电影院、剧院、会堂、礼堂的观众厅 |
| | 8. 住院床位在 50 张以下的医院的手术室、理疗室、透视室、心电图室、药房、住院部、门诊部、病历室 |
| | 9. 建筑面积在 $2000m^2$ 以下的图书馆、展览馆的珍藏室、阅览室、书库、展览厅 |
| | 10. 民用机场的检票厅、行李厅 |
| | 11. 二类高层建筑的写字楼、公寓楼 |
| | 12. 高级住宅、别墅 |
| | 13. 建筑面积在 $1000m^2$ 以下的经营易燃易爆化学物品的商场、商店的库房及铺面 |

(续)

| 危险等级 | 举例 |
|---|---|
| 中危险级 | 14. 建筑面积在200m²以下的公共娱乐场所 |
| | 15. 老人住宿床位在50张以下的养老院 |
| | 16. 幼儿住宿床位在50张以下的托儿所、幼儿园 |
| | 17. 学生住宿床位在100张以下的学校集体宿舍 |
| | 18. 县级以下的党政机关办公大楼的会议室 |
| | 19. 学校教室、教研室 |
| | 20. 建筑面积在500m²以下的车站和码头的候车(船)室、行李房 |
| | 21. 百货楼、超市、综合商场的库房、铺面 |
| | 22. 民用燃油、燃气锅炉房 |
| | 23. 民用的油浸变压器室和高、低压配电室 |
| 轻危险级 | 1. 日常用品小卖店及经营难燃烧或非燃烧的建筑装饰材料商店 |
| | 2. 未设集中空调、电子计算机、复印机等设备的普通办公室 |
| | 3. 旅馆、饭店的寄存房 |
| | 4. 普通住宅 |
| | 5. 各类建筑物中以难燃烧或非燃烧的建筑构件分隔的并主要存贮难燃烧或非燃烧材料的辅助房 |

工业建筑灭火器配置场所的危险等级，根据其生产、使用、储存物品的火灾危险性，可燃物数量，火灾蔓延速度，扑救难易程度等因素，划分为以下三级：

（1）严重危险级　火灾危险性大，可燃物多，起火后蔓延迅速，扑救困难，容易造成重大财产损失的场所。

（2）中危险级　火灾危险性较大，可燃物较多，起火后蔓延较迅速，扑救较难的场所。

（3）轻危险级　火灾危险性较小，可燃物较少，起火后蔓延较缓慢，扑救较易的场所。

一些常见的工业建筑灭火器设置场所建筑物的危险等级见《建筑灭火器配置设计规范》（GB 50140—2005）。

## 5.2　灭火器与灭火器选择

### 5.2.1　灭火器

火灾中常用的灭火器有泡沫、干粉、酸碱、$CO_2$、1211五种类型。灭火器的本体通常为红色，并印有灭火器的名称、型号、灭火类型及能力、灭火剂以及驱动气体的种类和数量，并以文字和图像说明灭火器的使用方法。

灭火器由筒体、器头、喷嘴等部件组成，借助于驱动压力可将充装的灭火剂喷出，达到灭火的目的。

#### 1. 灭火器分类与型号

按移动的方式，灭火器分为手提式灭火器、推车式灭火器、背负式灭火器。

按驱动灭火的动力来源，灭火器分为储气瓶式灭火器、储气压式灭火器。

按所充装的灭火剂，灭火器分为：泡沫灭火剂、干粉灭火剂、卤代烷灭火剂、$CO_2$灭火剂、清水灭火剂。

我国灭火器的型号用类、组、特征代号和主要参数代号表示。

类、组、特征代号代表灭火器的类型，它由移动方式、开关方式两大部分组成。其中第一个字母 M 代表灭火剂；第二个字母代表灭火剂类型，如 F—干粉、T—$CO_2$、Y—1211、P—泡沫；第三个字母代表移动方式，如 T—推车式、Z—舟车式或鸭嘴式、B—背负式。

主要参数代号反映了充装灭火剂的容量和质量。如：MF4 表示 4kg 干粉灭火器，数字 4 代表内装质量为 4kg 的灭火剂；MFT35 则表示 35kg 推车式干粉灭火器。MTZ5 表示 5kg 鸭嘴式 $CO_2$ 灭火器。

MT—手提式 $CO_2$灭火器、MTT—推车式 $CO_2$灭火器、MY—手提式 1211 灭火器、MYT—推车式 1211 灭火器、MP—手提式泡沫灭火器、MPZ—舟车式泡沫灭火器、MPT—推车式泡沫灭火器、MFB—背负式干粉灭火器、MS—酸碱灭火器（S 代表酸碱）。

各类灭火器的类型、规格和灭火等级如表 5-2 和表 5-3 所示。

表 5-2　手提式灭火器类型、规格和灭火级别

| 灭火器类型 | 灭火剂充装量（规格） | | 灭火器类型规格代码（型号） | 灭火级别 | |
| --- | --- | --- | --- | --- | --- |
| | L | kg | | A 类 | B 类 |
| 水型 | 3 | | MS/Q3 | 1A | |
| | | | MS/T3 | | 55B |
| | 6 | | MS/Q6 | 1A | |
| | | | MS/T6 | | 55B |
| | 9 | | MS/Q9 | 2A | |
| | | | MS/T9 | | 89B |
| 泡沫 | 3 | | MP3、MP/AR3 | 1A | 55B |
| | 4 | | MP4、MP/AR4 | 1A | 55B |
| | 6 | | MP6、MP/AR6 | 1A | 55B |
| | 9 | | MP9、MP/AR9 | 2A | 89B |
| 干粉（碳酸氢钠） | | 1 | MF1 | | 21B |
| | | 2 | MF2 | | 21B |
| | | 3 | MF3 | | 34B |
| | | 4 | MF4 | | 55B |
| | | 5 | MF5 | | 89B |
| | | 6 | MF6 | | 89B |
| | | 8 | MF8 | | 144B |
| | | 10 | MF10 | | 144B |
| 干粉（磷酸铵盐） | | 1 | MF/ABC1 | 1A | 21B |
| | | 2 | MF/ABC2 | 1A | 21B |
| | | 3 | MF/ABC3 | 2A | 34B |
| | | 4 | MF/ABC4 | 2A | 55B |

（续）

| 灭火器类型 | 灭火剂充装量（规格） | | 灭火器类型规格代码（型号） | 灭火级别 | |
|---|---|---|---|---|---|
| | L | kg | | A类 | B类 |
| 干粉<br>（磷酸铵盐） | | 5 | MF/ABC5 | 3A | 89B |
| | | 6 | MF/ABC6 | 3A | 89B |
| | | 8 | MF/ABC8 | 4A | 144B |
| | | 10 | MF/ABC10 | 6A | 144B |
| 卤代烷<br>（1211） | | 1 | MY1 | | 21B |
| | | 2 | MY2 | （0.5A） | 21B |
| | | 3 | MY3 | （0.5A） | 34B |
| | | 4 | MY4 | 1A | 34B |
| | | 6 | MY6 | 1A | 55B |
| 二氧化碳 | | 2 | MT2 | | 21B |
| | | 3 | MT3 | | 21B |
| | | 5 | MT5 | | 34B |
| | | 14 | MT14 | | 55B |

表 5-3　推车式灭火器类型、规格和灭火级别

| 灭火器类型 | 灭火剂充装量（规格） | | 灭火器类型规格代码（型号） | 灭火级别 | |
|---|---|---|---|---|---|
| | L | kg | | A类 | B类 |
| 水型 | 20 | | MST20 | 4A | |
| | 45 | | MST40 | 4A | |
| | 60 | | MST60 | 4A | |
| | 125 | | MST125 | 6A | |
| 泡沫 | 20 | | MPT20、MPT/AR20 | 4A | 113B |
| | 45 | | MPT40、MPT/AR40 | 4A | 144B |
| | 60 | | MPT60、MPT/AR60 | 4A | 233B |
| | 125 | | MPT125、MPT/AR125 | 6A | 2914B |
| 干粉<br>（碳酸氢钠） | | 20 | MFT20 | | 183B |
| | | 50 | MFT50 | | 2914B |
| | | 100 | MFT100 | | 2914B |
| | | 125 | MFT125 | | 2914B |
| | | 20 | MFT/ABC20 | 6A | 183B |
| | | 50 | MFT/ABC50 | 8A | 2914B |
| | | 100 | MFT/ABC100 | 10A | 2914B |
| | | 125 | MFT/ABC125 | 10A | 2914B |
| 卤代烷<br>（1211） | | 10 | MYT10 | | 140B |
| | | 20 | MYT20 | | 144B |
| | | 30 | MYT30 | | 183B |
| | | 50 | MYT50 | | 2914B |

（续）

| 灭火器类型 | 灭火剂充装量（规格） | | 灭火器类型规格代码（型号） | 灭火级别 | |
|---|---|---|---|---|---|
| | L | kg | | A 类 | B 类 |
| 二氧化碳 | | 10 | MTT10 | | 55B |
| | | 20 | MTT20 | | 140B |
| | | 30 | MTT30 | | 113B |
| | | 50 | MTT50 | | 183B |

### 2. 泡沫灭火器

泡沫灭火器将酸液和碱液分别充装在两个不同的筒内，混合后发生反应。

该灭火剂可扑救油脂类，石油产品及一般固体物质。

泡沫灭火器有 MP 型手提式、MPZ 型手提舟车式、MPT 型推车式三种形式。

1）MP 型手提式泡沫灭火器由筒身、瓶胆、筒盖、提环等组成。筒身用钢板滚压焊接而成。筒身内悬挂玻璃或聚乙烯塑料瓶胆，瓶胆内装有酸性溶液，筒内装有碱性溶液。瓶胆用瓶盖盖上，以防蒸发或因振荡溅出而与碱性溶液混合。筒盖用塑料或钢板压制，装滤网、喷嘴。盖与筒身之间有密封垫圈，筒盖用螺栓、螺母固定在筒身上。

在使用时颠倒筒身，使两种药液混合而发生化学反应，产生泡沫，由喷嘴喷出。

装药一年后，必须检查药液的发泡倍数和持久性。发泡倍数检验方法是将灭火器内酸性药液取出 14.5mL，倒入 500mL 量筒内，再取出 33mL 碱性药液迅速倒入量筒内，计算产生泡沫的体积是否为两种体积之和的 8 倍（320mL）以上。泡沫的持久性检验方法则是测试其在 30min 后消失量是否小于 50%。若不符合以上规定，应重新更换药剂。同时，要检查筒身有无腐蚀或泄漏。使用两年以上的灭火器更换新药时，筒身必须进行水压试验，试验压力为 25MPa。在此压力下无泄漏、膨胀、变形等现象方能继续使用。

2）MPZ 型手提舟车式泡沫灭火器构造上基本上与 MP 型手提式相同，只是在筒盖上装有瓶盖启闭机构，以防止在车辆或船舶行驶时振动和颠簸而使药液混合。瓶盖的启闭，有用把手的，也有用手轮的，如图 5-1 所示。

使用时先将瓶盖上的把手向上扳起（或旋转手轮）中轴即向上弹出开启瓶口。然后颠倒筒身，使酸碱两种溶液混合，生成泡沫，从喷嘴喷出。

3）MPT 型推车式泡沫灭火器由筒身用钢板制成，内装碱性溶液。瓶胆悬挂在筒身内，内装酸性溶液。按逆时针方向旋转手轮。瓶塞在手轮丝杆作用下，将瓶口封闭，以防止两种药液混合。筒盖由螺母和螺栓紧固在筒身上，盖内装有密封和油浸石棉绳。筒盖上还装有安全阀，若喷射系统堵塞，泡沫无法喷出，当筒内压力大于等于 1MPa 时，安全阀即自动开放，可防止筒身爆破。

喷射系统由过滤器、旋塞阀、喷管、喷枪组成。筒身固定在车架上，车架上还装有胶轮，便于行动，如图 5-2 所示。

使用时一人施放喷管，双手握住喷枪对准燃烧物，另一人按逆时针方向转动手轮，开启瓶塞然后将筒身放倒，使拖杆触地，在将旋塞阀手柄扳值，泡沫即通过喷管从喷枪喷出。

### 3. 干粉灭火器

以高压 $CO_2$ 或氮气作为驱动动力，其中储气式以 $CO_2$ 作为驱动气体；储压式以 $N_2$ 作为

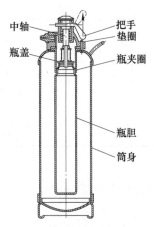

图 5-1　MPZ 型手提舟车式泡沫灭火器

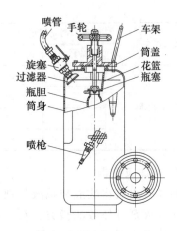

图 5-2　MPT 型推车式泡沫灭火器构造图

驱动气体，来喷射干粉灭火剂。

干粉灭火器有 MF 型手提式、MFT 型推车式、MFB 型背负式三种类型。

（1）MF 型手提式干粉灭火器　按照 $CO_2$ 钢瓶的安装方式，又有外装式和内装式之分。外装式灭火器筒身外部悬挂充有高压二氧化碳的钢瓶，钢瓶外部标有标志，钢瓶质量的钢字。钢瓶与筒身（内转干粉）由提盖上的螺母进行连接，在钢瓶阀上有一穿针。当打开保险销，拉动拉环时，穿针即刺穿钢瓶口的密封膜，使钢瓶内高压 $CO_2$ 气体沿进气管进入筒内，筒内干粉在 $CO_2$ 气体的作用下，沿出粉管经喷管喷出，构造如图 5-3 所示。

使用时打开保险销，把喷管口对准火源拉动手环，干粉即喷出灭火。

每年检查一次 $CO_2$ 的存气量。检查方法是将钢瓶拧下称重，再减去钢瓶自重即为瓶内 $CO_2$ 气体的质量。若少于规定的 $CO_2$ 量应立即重新装气。

（2）MFT 型推车式干粉灭火器 MFT 型推车式干粉灭火器也分为内装式和外装式两种。内装式 MFT35 型推车式干粉灭火器示意图如图 5-4 所示，它主要由 $CO_2$ 钢瓶、出粉管、车架、压力表、喷枪、安全阀等部分组成。

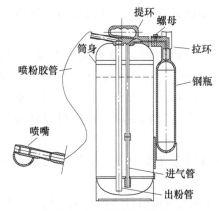

图 5-3　MF 型手提式灭火器

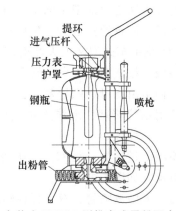

图 5-4　内装式 MFT35 型推车式干粉灭火器构造图

当表压升至 0.7~1.1MPa 时，灭火效果最佳，放下进气压杆停止进气。接着两手持喷枪，双脚站稳，枪口对准火焰边沿根部，扣动扳机，由近至远将干粉喷出。

每隔三年，干粉储罐需经 2.5MPa 水压试验，$CO_2$ 钢瓶需经 22.5MPa 的水压试验。试验合格方能使用。

（3）MFB 型背负式干粉灭火器　由三个干粉钢瓶（瓶上有安全阀，一控制和发射药室）、电点火系统、输粉管、喷枪和背带等构成。干粉灭火器以特制电点火发射药为动力，将干粉喷射出去，用来扑救油类、可燃气体和电气设备的初起火灾。MFB 型背负式干粉灭火器如图 5-5 所示。

灭火时，将灭火器背负至火场充实水柱处，一手紧握喷枪握把，另一手将转换开关扳至"3"位置（喷粉的顺序为"3""2""1"），打开保险栓，再将喷枪口对准火焰根部，扣动扳机，喷粉灭火，若火势较大，一只钢瓶内的干粉未将火扑灭，可将转换开关连续扳至"2""1"位置，反复喷射。

干粉钢瓶每隔半年进行一次水压试验，试验压力为 8MPa，保持 5min，不得有降压现象，安全阀的开启压力应调至 3MPa。

**4. $CO_2$ 灭火器**

$CO_2$ 主要用于扑救贵重设备、档案资料、仪器仪表、600V 以下的电器和油脂等火灾。

$CO_2$ 灭火器有 MT 型手轮式、MTZ 型鸭嘴式两种。

（1）MT 型手轮式 $CO_2$ 灭火器　MT 型手轮式灭火器由筒身、启闭阀（安全阀，需要 15MPa 气压、喷筒）构成，如图 5-6 所示。

使用时将铅封去掉，手提提把，翘起喷筒。再将手轮按逆时针方向旋转开启，瓶内高压气体即自动喷出。

每隔三个月检查一次质量，当质量减少 10% 时，应加足气体；每隔三年钢瓶需经 22.5MPa 水压试验，启闭阀则需要经 15MPa 气压或水压试验，以保证安全。

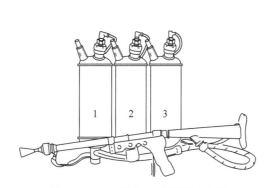

图 5-5　MFB 型背负式干粉灭火器

图 5-6　MT 型手轮式 $CO_2$ 灭火器

（2）MTZ 型鸭嘴式 $CO_2$ 灭火器　MTZ 型鸭嘴式 $CO_2$ 灭火器的构造基本上与 MT 型手轮式 $CO_2$ 灭火器相同，只是启闭阀采用的压把形状如"鸭嘴"，故取名"鸭嘴式"，如图 5-7 所示。

使用时，应先拔去保险销，一手握喷筒，另一手紧压压把，气体立即自动喷出。

**5. 1211 灭火器**

1211 是一种轻便高效的灭火器，适用于扑救油类、精密机械设备、仪表、电子仪器设备及文物、图书馆档案等贵重物品。按照构造不同分为 MY 型手提式、MYT 型推车式 1211

灭火器。

（1）MY 型手提式 1211 灭火器 MY 型手提式 1211 灭火器由筒身（瓶胆）和筒盖（压把、压杆、喷嘴、密封阀、虹吸管、保险销等）两部分组成，如图 5-8 所示。

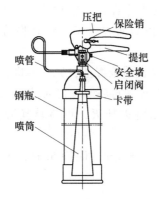

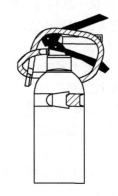

图 5-7 MTZ 型鸭嘴式 CO$_2$ 灭火器　　　　图 5-8 MY 型手提式 1211 灭火器

使用时先拔掉保险销，然后握紧压把开关，压杆使密封阀开启，1211 灭火剂在氧气压力作用下，通过虹吸管由喷嘴射出，松开压把自动关闭。

1211 灭火器应放在明显、取用方便的地方，不应放在取暖或加热设备附近，也不应放在阳光强烈照射的地方。每半年检查一次灭火器的总质量，若少于 10% 则需要补充药剂和充气。

（2）MYT 型推车式 1211 灭火器 MYT 型推车式 1211 灭火器有 MYT25 和 MYT40 两种型号。主要由推车、钢瓶、阀门、喷射胶管、手握开关、伸缩喷杆和喷嘴等组成，如图 5-9 所示。

灭火时，取下喷枪，展开胶管，先打开钢瓶阀门，拉出伸缩杆，使喷嘴对准火源，握紧手握开关，灭火。将火源扑灭后，只要关闭钢瓶阀门，则剩余药剂仍能继续使用。

MYT 型推车式 1211 灭火器应每半年检查一次灭火器的总质量，少于 10% 则需要补充药剂和充气。另外每隔三个月检查一次压力表，出现低于使用压力的 0.9% 的情况时，则重新装气，或质量减少 5% 时，应维修和再充装。

6. 酸碱灭火器

利用两种药液混合后喷射出来的水溶液扑灭火焰，适用于扑救竹、棉、毛、草、纸等一般可燃物质的初起火灾，不适用于油、忌水、忌酸物质及电气设备的火灾，其基本结构见图5-10。

酸碱灭火器构造和外形与 MP 型手提式灭火器基本相同，不同之处是瓶胆较小。由瓶夹固定，防止瓶胆内浓硫酸吸水或稀释或同瓶胆外碱性溶液中和。筒内装有碳酸氢钠的水溶液，没有发泡剂。

使用时颠倒筒身，上下摇晃几次，将液体流射向燃烧最猛烈的地方。

药液一年更换一次。同时，要检查筒身有无腐蚀或泄漏。使用两年以上的灭火器更换新药时，筒身必须进行水压试验，试验压力为 25MPa。在此压力下无泄漏、膨胀、变形等现象方能继续使用。

7. 灭火器适用性

灭火器对火灾的适用性见表 5-4。

图 5-9　MYT25 型推车式 1211 灭火器

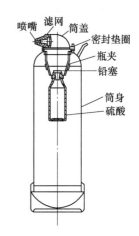

喷嘴　滤网　筒盖　密封垫圈　瓶夹　铅塞　筒身　硫酸

图 5-10　MS10 型手提式酸碱灭火器构造图

表 5-4　灭火器对火灾的适用性

| 火灾场所 ＼ 灭火器类型 | 水型灭火器 | 干粉灭火器 | | 泡沫灭火器 | | 卤代烷1211 灭火器 | 二氧化碳灭火器 |
|---|---|---|---|---|---|---|---|
| | | 磷酸铵盐干粉灭火器 | 碳酸氢钠干粉灭火器 | 机械泡沫灭火器② | 抗溶泡沫灭火器③ | | |
| A 类场所 | 适用。水能冷却并穿透固体燃烧物质而灭火，并可有效防止复燃 | 适用。粉剂能附着在燃烧物的表面，起到窒息火焰的作用 | 不适用。碳酸氢钠对固体可燃物无黏附作用，只能控火，不能灭火 | 适用。具有冷却和覆盖燃烧物表面及与空气隔绝的作用 | | 适用。具有扑灭 A 类火灾的效能 | 不适用。灭火器喷出的二氧化碳无液滴，全是气体，对 A 类火灾基本无效 |
| B 类场所 | 不适用①。水射流冲击油面，会激溅油火，致使火势蔓延，灭火困难 | 适用。干粉灭火剂能快速窒息火焰，具有中断燃烧过程的连锁反应的化学活性 | | 适用于扑救非极性溶剂和油品火灾，覆盖燃烧物表面，使其与空气隔绝 | 适用于扑救极性溶剂火灾 | 适用。洁净气体灭火剂能快速窒息火焰，抑制燃烧连锁反应，而中止燃烧过程 | 适用。二氧化碳靠气体堆积在燃烧物表面，稀释并隔绝空气 |
| C 类场所 | 不适用。灭火器喷出的细小水流对气体火灾作用很小，基本无效 | 适用。喷射干粉灭火剂能快速扑灭气体火焰，具有中断燃烧过程的连锁反应的化学活性 | | 不适用。泡沫对可燃液体火灾灭火有效，但扑救可燃气体火灾基本无效 | | 适用。洁净气体灭火剂抑制燃烧连锁反应，而中止燃烧 | 适用。二氧化碳窒息灭火，不留残迹，不污损设备 |
| E 类场所 | 不适用 | 适用 | 适用于带电的 B 类火灾 | 不适用 | | 适用 | 适用于带电的 B 类火灾 |

① 新型的添加了能灭 B 类火灾的添加剂的水型灭火器具有 B 类灭火级别，可灭 B 类火灾。
② 化学泡沫灭火器已淘汰。
③ 目前，抗溶泡沫灭火器常用机械泡沫类型灭火器。

对 D 类火灾即金属燃烧的火灾，就我国目前的情况来说，还没有定型的灭火器产品。目前国外灭 D 类火灾的灭火器主要有粉状石墨灭火器和灭金属火灾的专用干粉灭火器。在国内尚未生产这类灭火器和灭火剂的情况下，可采用干砂或铸铁屑来替代。

## 5.2.2 灭火器的选择

灭火器的类型应按照《建筑灭火器配置设计规范》（GB 50140—2005），根据适用范围、保护场所的火灾危险性、可燃物质的种类、数量、扑救的难度、设备或燃料的特点进行选择。选择时应考虑以下几个方面。

1. 一般规定

1）灭火器的选择应考虑下列因素：

① 灭火器配置场所的火灾种类。

② 灭火器配置场所的危险等级。

③ 灭火器的灭火效能和通用性。

④ 灭火器设置点的环境温度。

⑤ 使用灭火器人员的体能。

2）在同一灭火器配置场所，宜选用相同类型和操作方法的灭火器。当同一灭火器配置场所存在不同火灾种类时，应选用通用型灭火器。

3）在同一灭火器配置场所，当选用两种或两种以上类型灭火器时，应采用灭火剂相容的灭火器。不相容的灭火剂见表 5-5。

表 5-5 不相容的灭火剂

| 灭火剂类型 | 不相容的灭火剂 | |
| --- | --- | --- |
| 干粉与干粉 | 磷酸铵盐 | 碳酸氢钠、碳酸氢钾 |
| 干粉与泡沫 | 碳酸氢钠、碳酸氢钾 | 蛋白泡沫 |
| 泡沫与泡沫 | 蛋白泡沫、氟蛋白泡沫 | 水成膜泡沫 |

2. 具体要求

1）A 类火灾场所应选择水型灭火器、磷酸铵盐干粉灭火器、泡沫灭火器或卤代烷灭火器。

2）B 类火灾场所应选择泡沫灭火器、碳酸氢钠干粉灭火器、磷酸铵盐干粉灭火器、二氧化碳灭火器、灭 B 类火灾的水型灭火器或卤代烷灭火器。

极性溶剂的 B 类火灾场所应选择灭 B 类火灾的抗溶性灭火器。

3）C 类火灾场所应选择磷酸铵盐干粉灭火器、碳酸氢钠干粉灭火器、二氧化碳灭火器或卤代烷灭火器。

4）D 类火灾场所应选择扑灭金属火灾的专用灭火器。

5）E 类火灾场所应选择磷酸铵盐干粉灭火器、碳酸氢钠干粉灭火器、卤代烷灭火器或二氧化碳灭火器。但不得选用装有金属喇叭喷筒的二氧化碳灭火器。

6）非必要场所不应配置卤代烷灭火器。必要场所可配置卤代烷灭火器。必要场所和非必要场所的概念与范畴，详见联合国环境规划署（UNEP）、生态环境部以及应急管理部消防局的有关文件和规定。

## 5.3 灭火器的设置

灭火器的设置一般应满足如下规定：

1）灭火器应设置在位置明显和便于取用的地点，且不得影响安全疏散。

这项要求主要是为了在平时和发生火灾时，能让人们一目了然地知道何处可取灭火器，减少因寻找灭火器所花费的时间，从而能及时有效地将火扑灭在初起阶段。同时能够保证当发现火情后，人们可以在没有任何障碍的情况下，跑到灭火器设置点处，方便地取得灭火器并进行灭火。

2）对有视线障碍的灭火器设置点，应设置指示其位置的发光标志。

3）灭火器的摆放应稳固，其铭牌应朝外。手提式灭火器宜设置在灭火器箱内或挂钩、托架上，其顶部离地面高度不应大于 1.50m；底部离地面高度不宜小于 0.08m。灭火器箱不得上锁。

4）灭火器不宜设置在潮湿或强腐蚀性的地点。当必须设置时，应有相应的保护措施。灭火器设置在室外时，应有相应的保护措施。

5）灭火器不得设置在超出其使用温度范围的地点。

在环境温度超出灭火器使用温度范围的场所设置灭火器，必然会影响灭火器的喷射性能和安全使用，并有可能爆炸伤人或贻误灭火时机。灭火器的使用温度范围一般应满足表 5-6 所示的要求。

表 5-6 灭火器的使用温度范围

| 灭火器类型 | | 使用温度范围/℃ |
| --- | --- | --- |
| 水型灭火器 | 不加防冻剂 | 5~55 |
| | 添加防冻剂 | -10~55 |
| 机械泡沫灭火器 | 不加防冻剂 | 5~55 |
| | 添加防冻剂 | -10~55 |
| 干粉灭火器 | 二氧化碳驱动 | -10~55 |
| | 氮气驱动 | -20~55 |
| 洁净气体(卤代烷)灭火器 | | -20~55 |
| 二氧化碳灭火器 | | -10~55 |

注：灭火器的使用温度范围应符合现行灭火器产品质量标准《手提式灭火器》（GB 4351—2005）和《推车式灭火器》（GB 8109—2005）的有关规定。

在发生火灾后，及时、有效地用灭火器扑灭初起火灾，取决于多种因素，而灭火器保护距离，显然是其中的一个重要因素。它实际上关系到人们是否能及时取用灭火器，进而能否迅速扑灭初起小火，或者是否会使火势失控成灾等一系列问题。关于灭火器最大保护距离应符合如下规定：

1）设置在 A 类火灾场所的灭火器，其最大保护距离应符合表 5-7 所示的规定。

2）设置在 B、C 类火灾场所的灭火器，其最大保护距离应符合表 5-8 所示的规定。

表 5-7　A 类火灾场所的灭火器最大保护距离　　　　　　　（单位：m）

| 危险等级 ＼ 灭火器类型 | 手提式灭火器 | 推车式灭火器 |
|---|---|---|
| 严重危险级 | 15 | 30 |
| 中危险级 | 20 | 40 |
| 轻危险级 | 25 | 50 |

表 5-8　B、C 类火灾场所的灭火器最大保护距离　　　　　（单位：m）

| 危险等级 ＼ 灭火器类型 | 手提式灭火器 | 推车式灭火器 |
|---|---|---|
| 严重危险级 | 9 | 18 |
| 中危险级 | 12 | 24 |
| 轻危险级 | 15 | 30 |

3）D 类火灾场所的灭火器，其最大保护距离应根据具体情况研究确定。

D 类火灾是实际存在的，但由于目前世界各国和国际标准对适用于扑救该类火灾的灭火器均未明确规定其灭火级别，也未确定其标准火试模型，况且国内至今尚无此类灭火器的定型产品，因而只能对其保护距离做原则性的规定。

4）E 类火灾场所的灭火器，其最大保护距离不应低于该场所内 A 类或 B 类火灾的规定。

E 类火灾通常是伴随着 A 类或 B 类火灾而同时存在的，所以设置在 E 类火灾场所的灭火器，其最大保护距离可按照与之同时存在的 A 类或 B 类火灾的规定执行。

## 5.4　灭火器的配置与设计计算

### 5.4.1　灭火器的配置

配置灭火器应满足下列规定：

1）一个计算单元内配置的灭火器数量不得少于 2 具。计算单元是指灭火器配置的计算区域。在发生火灾时，计算单元若能同时使用两具灭火器共同灭火，则对迅速、有效地扑灭初起火灾非常有利。同时，两具灭火器还可起到相互备用的作用，即使其中一具失效，另一具仍可正常使用。

2）每个设置点的灭火器数量不宜多于 5 具。这主要是从消防实战考虑，就是说在失火后可能会有许多人同时参加紧急灭火行动。如果同时到达同一个灭火器设置点来取用灭火器的人员太多，而且许多人手提 1 具灭火器到同一个着火点去灭火，则会互相干扰，使得现场非常杂乱，影响灭火，容易贻误战机。而且为放置数量过多的灭火器而设计的灭火器箱、挂钩、托架的尺寸则会过大，所占用的空间也相对较大，对正常办公、生产、生活均不利。

3）当住宅楼每层的公共部位建筑面积超过 $100m^2$ 时，应配置 1 具 1A 的手提式灭火器；建筑面积每增加 $100m^2$，增配 1 具 1A 的手提式灭火器。

灭火器的最低配置基准应满足下列规定：

1）A 类火灾场所灭火器的最低配置基准应符合表 5-9 所示的规定。

表 5-9　A 类火灾场所灭火器的最低配置基准

| 危险等级 | 严重危险级 | 中危险级 | 轻危险级 |
|---|---|---|---|
| 单具灭火器最小配置灭火级别 | 3A | 2A | 1A |
| 单位灭火级别最大保护面积($m^2$/A) | 50 | 145 | 100 |

2）B、C 类火灾场所灭火器的最低配置基准应符合表 5-10 所示的规定。

表 5-10　B、C 类火灾场所灭火器的最低配置基准

| 危险等级 | 严重危险级 | 中危险级 | 轻危险级 |
|---|---|---|---|
| 单具灭火器最小配置灭火级别 | 89B | 55B | 21B |
| 单位灭火级别最大保护面积($m^2$/B) | 0.5 | 1.0 | 1.5 |

3）D 类火灾场所的灭火器最低配置基准应根据金属的种类、物态及其特性等研究确定。

4）E 类火灾场所的灭火器最低配置基准不应低于该场所内 A 类（或 B 类）火灾的规定。

## 5.4.2　灭火器配置设计计算

### 1. 一般规定

1）灭火器配置的设计与计算应按计算单元进行。灭火器最小需配灭火级别和最少需配数量的计算值应进位取整。

2）每个灭火器设置点实配灭火器的灭火级别和数量不得小于最小需配灭火级别和数量的计算值。

3）灭火器设置点的位置和数量应根据灭火器的最大保护距离确定，并应保证最不利点至少在 1 具灭火器的保护范围内。

实际上是要求在计算单元内配置的灭火器能完全保护到该计算单元内的任一可能着火点，不能出现空白区（死角）。也就是要求计算单元内的任一点，尤其是最不利点（距灭火器设置点的最远点），均应至少得到 1 具灭火器的保护，即任一可能着火点（包括最不利点）都应在至少 1 个灭火器设置点的保护圆（以灭火器设置点为圆心，以灭火器的最大保护距离为半径）的范围内。

在计算单元内，灭火器的配置规格和数量应同时满足灭火器最低配置基准和灭火器最大保护距离的要求，而对灭火器最大保护距离的要求又是通过对灭火器设置点的定位和布置来实现的。在每个灭火器设置点上至少应有 1 具灭火器，最多不超过 5 具灭火器。

### 2. 计算单元

（1）灭火器配置设计的计算单元应按下列规定划分

1）当一个楼层或一个水平防火分区内各场所的危险等级和火灾种类相同时，可将其作为一个计算单元。

2）当一个楼层或一个水平防火分区内各场所的危险等级和火灾种类不相同时，应将其分别作为不同的计算单元。

3）同一计算单元不得跨越防火分区和楼层。

（2）计算单元保护面积的确定应符合下列规定

1）建筑物应按其建筑面积确定。保护面积原则上应按建筑场所的净使用面积计算。但建筑场所的净使用面积计算比较繁琐，需要从建筑面积中逐一扣除所有外墙、隔墙及柱等建筑构件的占地面积，实际计算起来很不方便。规范规定以建筑面积作为保护面积，这样可以使计算简化。

2）可燃物露天堆场，甲、乙、丙类液体储罐区，可燃气体储罐区应按堆垛、储罐的占地面积确定。

3. 配置设计计算

1）计算单元的最小需配灭火级别应按下式计算：

$$Q = K \frac{S}{U} \qquad\qquad (5\text{-}1)$$

式中　$Q$——计算单元的最小需配灭火级别（A 或 B）；

　　　$S$——计算单元的保护面积（$m^2$）；

　　　$U$——A 类或 B 类火灾场所单位灭火级别最大保护面积（$m^2/A$ 或 $m^2/B$）；

　　　$K$——修正系数。应按表 5-11 的规定取值。

表 5-11　修正系数

| 计算单元 | $K$ |
|---|---|
| 未设室内消火栓系统和灭火系统 | 1.0 |
| 设有室内消火栓系统 | 0.9 |
| 设有灭火系统 | 0.14 |
| 设有室内消火栓系统和灭火系统 | 0.5 |
| 可燃物露天堆场<br>甲、乙、丙类液体储罐区<br>可燃气体储罐区 | 0.3 |

实际上，通过式（5-1）得到的计算单元的最小需配灭火级别计算值就是《建筑灭火器配置设计规范》（GB 50140—2005）规定的该计算单元扑救初起火灾所需灭火器的灭火级别最低值。如果实配灭火器的灭火级别合计值不能正好等于最小需配灭火级别的计算值，那么就应使其大于或等于最小需配灭火级别。例如，如果某计算单元的最小需配灭火级别的计算值是 10A，而选配的且符合表 5-11 规定的各具灭火器的灭火级别均是 2A，则灭火器最少需配数量就是 5 具；如果该计算单元的最小需配灭火级别的计算值为 9A，则灭火器最少需配数量仍然是 5 具，因为 2A×5＝10A 是大于 9A 的数值里的最小整数值。

应该说明的是，即使在设置有消火栓系统和固定灭火系统的场所，仍需配置灭火器作为一线灭火工具。特别是对那些安装了投资较大的气体灭火系统的场所，尤其需要配置灭火器。因为不可能为一点点小火的发生就启动气体灭火系统，这时应首先用灭火器来扑灭初起火灾，既经济又实用。

2）歌舞娱乐放映游艺场所、网吧、商场、寺庙以及地下场所等的计算单元的最小需配灭火级别应按下式计算：

$$Q = 1.3K\frac{S}{U} \tag{5-2}$$

3）计算单元中每个灭火器设置点的最小需配灭火级别应按下式计算：

$$Q_e = \frac{Q}{U} \tag{5-3}$$

式中　$Q_e$——计算单元中每个灭火器设置点的最小需配灭火级别（A 或 B）；

　　　$U$——计算单元中的灭火器设置点数（个）。

灭火器配置的设计计算可按下述程序进行：

1）确定各灭火器配置场所的火灾种类和危险等级。

2）划分计算单元，计算各计算单元的保护面积。

3）计算各计算单元的最小需配灭火级别。

4）确定各计算单元中的灭火器设置点的位置和数量。

5）计算每个灭火器设置点的最小需配灭火级别。

6）确定每个设置点灭火器的类型、规格与数量。

7）确定每具灭火器的设置方式和要求。

8）在工程设计图上用灭火器图例和文字标明灭火器的型号、数量与设置位置。

## 5.4.3　建筑灭火器配置设计图例

手提式、推车式灭火器图例见表 5-12。

表 5-12　手提式、推车式灭火器图例

| 序号 | 图　例 | 名　称 |
|---|---|---|
| 1 |  | 手提式灭火器<br>Portable fire extinguisher |
| 2 |  | 推车式灭火器<br>wheeled fire extinguisher |

灭火剂种类图例见表 5-13。

表 5-13　灭火剂种类图例

| 序号 | 图　例 | 名　称 |
|---|---|---|
| 1 |  | 水<br>Water |
| 2 |  | 泡沫<br>Foam |
| 3 |  | 含有添加剂的水<br>Water with additive |

（续）

| 序号 | 图 例 | 名 称 |
|------|-------|-------|
| 4 | | BC 类干粉<br>BC powder |
| 5 | | ABC 类干粉<br>ABC powder |
| 6 | | 卤代烷<br>Halon |
| 7 | | 二氧化碳<br>Carbon dioxide<br>（$CO_2$） |
| 8 | | 非卤代烷和二氧化碳类气体灭火剂<br>Extinguishing gas other than halon or $CO_2$ |

灭火器图例见表 5-14。

表 5-14 灭火器图例

| 序号 | 图 例 | 名 称 |
|------|-------|-------|
| 1 | | 手提式清水灭火器<br>Water portable extinguisher |
| 2 | | 手提式 ABC 类干粉灭火器<br>ABC powder portable extinguisher |
| 3 | | 手提式二氧化碳灭火器<br>Carbon dioxide portable extinguisher |
| 4 | | 推车式 BC 类干粉灭火器<br>Wheeled BC powder extinguisher |

## 5.4.4 工程实例

图 5-11 所示为某法院办公楼五层给水排水平面图，其中包括干粉灭火器的布置。该建筑为中危险级，按要求每层要有 4 处设置干粉灭火器，每处均布置 2 具 3kg 的手提式磷酸铵盐干粉灭火器。

图 5-12 为某四层办公楼干粉灭火系统平面图，灭火器配置场所的危险等级为中危险等级，按要求在各楼层每个消火栓处均相应布置 2 具手提式磷酸铵盐干粉灭火器，灭火型号为 MF/ABC3，2A 3kg。

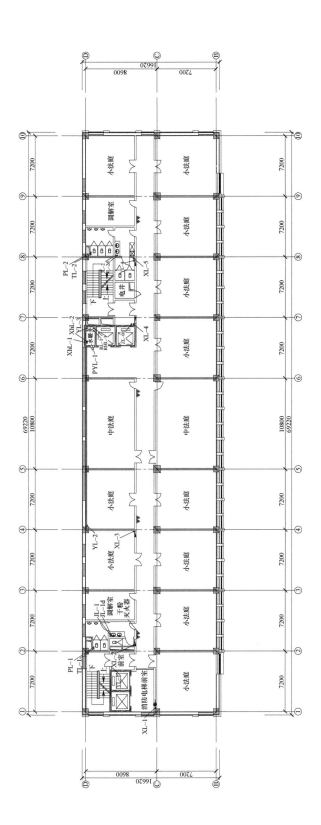

图 5-11　某法院办公楼五层给水排水平面图

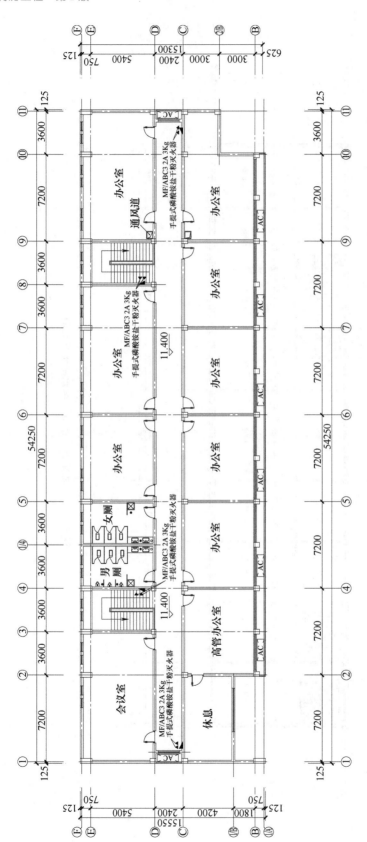

图 5-12　干粉灭火系统平面图

## 思考题与习题

1. 火灾中常用的灭火器有哪几种？
2. 灭火器分为哪几类？
3. 灭火器的选择应考虑哪些因素？
4. 灭火器的设置一般应满足哪些规定？
5. 简述灭火器配置设计计算程序。

# 第 6 章
# 地下工程与人防工程的消防

地下工程包括的范围很广，按其建造形式可分为附建式和单建式两类。附建式地下工程附建在高层建筑或者多层建筑的下部，其层数有一层至三层或者更多层不等，因使用功能的不同，建筑用房的性质也各不相同，如地下车库、商场、旅馆、餐厅、游艺场、医院、舞厅、设备用房、加工车间等。单建式地下工程是单建在室外自然地坪以下的独立建筑，其使用功能和用房性质基本同附建式。另外还有地下铁道和公路隧道等地下工程。人防工程是一种特殊的地下工程，分为单建掘开式工程、坑道工程、地道工程和人民防空地下室工程等。

## 6.1 地下工程的消防

### 6.1.1 地下工程的火灾特点

地下工程只有内部空间，不存在外部空间，不像地面建筑有外门、外窗与大气相通，只有通过与地面连接的通道或楼梯才有出入口，因而形成了与地面建筑不同的燃烧特性，其火灾有如下特点：

1. 烟雾大

发生火灾时，一般供气不足，温度开始上升较慢，阴燃时间较长，发烟量大。部分材料在不同温度下产生烟量，而且可燃物燃烧时产生的各种有毒有害气体，危害人们的生命安全。

2. 温度高

火灾时热烟很难排出，散热缓慢，内部空间温度上升快，会较早出现轰燃现象，因延烧时间较长，温度可高达 $800 \sim 900℃$，当有易燃易爆物品发生爆炸时，泄爆的能力差，将引起连续爆炸，严重影响结构安全。

3. 人员疏散困难

火灾时，正常电源切断，人员依靠事故照明和疏散标志逃生，如果无事故照明，将是一片漆黑，人员无法逃离火场。若逃生的出口路线少，再加上人严重缺氧，四肢无力，神志不清，很难在这样环境中逃生。

4. 扑救困难

地下火灾比地面火灾在扑救上要困难得多，主要表现在：指挥员决策困难，通信指挥困难，进入火场困难，烟雾和高温影响灭火工作，灭火设备和灭火场地受限制。

### 6.1.2 消防用水量及消防设施

1）附建式地下建筑的室内消防用水量和消防设备的设置应与其地面上的高层或多层建

筑作为一幢整体建筑一并考虑确定，遵照《建筑设计防火规范》《消防给水及消火栓系统技术规范》《自动喷水灭火系统设计规范》以及《建筑灭火器配置设计规范》等规范的有关规定执行。

　　2）单建式地下建筑的室内消防用水量和消防设备的设置，应根据建筑物的使用性质、体积等因素，遵照《建筑设计防火规范》《消防给水及消火栓系统技术规范》《自动喷水灭火系统设计规范》《汽车库、修车库、停车场设计防火规范》等有关规定执行。如对地下工程防火设计从严要求，或属地下人防工程平战结合的改建、扩建，均应按《人民防空工程设计防火规范》的有关规定执行。

## 6.1.3　消防给水系统的给水方式

### 1. 附建式地下工程的给水方式

　　1）地下建筑部分直接利用城市给水管道的水量、水压，构成独立的消防给水或消防与生活合用的给水系统；确保消防所需的水量和水压，为常高压消防给水系统。而地面建筑部分另设有消防泵加压的临时高压消防给水系统。

　　2）地下建筑与地面建筑合设一个消防给水系统，由地下消防泵房加压，消防控制室统一管理。根据建筑物的高度不同，地下建筑的消防系统可以与地面上所有层合用一个系统或者与地面建筑的下面若干层合用一个系统，保证消火栓处静水压不大于 1.0MPa。此系统根据所供水量、水压和分区的不同情况，可以是常高压消防给水系统，也可能是临时高压消防给水系统。

### 2. 单建式地下工程的消防给水系统

　　单建式地下工程的消防给水系统一般由城市给水管道或其他地表水源供水，可分为：

　　1）利用城市给水管道的水量、水压的消防给水系统或消防、生活合用给水系统，能满足消防所需的水量、水压，即常高压消防给水系统。

　　2）利用其他水源，设消防泵加压的临时高压消防给水系统。

## 6.1.4　地下工程消防的有关规定

　　1）高层建筑的地下室耐火等级应为一级。

　　2）高层和多层建筑的地下室，防火分区的最大允许建筑面积为 500m²，设自动灭火设备的防火分区，其最大允许建筑面积可增加一倍。

　　3）高层和多层建筑的地下室，每个防火分区的安全出口不少于两个，每个防火分区必须有一个能直通室外的安全出口，但面积不超过 50m²，且人数不超过 15 人时可设一个。

　　4）高层建筑地下室不宜设置人员密集的厅、室，当必须设置时，其面积不应超过 300m²。

　　5）消防控制室设在地下一层时，应采用耐火极限不低于 3h 的隔墙和耐火极限不低于 2h 的楼板与其他部位隔开，并应设直通室外的安全出口。

　　6）消防水泵房设在地下室时，其墙、板的耐火极限等要求同消防控制室。消防水泵房与消防控制室之间应设直接的通信设备。

　　7）地下建筑内部设有消防电梯时，应设消防电梯井的排水设施，排水井的容量不应小于 2m³，排水泵的排水量不应小于 10L/s。电梯井排水直接排入地下污水泵房集水池时，应采取防臭措施。

8）地下建筑内设有储存室内外消防总用水量的消防水池时，消防水池应设有供消防车取水的取水口，应保证消防车的吸水高度不超过6m。取水口的设置方式：

① 消防水池设在地下一层时，池的深度应考虑满足消防车的吸水高度不超过6m的要求，如图6-1所示。取水口应设在室外消防通道附近，与被保护建筑的距离大于5m，其做法与吸水井相同，设井盖，并有相应的确保安全、卫生防护的措施。

② 消防水池设在地下二层或地下二层以下时，为了使室内消防水池所储存的室外消防水量，一旦需要时同样发挥作用。一般做法是在室内设置供室外消防流量的转输加压专用泵，火灾发生时，由专用水泵提水供消防车取水，做法如图6-2所示。

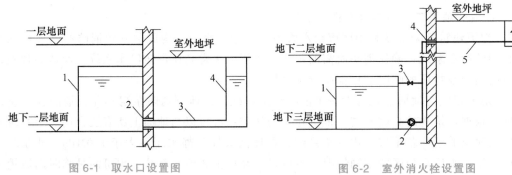

图 6-1　取水口设置图

1—消防水池　2—防水套管　3—引水管　4—取水井

图 6-2　室外消火栓设置图

1—消防水池　2—室内消防泵　3—泄压阀
4—防水套管　5—输水管　6—室外消水栓

### 6.1.5　地下铁道和铁道隧道的消防

1）地下铁道水源采用城市自来水时，其引入管的供水能力，应满足供水区段生产、生活和消防用水的需要。每区段消防引入管不得少于两条。

2）隧道内消火栓最大间距、最小用水量及水枪最小充实水柱应符合表6-1所示的规定。

表 6-1　隧道内消火栓最大间距、最小用水量和水枪最小充实水柱

| 地点 | 最大间距/m | 最小用水量/(L/s) | 水枪最小充实水柱/m |
|---|---|---|---|
| 车站 | 30 | 20 | 15 |
| 折返线 | 30 | 15 | 15 |
| 区间（单洞） | 30 | 15 | 15 |

3）车站及折返线消火栓箱内宜设火灾报警按钮，当车站设有消防泵房时，尚应设水泵启动按钮。

4）消防水池的设置。当城市管网的水量和水压不能满足地下铁道隧道内消防要求时，必须设消防泵和消防水池。消防水池容积按自动喷水灭火装置火灾延续时间1h计算，消火栓按2h计算。在发生火灾时，能保证连续向水池补水的条件下，可扣除火灾延续时间内连续补充的水量。

5）水泵接合器的设置。地下铁道的车站出入口或通风亭的口部等处应设水泵接合器，并在40m范围内设置室外消火栓或消防水池。

6）下列场所应设置自动喷水灭火装置：

① 与地下铁道同时修建的地下商场。

② 与地下铁道同时修建的地下易燃物品仓库和Ⅰ、Ⅱ、Ⅲ类地下汽车库。

7）当水幕仅起保护作用配合防火卷帘进行放火隔断时，其用水量不应小于 0.5L/（s·m）。

8）地下铁道内地下变电所的重要设备间、车站通信及信号机房、车站控制室、控制中心的重要设备间和发电机房，宜设气体灭火装置。

9）地下铁道内应设消防排水设施，并应符合下列规定：

① 排水泵站应设在线路坡度最低点，每座泵站所担负的隧道长度单线不宜超过 3km，双线长度不宜超过 1.5km。主要排除结构渗漏水、事故水、凝结水和生产、冲洗及消防废水。

② 排水泵站应设置两台排水泵，平时一台工作一台备用。当排除消防废水时两台泵共同工作，排水泵的总能力按消防时最大小时排水量确定。位于河、湖等水域下的排水泵站应增设一台排水泵。

③ 排水泵站应设计成自灌式，采用自动、就地和远距离三种控制方式，并应在控制室内设置显示排水泵工作状态和水位信号的装置。

④ 排水泵站的集水池有效容积，按不小于 10min 的渗水量与消防废水量之和确定，主排水泵站不得小于 30m³。

⑤ 排水泵扬水管应采用金属管。主排水泵站应设两根扬水管。排水泵扬水管宜由结构顶板或侧墙穿出，并应设防水套管。当洞外管道埋设较深或维修有困难时，应设便于维修的管道井和管沟，管沟高度不小于 1.2m，宽度根据扬水管数量确定。

10）地下铁道有关防火规定：

① 地下铁道的地下工程及出入口、通风亭的耐火等级应为一级。

② 地下铁道的控制中心、车站行车值班室或车站控制室、变电所、配电室、通信及信号机房、通风和空调机房、消防泵房、灭火剂钢瓶室等重要设备用房，应采用耐火极限不低于 3h 的隔墙和耐火极限不低于 2h 的楼板与其他部位隔开，建筑吊顶应采用非燃材料。隔墙上的门应采用甲级防火门。

③ 地下铁道车站应采用防火分隔物划分防火分区，除站台厅和站厅外，每个防火分区的最大允许使用面积不应超过 1500m²。但消防泵房、污水泵房、蓄水池、厕所、盥洗室的面积可不计入防火分区的面积。

④ 管道穿过防火墙、楼板及防火分隔物时，应采用非燃材料将管道周围的空隙填塞密实。

⑤ 当车站设置防火墙或防火门有困难时，可采用水幕保护的防火卷帘或复合防火卷帘。防火卷帘上应留有小门并采用两级下落式，先降至离地面 2m 处，在确认无人员遗漏情况下，最后降落第二级。

## 6.1.6　工程实例

某地下汽车库，长 55.4m，宽 37.5m，设计停车位 55 个。室外市政给水管网供水压力为 0.2MPa，能满足室内消防设施的水量及水压要求。

（1）消火栓灭火系统 该地下汽车库属Ⅲ类防火，室外消火栓系统消防用水量应不小于15L/s，室内消火栓系统消防用水量10L/s。按规范要求室内消火栓的布置间距不应大于30m，因此，该汽车库内布置8个消火栓（包括消防电梯前室布置的一个消火栓），并在汽车库外不小于5m处设置地下式水泵接合器1个，与室内消火栓环状管网连接。消火栓系统及消防排水系统平面布置如图6-3所示。

（2）自动喷水灭火系统 该地下车库属"停车数超过10辆的地下车库"，故应设置自动喷水灭火系统。系统按中危险级Ⅱ级设计。考虑喷头应布置在汽车库停车位的上方的要求，结合柱网尺寸，喷头的布置间距为3.4m×2.5m，共设232个闭式喷头，其中地下室不吊顶处采用直立型喷头。喷头的布置位置及管道走向，如图6-4所示。自动喷水灭火系统的消防用水量为301m³，进水干管采用DN150镀锌钢管。在汽车库外5m处设置水泵接合器2个，与室内的自动喷水灭火系统干管连接（见图6-3）。

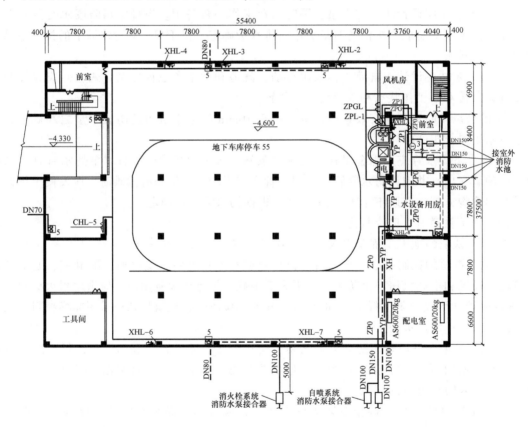

图6-3 消火栓系统及消防排水系统平面布置

1—自喷泵 2—消火栓泵 3—报警阀 4—消防电梯集水坑 5—车库集水坑

（3）消防排水系统设计 在汽车库内按照各部位不同的用途和地面坡度，在设备用房、地下车库停车场、车库主入口、自动喷水末端试水装置处分别设置了1.0m×1.0m×1.0m（H）的集水坑7个，分别排出消防水泵房排水渠排入集水坑的废水、地下汽车库停车场废水和自喷试水装置废水，并采用潜水排污泵提升至室外雨水管（见图6-3）。

在消防电梯旁设置了1.7m×1.7m×0.8m（H）的集水坑1个，用以排除火灾时消防电梯的积水。消防排水井的容量不应小于 $2m^3$。

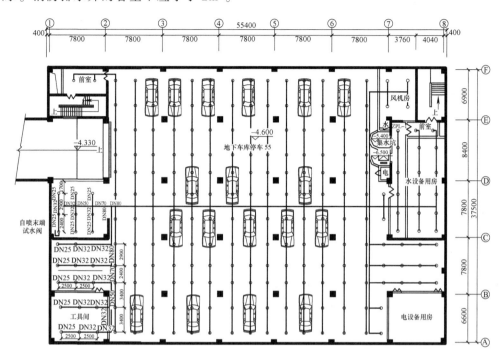

图 6-4　自动喷水灭火系统平面布置

## 6.2　人防工程的消防

　　人防工程指具有防护标准级别的防空地下建筑（地下室）。一般均为高层和多层地面建筑下附建的人防地下室，也有全埋在室外自然地面下单建的人防地下室。防空地下室在符合战时防护功能要求的同时，还应充分满足平时使用功能的要求。由于用途广，功能繁多，大量电气设备的使用，增加了火灾的危险性，所以为防止和减少火灾对人防工程的危害，人防工程必须遵照《人民防空工程设计防火规范》（GB 50098—2009）进行设计。

### 6.2.1　消防水源和消防用水量

#### 1. 消防水源

　　消防水源包括：市政给水管道、人防工程水源井、消防水池和天然水源。当采用市政给水管道直接供水，消防水量达到最大时，其水压应满足室内最不利点灭火设备的要求。利用天然水源供水时，应确保枯水期最低水位时的消防用水量，并应设置可靠的取水设施。

#### 2. 消防用水量

　　设有室内消火栓、自动喷水等灭火设备时，其消防用水量应按需要同时开启的上述设备用水量之和计算。室内消火栓用水量，不应小于表 6-2 所示的规定，增设的消防水喉设备的用水量可不计入消防用水量。自动喷水灭火系统的用水量按现行《自动喷水灭火系统设计规范》的有关规定执行。

表 6-2 室内消火栓最小用水量

| 工程类别 | 体积或座位数 | 同时使用水枪数（支） | 每支水枪最小流量/（L/s） | 消火栓用水量/（L/s） |
|---|---|---|---|---|
| 商场、医院、旅馆、展览厅、公共娱乐场所（电影院、礼堂除外）、小型体育场所 | <1500m³<br>≥1500m³ | 1<br>2 | 5.0<br>5.0 | 5.0<br>10.0 |
| 丙、丁、戊类生产车间、自行车库 | ≤2500m³<br>>2500m³ | 1<br>2 | 5.0<br>5.0 | 5.0<br>10.0 |
| 丙、丁、戊类物品库房、图书资料档案库 | ≤3000m³<br>>3000m³ | 1<br>2 | 5.0<br>5.0 | 5.0<br>10.0 |
| 餐厅 | 不限 | 1 | 5.0 | 5.0 |
| 电影院、礼堂 | ≥800 座 | 2 | 5.0 | 10.0 |

## 6.2.2 灭火设备的设置

1）下列人防工程和部位应设置室内消火栓：

① 建筑面积超过 300m² 的人防工程。

② 避难走道。

③ 电影院、礼堂。

④ 消防电梯间前室。

2）下列人防工程和部位应设置自动喷水灭火系统：

① 建筑面积超过 1000m² 的人防工程。

② 超过 800 个座位的电影院和礼堂的观众厅，且吊顶下表面至观众席地面高度不超过 8m 时；舞台使用面积超过 200m² 时；观众厅与舞台之间的台口宜设置防火幕或水幕分隔。

③ 采用防火卷帘代替防火墙或防火门，当防火卷帘不符合防火墙耐火极限的判定条件时，应在防火卷帘的两侧设置闭式自动喷水灭火系统，其喷头间距应为 2.0m，喷头与卷帘距离应为 0.5m；有条件时，也可设置水幕保护。

④ 歌舞娱乐放映游艺场所。

⑤ 建筑面积大于 500m² 的地下商店。

3）柴油发电机房、直燃机房、锅炉房、变配电室和图书、资料、档案等特藏库房宜设置二氧化碳等气体灭火系统，但不应采用卤代烷 1211、1301 灭火系统；重要的通信机房和计算机机房应设置气体灭火系统。

4）灭火器的配置应按现行《建筑灭火器配置设计规范》的规定执行。

## 6.2.3 消防水池

1）具有下列情况之一者应设消防水池：

① 市政给水管网、水源井或天然水源不能确保消防用水量。

② 市政给水管网为枝状或人防工程只有一条进水管。

2）室内消防用水总量不超过 10L/s 时，可以不设消防水池。

3）消防水池的有效容积应满足火灾延续时间内室内消防水总量的要求；建筑面积小

于 3000m² 的单建掘开式、坑道、地道人防工程消火栓系统火灾延续时间按 1h 计算；建筑面积大于等于 3000m² 的单建掘开式、坑道、地道人防工程消火栓系统火灾延续时间按 2h 计算，改扩建人防工程有困难时可按 1h 计算；自动喷水灭火系统火灾延续时间按 1h 计算。在发生火灾时能保证连续向水池补水的条件下，消防水池的容量可减去火灾延续时间内补充的水量。

4）消防用水与生产、生活、空调等其他用水合并的水池，应有确保消防用水不被他用的技术措施。消防水池补水时间不应超过 48h。

5）消防水池可以设置在人防工程内或者人防工程外，寒冷地区的室外消防水池应有防冻措施。

### 6.2.4　室内消防给水

（1）室内消防给水系统类型　包括消防给水独立系统和消防给水与其他给水合并系统。最好采用消防给水独立系统。

（2）管道的布置与敷设

1）室内消火栓超过 10 个时，消防给水管道应布置成环状。环状管网的进水管宜设两条，当其中一条进水管发生故障时，另一条应仍能供给全部消防用水量。

2）室内消防给水管道应用阀门分成若干独立段，当某段损坏，同层停止使用的消火栓数不应超过 5 个。阀门应有明显的启闭标志。

3）室内消火栓管道应与自动喷水灭火系统的给水管道分开设置，当确实有困难时，可合用消防泵，但必须保证消火栓给水管道在自动喷水灭火系统的报警阀前分开。

4）人防工程的消防给水引入管，当从出入口引入时，应在防护密闭门内设置防爆波阀门。当进水管由防空地下室的围护结构引入时，应在外墙或顶板的内侧设防爆波阀门。防爆波阀门的抗力不应小于 1.0MPa，应设在便于操作处，并应设有明显的启闭标志。

5）消防给水管道穿过防空地下室外墙处，应采取防震、防不均匀沉降和防水措施。穿过顶板的立管，应牢固地固定在顶板内。

6）人防工程室内的消防给水管道采用镀锌钢管并做防腐处理。

7）人防工程的给水引入管上，宜设单独的水表。

（3）室内消火栓的设置

1）室内消火栓水枪充实水柱长度应通过水力计算确定，并不应小于 10m。

2）室内消火栓栓口处的静水压力不应大于 1.0MPa，当大于 1.0MPa 时，应采用分区给水系统；当消火栓栓口的出水压力大于 0.5MPa 时，应设置减压装置。

3）室内消火栓应设在明显易于取用的地点，栓口出水方向宜与设置消火栓的墙面成90°；栓口离地面高度宜为 1.1m；同一工程应采用统一规格的消火栓、水枪和水带，每根水带长度不应超过 25m。

4）室内消火栓的间距应通过计算确定，当保证同层相邻两支水枪的充实水柱同时到达被保护范围内任何部位时，不应大于 30m；当保证有一支水枪的充实水柱到达室内任何部位时，不应大于 50m。

5）设有消防水泵的消防给水系统，每个消火栓处应设置直接启动消防水泵的按钮，并应有保护措施。

### 6.2.5 室外消火栓和水泵接合器

1）当消防用水总量超过 10L/s 时，应在人防工程外设水泵接合器。距水泵接合器 40m 内，应设有室外消火栓。

2）水泵接合器和室外消火栓总的数量，应按人防工程内消防用水量确定，每个水泵接合器和室外消火栓的流量应按 10~15L/s 计算。

3）水泵接合器和室外消火栓应设在便于消防车使用的地点，距人防工程出入口不宜小于 5m，室外消火栓距路边不宜大于 2m。

4）水泵接合器和室外消火栓应有明显的标志。

### 6.2.6 其他相关规定

1）人防工程的总平面设计应根据人防工程建设规划、规模、用途等因素，合理确定其位置、防火间距、消防车道和消防水源等。

2）人防工程内不应设置高压锅炉房、氨冷冻站和甲、乙类的生产车间、物品库房。

3）人防工程内严禁存放液化石油气钢瓶，并不得使用液化石油气和闪点小于 60℃ 的液体作燃料。

4）人防工程内不宜设置哺乳室、幼儿园、托儿所、游乐厅等儿童活动场所和残疾人员活动场所。

5）人防工程平时使用层数不宜超过两层（丁、戊类生产车间和物品库房除外），且使用层的地面（或楼面）与室外地坪的高差不宜超过 10m。

6）商场的营业厅、医院的病房、旅馆的客房以及会议室、展览厅、餐厅、旱冰场、体育场、舞厅、电子游艺场等宜设在地下一层。

7）消防控制室应设置在地下一层直通地面的安全出入口处，当地面建筑设置有消防控制室时，可与地面建筑消防控制室合用。

8）消防控制室、消防水泵房、排烟机房、灭火剂储瓶室、变配电室、通信机房、通风和空调机房、可燃物存放量平均值超过 30kg/m² 火灾荷载密度的房间等，应采用耐火极限不低于 2h 的墙和楼板与其他部位隔开。隔墙上的门应采用常闭的甲级防火门。

9）消防水泵应设置备用泵，其工作能力不应小于最大一台消防工作泵。每台消防泵应设置独立的吸水管，并宜采用自灌式吸水，其吸水管上应设置闸阀，出水管上应设置试验和检查用的压力表和放水阀门。

10）人防工程内设有消防给水系统时，必须设置消防排水设施。消防排水设施宜与生活污水排水设施合并设置，兼作消防排水的生活污水泵，包含备用泵在内的总排水量应满足消防排水量的要求。

11）与防空地下室无关的管道，不宜穿过人防围护结构。当因条件限制需要穿过其顶板时，只允许公称直径不大于 75mm 的给水、供暖、空调冷媒管道穿过。凡进入防空地下室的管道及其穿过的人防围护结构，均应采取防护密闭措施。

### 思考题与习题

1. 哪些人防工程和部位应设室内消火栓？

2. 地下工程消防给水系统有哪几种给水方式？

# 第7章

# 建筑防烟排烟系统

## 7.1 概述

火灾发生时会产生大量的烟气，其中含有 CO、$CO_2$ 和多种有毒、腐蚀性气体以及火灾空气中的固体碳颗粒。当建筑（特别是高层建筑）发生火灾时，烟气在室内外温差引起的烟囱效应、燃烧气体的浮力和膨胀力、风力、通风空调系统、电梯的活塞效应等驱动力的作用下，会迅速从着火区域蔓延，传播到建筑物内其他非着火区域，甚至传播到疏散通道，严重影响人员逃生及灭火。据统计，火灾丧生人员约85%因烟气而窒息，大部分人是吸入烟尘和 CO 等有毒气体引起昏迷而罹难。因此，防止建筑物火灾危害，很大程度是解决火灾发生时的防烟和排烟问题。

防烟和排烟是控制火灾现场烟气的两种方式。防烟是防止烟的进入，是被动的；相反，排烟是积极改变烟的流向，使之排出户外，是主动的，两者互为补充。

防烟排烟的作用主要有以下三个方面：

1）为安全疏散创造有利条件。

2）为消防扑救创造有利条件。

3）控制火势蔓延。

《建筑设计防火规范》（GB 50016—2014）对防排烟系统的设置有明确规定。

建筑的下列场所或部位应设置防烟设施：

1）防烟楼梯间及其前室。

2）消防电梯间前室或合用前室。

3）避难走道、避难层（间）。

建筑高度不超过50m的公共建筑、厂房、仓库和建筑高度不大于100m的住宅建筑，当其防烟楼梯间的前室或合用前室符合下列条件时，楼梯间可不设置防烟系统：

1）前室或合用前室采用敞开的阳台、凹廊。

2）前室或合用前室具有不同朝向的开启外窗，且可开启外窗的面积满足自然排烟口的面积要求。

厂房或仓库的下列场所或部位应设置排烟设施：

1）人员、可燃物较多的丙类生产场所，丙类厂房中建筑面积大于 $300m^2$ 且经常有人停留或可燃物较多的地上房间。

2）建筑面积大于 $5000m^2$ 的丁类生产车间。

3）占地面积大于 $1000m^2$ 的丙类仓库。

4）中庭。

5）高度大于 32m 的高层厂房（仓库）内长度大于 20m 的疏散走道，其他厂房（库）内长度大于 40m 的疏散走道。

民用建筑的下列场所或部位应设置排烟设施：

1）设置在一、二、三层且房间建筑面积大于 $100m^2$ 或设置在四层及以上或地下、半地下的歌舞娱乐放映游艺场所。

2）中庭。

3）公共建筑中建筑面积大于 $100m^2$ 且经常有人停留的地上房间。

4）公共建筑内建筑面积大于 $300m^2$ 且可燃物较多的地上房间。

5）建筑内长度大于 20m 的疏散走道。

地下或半地下建筑（室）、地上建筑内的无窗房间，当总建筑面积大于 $200m^2$ 或一个房间建筑面积大于 $50m^2$，且经常有人停留或可燃物较多时，应设置排烟设施。

## 7.2 防烟系统

### 7.2.1 防烟系统类型与选择

防烟系统是指通过采用自然通风方式，防止火灾烟气在楼梯间、前室、避难层（间）等空间集聚，或通过采用机械加压送风方式阻止火灾烟气侵入楼梯间、前室、避难层（间）等空间的系统。防烟系统分为机械加压送风系统（见图 7-1a）和自然排烟系统（见图 7-1b）。

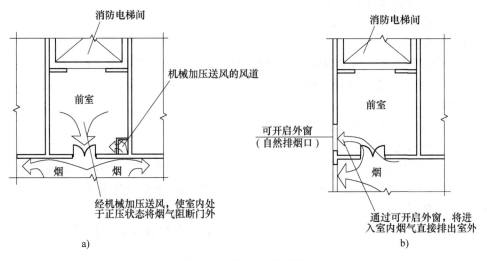

图 7-1 建筑中的防烟系统

a）机械加压送风系统 b）自然排烟系统

建筑高度大于 50m 的公共建筑和工业建筑和建筑高度大于 100m 的住宅建筑，其防烟楼梯间、独立前室、共用前室、合用前室及消防电梯前室的防烟系统应采用机械加压送风系统。

建筑高度小于或等于 50m 的公共建筑、工业建筑和建筑高度小于或等于 100m 的住宅建筑，其防烟楼梯间、独立前室、共用前室、合用前室及消防电梯前室的防烟系统应采用自然通风系统。当不能设置自然通风系统时，应采用机械加压送风系统。

当独立前室或合用前室满足下列条件之一时，楼梯间竖井内可不设置防烟设施：

1）采用敞开的阳台或凹廊。

2）设有两个及以上不同朝向的可开启外窗，且独立前室两个外窗面积分别不小于 $2m^2$，合用前室两个外窗面积分别不小于 $3m^2$。

当独立前室、共用前室及合用前室消防电梯前室的机械加压送风口设置在前室的顶部或正对前室入口的墙面时，楼梯间可采用自然通风系统；当机械加压送风口未设置在前室的顶部或正对前室入口的墙面时，楼梯间可采用机械加压送风系统。

当防烟楼梯间在裙房高度以上部分采用自然通风时，不具备自然通风条件的裙房的独立前室、共用前室及合用前室应采用机械加压送风系统，且独立前室、共用前室及合用前室送风口的设置应满足上一条的要求。

建筑地下部分防烟楼梯间前室及消防电梯前室，当无自然通风条件或自然通风不符合要求时，应采用机械加压送风系统。

封闭楼梯间应采用自然通风系统，不能满足自然通风条件的封闭楼梯间，应设置机械加压送风系统。当地下、半地下建筑（室）的封闭楼梯间不与地上楼梯间共用且地下仅为一层时，可不设置机械加压送风系统，但首层应设置有效面积不小于 $1.2m^2$ 的可开启外窗或直通室外的疏散门。

避难层的防烟系统可根据建筑构造、设备布置等因素选择自然通风系统或机械加压送风系统。

避难走道应在其前室及避难走道分别设置机械加压送风系统，但下列情况可仅在前室设置机械加压送风系统：

1）避难走道一端设置安全出口，且总长度小于 30m。

2）避难走道两端设置安全出口，且总长度小于 60m。

## 7.2.2　自然排风防烟系统设计

1）采用自然通风方式的封闭楼梯间、防烟楼梯间，应在最高部位设置面积不小于 $1.0m^2$ 的可开启外窗或开口；当建筑高度大于 10m 时，尚应在楼梯间的外墙上每 5 层内设置总面积不小于 $2.0m^2$ 的可开启外窗或开口，且布置间隔不大于 3 层。

2）前室采用自然通风方式时，独立前室、消防电梯前室可开启外窗或开口的面积不应小于 $2.0m^2$，共用前室、合用前室不应小于 $3.0m^2$。

3）采用自然通风方式的避难层（间）应设有不同朝向的可开启外窗，其有效面积不应小于该避难层（间）地面面积的 2%，且每个朝向的面积不应小于 2.0m。

4）可开启外窗应方便直接开启，设置在高处不便于直接开启的可开启外窗应在距地面高度为 1.3～1.5m 的位置设置手动开启装置。

## 7.2.3　机械加压送风系统设计

### 1. 设计要求

防烟楼梯间及其前室的机械加压送风系统的设置应符合下列规定：

1）建筑高度小于或等于 50m 的公共建筑、工业建筑和建筑高度小于或等于 100m 的住宅建筑，当采用独立前室且其仅有一个门与走道或房间相通时，可仅在楼梯间设置机械加压送风系统；当独立前室有多个门时，楼梯间、独立前室应分别独立设置机械加压送风系统。

2）当采用合用前室时，楼梯间、合用前室应分别独立设置机械加压送风系统。

3）当采用剪刀楼梯时，两个楼梯间及其前室的机械加压送风系统应分别独立设置。

建筑高度大于 100m 的建筑，其机械加压送风系统应竖向分段独立设置，且每段高度不应超过 100m。

除规范另有规定外，采用机械加压送风系统的防烟楼梯间及其前室应分别设置送风井（管）道，送风口（阀）和送风机。

建筑高度小于或等于 50m 的建筑，当楼梯间设置加压送风井（管）道确有困难时，楼梯间可采用直灌式加压送风系统，并应符合下列规定：

1）建筑高度大于 32m 的高层建筑，应采用楼梯间两点部位送风的方式，送风口之间距离不宜小于建筑高度的 1/2。

2）送风量应按计算值或《建筑防烟排烟系统技术标准》（GB 51251—2017）的第 3.4.2 条规定的送风量增加 20%。

3）加压送风口不宜设在影响人员疏散的部位。

设置机械加压送风系统的楼梯间的地上部分与地下部分，其机械加压送风系统应分别独立设置。当受建筑条件限制，且地下部分为汽车库或设备用房时，可共用机械加压送风系统，并应符合下列规定：

1）应按《建筑防烟排烟系统技术标准》（GB 51251—2017）的第 3.4.5 条的规定分别计算地上、地下部分的加压送风量，相加后作为共用加压送风系统风量。

2）应采取有效措施分别满足地上、地下部分的送风风量的要求。

机械加压送风风机宜采用轴流风机或中、低压离心风机，其设置应符合下列规定：

1）送风机的进风口应直通室外，且应采取防止烟气被吸入的措施。

2）送风机的进风口宜设在机械加压送风系统的下部。

3）送风机的进风口不应与排烟风机的出风口设置在同一面上。当确有困难时，送风机的送风口与排烟风机的出风口应分开布置，且竖向布置时，送风机的进风口应设置在排烟出口的下方，且两者边缘最小垂直距离不应小于 6.0m；水平布置时，两者边缘最小水平距离不应小于 20.0m。

4）送风机宜设置在系统的下部，且应采取保证各层送风量均匀性的措施。

5）送风机应设置在专用机房内，送风机房应符合现行国家标准《建筑设计防火规范》（GB 50016—2014）的规定

6）当送风机出风管或进风管上安装单向风阀或电动风阀时，应采取火灾时自动开启阀门的措施。

加压送风口的设置应符合下列规定：

1）除直灌式加压送风方式外，楼梯间宜每隔 2~3 层设一个常开式百叶送风口。

2）前室应每层设一个常闭式加压送风门，并应设手动开启装置。

3）送风口的风速不宜大于 7m/s。

4）送风口不宜设置在被门挡住的部位。

机械加压送风系统应采用管道送风，且不应采用土建风道。送风管道应采用不燃材料制作且内壁应光滑。当送风管道内壁为金属时，设计风速不应大于 20m/s；当送风管道内壁为非金属时，设计风速不应大于 15m/s；送风管道的厚度应符合现行国家标准《通风与空调工程施工质量验收规范》（GB 50243—2016）的规定。

采用机械加压送风的场所不应设置百叶窗，且不宜设置可开启外窗。

设置机械加压送风系统的封闭楼梯间、防烟楼梯间，还应在其顶部设置不小于 $1m^2$ 的固定窗。靠外墙的防烟楼梯间，还应在其外墙上每 5 层内设置总面积不小于 $2m^2$ 的固定窗。

### 2. 机械加压送风系统风量计算

机械加压送风系统的设计风量不应小于计算风量的 1.2 倍 。

防烟楼梯间、独立前室、共用前室、合用前室和消防电梯前室的机械加压送风的计算风量应按下列规定计算确定。

（1）楼梯间或前室的机械加压送风量应按下列公式计算：

$$L_j = L_1 + L_2 \tag{7-1}$$
$$L_s = L_1 + L_3 \tag{7-2}$$

式中　$L_j$——楼梯间的机械加压送风量；

$L_s$——前室的机械加压送风量；

$L_1$——门开启时，达到规定风速值所需的送风量（$m^2/s$）；

$L_2$——门开启时，规定风速值下，其他门缝漏风总量（$m^2/s$）；

$L_3$——未开启的常闭送风阀的漏风总量（$m^2/s$）。

（2）门开启时，达到规定风速值所需的送风量应按下式计算：

$$L_1 = A_k v N_1 \tag{7-3}$$

式中　$A_k$——一层内开启门的截面面积（$m^2$），对于住宅楼体前室，可按一个门的面积取值；

$N_1$——设计疏散门开启的楼层数量；楼梯间：采用常开风口，当地上楼梯间为 24m 以下时，设计 2 层内的疏散门开启，取 $N_1 = 2$；当地上楼梯间为 24m 及以上时，设计 3 层内的疏散门开启，取 $N_1 = 3$；当为地下楼梯间时，设计 1 层内的疏散门开启，取 $N_1 = 1$。前室：采用常闭风口，计算风量时取 $N_1 = 3$；

$v$——门洞断面风速（m/s）；当楼梯间和独立前室、共用前室、合用前室用机械加压送风时，通向楼梯间和独立前室、共用前室、合用前室疏散门的门洞断面风速均不应小于 0.7m/s；当楼梯间机械加压送风，只有一个开启门的独立前室不送风时，通向楼梯间疏散门的门洞风速不应小于 1.0m/s；当消防电梯前室机械加压送风时，通向消防电梯前室门的门洞断面风速不应小于 1.0m/s；当独立前室，共用前室或合用前室机械加压送风而楼梯间采用可开启外窗的自然通风系统时，通向独立前室、共用前室或合用前室疏散门的门洞风速不应小于 0.6（$A_1/A_g + 1$）（m/s），其中 $A_1$ 为楼梯间疏散门的总面积（$m^2$），$A_g$ 为寝室疏散门的总面积（$m^2$）。

门开启时，规定风速值下的其他门漏风总量应按下式计算：

$$L_2 = 0.827 \times A \times \Delta p^{1/n} \times 1.25 \times N_2 \tag{7-4}$$

式中　$A$——每个疏散门的有效漏风面积（$m^2$）；疏散门的门缝宽度取 0.002~0.004m；

$\Delta p$——计算漏风量的平均压力差（Pa）；当开启门洞处风速为 0.7m/s 时，取 $\Delta p = 6.0$Pa；当开启门洞风速为 1.0m/s 时，取 $\Delta p = 12.0$Pa；当开启门洞风速为 1.2m/s 时，取 $\Delta p = 17.0$Pa；

$n$——指数（一般取 $n = 2$）；

1.25——不严密处附加系数；

$N_2$——漏风疏散门的数量；楼梯间采用常开风口，取 $N_2 =$ 加压楼梯间的总门数 $-N_1$ 楼层数上的总门数。

未开启的常闭送风阀的漏风总量应按下式计算：

$$L_3 = 0.083 A_f N_3 \tag{7-5}$$

式中　0.083——阀门单位面积的漏风量 $[\text{m}^3/(\text{s} \cdot \text{m}^2)]$；

$A_f$——单个送风阀门的面积（$\text{m}^2$）；

$N_3$——漏风阀门的数量；前室采用常闭风口，取 $N_3 =$ 楼层数 $-3$。

当系统负担建筑高度大于 24m 时，防烟楼梯间、独立前室、合用前室和消防电梯的前室的机械加压送风系统的设计风量应将风量的计算值与表 7-1 ~ 表 7-4 中规定值进行比较，取其中较大的值作为设计风量。

表 7-1　消防电梯前室加压送风的计算风量

| 系统负担高度 $h/\text{m}$ | 加压送风量/（$\text{m}^3/\text{h}$） |
| --- | --- |
| $24 < A \leqslant 50$ | 35400 ~ 36900 |
| $50 < h \leqslant 100$ | 37100 ~ 40200 |

表 7-2　楼梯间自然通风，独立前室、合用前室加压送风的计算风量

| 系统负担高度 $h/\text{m}$ | 加压送风量/（$\text{m}^3/\text{h}$） |
| --- | --- |
| $24 < A \leqslant 50$ | 42400 ~ 44700 |
| $50 < h \leqslant 100$ | 45000 ~ 48600 |

表 7-3　前室不送风，封闭楼梯间、放烟楼梯间加压送风的计算风量

| 系统负担高度 $h/\text{m}$ | 加压送风量/（$\text{m}^3/\text{h}$） |
| --- | --- |
| $24 < A \leqslant 50$ | 36100 ~ 39200 |
| $50 < h \leqslant 100$ | 39600 ~ 45800 |

表 7-4　放烟楼梯间及独立前室、合用前室分别加压送风的计算风量

| 系统负担高度 $h/\text{m}$ | 通风部位 | 加压送风量/（$\text{m}^3/\text{h}$） |
| --- | --- | --- |
| $24 < A \leqslant 50$ | 楼梯间 | 5300 ~ 27500 |
| | 独立前室、合用前室 | 24800 ~ 25800 |
| $50 < h \leqslant 100$ | 楼梯间 | 27800 ~ 32200 |
| | 独立前室、合用前室 | 26000 ~ 28100 |

注：1. 表 7-1 ~ 表 7-4 的风量按开启 1 个 2.0m×1.6m 的双扇门确定。当采用单扇门时，其风量可乘以系数 0.75 计算。
　　2. 表中风量按开启着火层及其上下层，共开启三层的风量计算。
　　3. 表中风量的选取应按建筑高度或层数、风道材料、防火门漏风量等因素综合确定。

封闭避难层（间）、避难走道的机械加压送风应按避难层（间）、避难走道的净面积每 $\text{m}^2$ 不少于 30$\text{m}^2$/h 计算。避难走道前室的送风量应按直接开向前室的疏散门的总断面面积乘

以 1.0m/s 门洞断面风速计算。

机械加压送风量应满足走廊至前室至楼梯间的压力呈递增分布，余压值应符合下列规定：

1）前室、封闭避难层（间）与走道之间的压差应为 25～30Pa。

2）楼梯间与走道之间的压差应为 40～50Pa。

3）当系统余压值超过最大允许压力差时应采取泄压措施。

最大允许压力差应通过计算确定，其中疏散门的最大允许压力差为：

$$p = 2(F' - F_{dc})(W_m - d_m)/(W_m \times A_m) \tag{7-6}$$

$$F_{dc} = M/(W_m - d_m) \tag{7-7}$$

式中　$p$——疏散门的最大允许压力差（Pa）；

　　$F'$——门的总推力（N），一般取 110N；

　　$F_{dc}$——门把手处克服闭门器所需的力（N）；

　　$W_m$——单扇门的宽度（m）；

　　$A_m$——门的面积（m²）；

　　$d_m$——门的把手到门闩的距离（m）；

　　$M$——闭门器的开启力矩（N·m）。

## 7.3　排烟系统

### 7.3.1　排烟系统类型

排烟系统是指采用自然排烟或机械排烟的方式，将房间、走道等空间的火灾烟气排至建筑物外的系统，分为自然排烟系统和机械排烟系统，如图 7-2 所示。

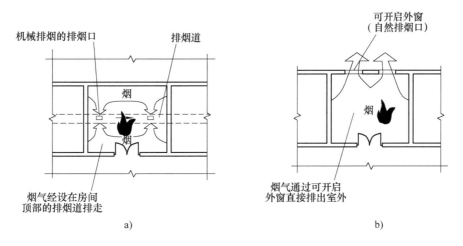

图 7-2　建筑中的排烟方式

a）机械排烟方式　b）自然排烟方式

自然排烟是利用火灾烟气的浮力和外部风压作用，通过建筑开口（如门、窗、阳台等）或排烟竖井，将建筑内烟气直接排至室外排烟方式。图 7-3 所示即为自然排烟的两种方式。自然排烟的优点：不需电源和风机设备，可兼作平时通风用，且避免设备的闲置；其缺点：

因受室外风向、风速和建筑本身的密封性或热作用的影响，排烟效果不大稳定。如当开口部位在迎风面时，不仅降低排烟效果，有时还可能使烟气流向其他房间。

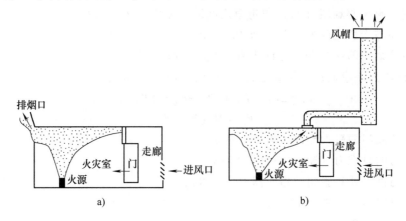

图 7-3 自然排烟的两种方式

a）窗口排烟 b）竖井排烟

机械排烟是利用排风机进行强制排烟。其优点是能有效地保证疏散通路，使烟气不向其他区域扩散。据有关资料介绍，一个设计优良的机械排烟系统在火灾中能排出 80% 的热量，使火灾温度大大降低，因此对人员安全疏散和灭火起到重要作用。机械排烟可分为局部排烟和集中排烟两种方式。局部排烟方式是在每个需要排烟的部位设置独立的排烟风机直接进行排烟；局部排烟方式投资大，而且排烟风机分散，维修管理麻烦，所以很少采用。如采用时，一般与通风换气要求相结合，即平时可兼作通风排风使用。集中机械排烟就是把建筑物划分为若干个系统，每个系统设置一台大型排烟机，系统内的各个房间的烟气通过排烟口进入排烟管道引到排烟机直接排至室外，如图 7-4 所示。

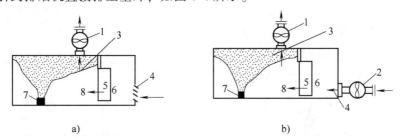

图 7-4 机械排烟方式

1—排烟机 2—通风机 3—排烟口 4—进（送）风口 5—门 6—走廊 7—火源 8—火灾室

民用建筑的下列场所或部位应设置排烟设施：

1）设置在一、二、三层且房间建筑面积大于 100m² 的歌舞娱乐放映游艺场所，设置在四层及以上楼层、地下或半地下的歌舞娱乐放映游艺场所。

2）中庭。

3）公共建筑内建筑面积大于 100m² 且经常有人停留的地上房间。

4）公共建筑内建筑面积大于 300m² 且可燃物质较多的地上房间。

5）建筑内长度大于 20m 的疏散走道。

地下或半地下建筑（室）、地上建筑内的无窗房间，当建筑面积大于 200m² 或一个房间建筑面积大于 50m², 且经常有人停留或可燃物质较多时, 应设置排烟设施。

厂房和库房的下列场所或部位应设置排烟设施:

1) 丙类厂房内建筑面积大于 300m² 且经常有人停留或可燃物质较多的地上房间, 人员或可燃物质较多的丙类生产场所。

2) 建筑面积大于 5000m² 的丁类生产车间。

3) 占地面积大于 1000m² 的丙类仓库。

4) 高度大于 32m 的高层厂房 (仓库) 内长度大于 20m 的疏散走道, 其他厂房 (仓库) 内长度大于 40m 的疏散走道。

建筑排烟系统的设计应根据建筑的使用性质、平面布局等因素, 优先采用自然排烟系统。同一个防烟分区应采用同一种排烟方式。

建筑的中庭、与中庭相连通的回廊及周围不利场所的排烟系统的设计应符合下列规定:

1) 中庭应设置排烟设施。

2) 周围场所应按现行国家标准《建筑设计防火规范》(GB 50016—2014) 中的规定设定排烟设施。

3) 当周围场所各房间均设置排烟设施时, 回廊可不设, 但商店建筑的回廊应设置排烟设施; 当周围场所任一房间未设置排烟设施时, 回廊应设置排烟设施。

4) 当中庭与周围场所未采用防火隔墙、防火玻璃隔墙、防火卷帘时, 中庭与周围场所之间应设置挡烟垂壁。

5) 中庭及周围场所和回廊应根据建筑构造及《建筑防烟排烟系统技术标准》(GB 51251—2017) 的第 4.6 节规定, 选择设置自然排烟系统或机械排烟系统。

### 7.3.2 防烟分区

设置排烟系统的场所或部位应采用挡烟垂壁、结构梁及隔墙等划分防烟分区。防烟分区不应跨越防火分区。

挡烟垂壁等挡烟分隔设施的深度不应小于《建筑防烟排烟系统技术标准》(GB 51251—2017) 的第 4.6.2 条规定的储烟仓厚度。对于有吊顶的空间, 当吊顶开孔不均匀或开孔率小于或等于 25% 时, 吊顶内空间高度不得计入储烟仓厚度。

设置排烟设施的建筑内, 敞开楼梯和自动扶梯穿越楼板的开口应设置挡烟垂壁等设施。

公共建筑、工业建筑防烟分区的最大允许面积及其长边最大允许长度应符合表 7-5 所示的规定, 当工业建筑采用自然排烟系统时, 其防烟分区的长边长度不应大于建筑内空间净高的 8 倍。

表 7-5 公共建筑、工业建筑防烟分区的最大允许面积及其长边最大允许长度

| 空间净高 $H$/m | 最大允许面积/m² | 长边最大允许长度/m |
| --- | --- | --- |
| $H \leqslant 3.0$ | 500 | 24 |
| $3.0 < H \leqslant 6.0$ | 1000 | 36 |
| $H \geqslant 6.0$ | 2000 | 60m; 具有自然对流条件时不应大于 75m |

注: 1. 公共建筑、工业建筑中的走道宽度不大于 2.5m 时, 其防烟分区的长边长度不应大于 60m。

2. 当空间净高大于 9m 时, 防烟分区之间可不设置挡烟设施。

3. 汽车库防烟分区的划分及其排烟量应符合现行国家规范《汽车库、修车库、停车场设计防火规范》(GB 50067—2014) 的相关规定。

### 7.3.3 自然排烟设施

采用自然排烟系统的场所应设置自然排烟窗（口）。防烟分区内自然排烟窗（口）的面积、数量、位置应按标准规定经计算确定，且防烟分区内任一点与最近的自然排烟窗（口）之间的水平距离不应大于 30m（见图 7-5）。当工业建筑采用自然排烟方式时，其水平距离不应大于建筑内部净高的 2.8 倍；当公共建筑空间净高大于或等于 6m，且具有自然对流条件时，其水平距离不应大于 37.5m。

自然排烟窗（口）应设置在排烟区域的顶部或外墙（见图 7-5），并应符合下列规定：

1）当设置在外墙上时，自然排烟窗（口）应在储烟仓以内，但走道、室内空间净高不大于 3m 的区域的自然排烟窗（口）可设置在室内净高的 1/2 以上。

2）自然排烟窗（口）的开启形式应有利于火灾烟气的排出。

3）当房间面积不大于 200m² 时，自然排烟窗（口）的开启方向可不限。

4）自然排烟窗（口）宜分散均匀布置，且每组的长度不宜大于 3.0m。

5）设置在防火墙两侧的自然排烟窗（口）之间最近边缘的水平距离不应小于 2.0m。

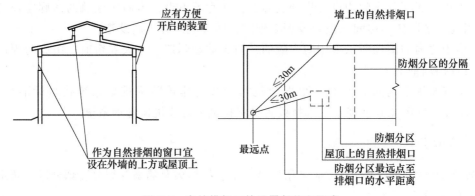

图 7-5　自然排烟口的设置部位和要求

自然排烟窗（口）应设置手动开启装置，设置在高位不便于直接开启的自然排烟窗（口），应设置距离地面高度 1.3~1.5m 的手动开启装置。净高度大于 9m 的中庭、建筑面积大于 2000m² 的营业厅、展览厅、多功能厅等场所，应设置集中手动开启装置和自动开启设施。

厂房、仓库的自然排烟窗（口）设置应符合下列规定：

1）当设置在外墙时，自然排烟窗（口）应沿建筑物的两条对边均匀设置。

2）当设置在屋顶时，自然排烟窗（口）应在屋面均匀设置且宜采用自动控制方式开启；当屋面斜度小于或等于 12° 时，每 200m² 的建筑面积应设置相应的自然排烟窗（口）；当屋面斜度大于 12° 时，每 400m² 的建筑面积应设置相应的自然排烟窗（口）。

除《建筑防烟排烟系统技术标准》（GB 51251—2017）另有规定外，自然排烟窗（口）开启的有效面积应符合下列规定：

1）当采用开窗角大于 70° 的悬窗时，其面积应按窗的面积计算；当开窗角小于或等于 70° 时，其面积应按窗最大开启时的竖向投影面积计算。

2）当采用开窗角大于 70° 的平开窗时，其面积应按窗的面积；当开窗角小于或等于 70°

时，其面积应按窗最大开启时的竖向投影面积计算。

3）当采用推拉窗时，其面积应按开启的最大窗口面积计算。

4）当采用百叶窗时，其面积应按窗的有效开口面积计算。

5）当平推窗设置在顶部时，其面积可按窗的 1/2 周长与平推距离乘积计算，且不应大于窗面积。

6）当平推窗设置在外墙时，其面积可按窗的 1/4 周长与平推距离乘积计算，且不应大于窗面积。

### 7.3.4　机械排烟设施

当建筑的机械排烟系统沿水平方向布置时，每个防火分区的机械排烟系统应独立设置。

建筑高度超过 50m 的公共建筑和建筑高度超过 100m 的住宅，其排烟系统应竖向分段独立设置，且公共建筑每段高度不应超过 50m，住宅建筑每段高度不应超过 100m。

排烟系统与通风、空气调节系统应分开设置；当确有困难时可以合用，但应符合排烟系统的要求，且当排烟口打开时，每个排烟合用系统的管道上联动关闭的通风和空气调节系统的控制阀门不应超过 10 个。

排烟风机宜设置在排烟系统的最高处，烟气出口宜朝上并应高于加压送风机和补风机的进风。送风机的进风口不应与排烟风机的出风口设在同一面上。当确有困难时，送风机的送风口与排烟风机的出风口应分开布置；当竖向布置时，送风机的进风口应设置在排烟出口的下方，且两者边缘最小垂直距离不应小于 6.0m；当水平布置时，两者边缘最小水平距离不应小于 20.0m。

排烟风机应设置在专用机房内，送风机房应符合现行国家标准《建筑设计防火规范》（GB 50016—2014）的规定，且风机两侧留有 60m 以上的空间。对于排烟系统与通风空气调节系统共用的系统，其排烟风机与排风风机的合用机房应符合下列规定：

1）机房内应设置自动喷水灭火系统。

2）机房内不得设置用于机械加压送风的风机与管道。

3）排烟风机与排烟管道的连接部件应能在 28℃ 时连续 30min 保证其结构完整性。

排烟风机应满足 280℃ 时连续工作 30min 的要求，排烟风机应与风机入口处的排烟防火阀联锁，当该阀关闭时，排烟风机应能停止运转。

机械排烟系统应采用管道排烟，且不应采用土建风道。排烟管道应采用不燃材料制作且内壁应光滑。当排烟管道内壁为金属时，管道设计风速不应大于 20m/s；当排烟管道内壁为非金属时，管道设计风速不应大于 15m/s；排烟管道的厚度应按现行国家标准《通风与空调工程施工质量验收规范》（GB 50243—2016）的有关规定执行。

排烟管道的设置和耐火极限应符合下列规定：

1）排烟管道及其连接部件应能在 280℃ 时连续 30min 保证其结构完整性。

2）竖向设置的排烟管道应设置在独立的管道井内，排烟管道的耐火极限不应低于 0.50h。

3）水平设置的排烟管道应设置在吊顶内，其耐火极限不应低于 0.50h；当确有困难时，可直接设置在室内，但管道的耐火极限不应小于 1.00h。

4）设置在走道部位吊顶内的排烟管道，以及穿越防火分区的排烟管道，其管道的耐火极限不应小于 1.0h，但设备用房和汽车库的排烟管道耐火极限可不低于 0.50h。

当吊顶内有可燃物时，吊顶内的排烟管道应采用不燃材料进行隔热，并应与可燃物保持不小于 150mm 的距离。

排烟管道下列部位应设置排烟防火阀：

1）垂直风管与每层水平风管交接处的水平管段上。

2）一个排烟系统负担多个防烟分区的排烟支管上。

3）排烟风机入口处。

4）穿越防火分区处。

排烟口的设置应按《建筑防烟排烟系统技术标准》（GB 51251—2017）的第 4.6.3 条经计算确定，且防烟分区内任一点与最近的排烟口之间的水平距离不应大于 30m。另外，排烟口的设置尚应符合下列规定：

1）排烟口宜设置在顶棚或靠近顶棚的墙面上。

2）排烟口应设在储烟仓内，但走道、室内空间净高不大于 3m 的区域，其排烟口可设置在其净空高度的 1/2 以上；当设置在侧墙时，吊顶与其最近边缘的距离不应大于 0.5m。

3）对于需要设置机械排烟系统的房间，当其建筑面积小于 50m$^2$ 时，可通过走道排烟，排烟口可设置在疏散走道；排烟量应按该标准第 4.6.3 条第 3 款计算。

4）火灾时由火灾自动报警系统联动开启排烟区域的排烟阀或排烟口，应在现场设置手动开启装置。

5）排烟口的设置宜使烟流方向与人员疏散方向相反，排烟口与附近安全出口相邻边缘之间的水平距离不应小于 1.5m。

6）每个排烟口的排烟量不应大于最大允许排烟量。

7）排烟口的风速不宜大于 10m/s。

当排烟口设置在吊顶内且通过吊顶上部空间进行排烟时，应符合下列规定：

1）吊顶应采用不燃材料，且吊顶内不应有可燃物。

2）封闭式吊顶上设置的烟气流入的颈部烟气速度不宜大于 1.5m/s。

3）非封闭式吊顶的开孔率不应小于吊顶净面积的 25%，且孔洞应均匀布置。

固定窗的设置和有效面积应符合下列规定：

1）设置在顶层区域的固定窗，其总面积不应小于楼地面面积的 2%。

2）设置在靠外墙且不位于顶层区域的固定窗，单个固定窗的面积不应小于 1m$^2$，且间距不宜大于 20m，其下沿距室内地面的高度不宜小于层高的 1/2。供消防救援人员进入的窗口面积不计入固定窗面积，但可组合布置。

3）设置在中庭区域的固定窗，其总面积不应小于中庭楼地面面积的 5%。

4）固定玻璃窗应按可破拆的玻璃面积计算，带有温控功能的可开启设施应按开启时的水平投影面积计算。

固定窗宜按每个防烟分区在屋顶或建筑外墙上均匀布置且不应跨越防火分区。

## 7.3.5 补风系统

除地上建筑的走道或建筑面积小于 500m$^2$ 的房间外，设置排烟系统的场所应设置补风系统。

补风系统应直接从室外引入空气，且补风量不应小于排烟量的 50%。

补风系统可采用疏散外门、手动或自动可开启外窗等自然进风方式以及机械送风方式。防火门、窗不得用作补风设施。风机应设置在专用机房内。

补风口与排烟口设置在同一空间内相邻的防烟分区时，补风口位置不限；当补风口与排烟口设置在同一防烟分区时，补风口应设在储烟仓下沿以下；补风口与排烟口水平距离不应少于 5m。补风系统应与排烟系统联动开启或关闭。

机械补风口的风速不宜大于 10m/s，人员密集场所补风口的风速不宜大于 5m/s；自然补风口的风速不宜大于 3m/s。

风管道耐火极限不应低于 0.50h，当补风管道跨越防火分区时，管道的耐火极限不应小于 1.50h。

### 7.3.6 排烟系统设计计算

排烟系统的设计风量不应小于该系统计算风量的 1.2 倍。

当采用自然排烟方式时，储烟仓的厚度不应小于空间净高的 20%，且不应小于 500mm；当采用机械排烟方式时，不应小于空间净高的 10%，且不应小于 500mm。同时储烟仓底部距地面的高度应大于安全疏散所需的最小清晰高度，最小清晰高度应按《建筑防烟排烟系统技术标准》（GB 51251—2017）的第 4.6.9 条的规定计算确定。

除中庭外，下列场所一个防烟分区的排烟量计算应符合下列规定：

1）建筑空间净高小于或等于 6m 的场所，其排烟量应按不小于 60m³/(h·m²) 计算，且取值不小于 1500m³/h，或设置有效面积不小于该房间建筑面积 2% 的自然排烟窗（口）。

2）公共建筑、工业建筑中空间净高大于 6m 的场所，其每个防烟分区排烟量应根据场所内的热释放速率以及《建筑防烟排烟系统技术标准》（GB 51251—2017）的第 4.6.6 条~第 4.6.13 条的规定计算确定，且不应小于表 7-6 中的数值，或设置自然排烟窗（口），其所需有效排烟面积应根据表 7-6 及自然排烟窗（口）处风速计算。

表 7-6 公共建筑、工业建筑中空间净高大于 6m 场所
的计算排烟量及自然排烟侧窗（口）部风速

| 空间净高/m | 办公室、学校 (×10⁴m³/h) | | 商店、展览厅 (×10⁴m³/h) | | 厂房、其他公共建筑 (×10⁴m³/h) | | 仓库 (×10⁴m³/h) | |
| --- | --- | --- | --- | --- | --- | --- | --- | --- |
| | 无喷淋 | 有喷淋 | 无喷淋 | 有喷淋 | 无喷淋 | 有喷淋 | 无喷淋 | 有喷淋 |
| 6.0 | 12.2 | 5.2 | 17.6 | 7.8 | 15.0 | 7.0 | 30.1 | 9.3 |
| 7.0 | 13.9 | 6.3 | 19.6 | 9.1 | 16.8 | 8.2 | 32.8 | 10.8 |
| 8.0 | 15.8 | 7.4 | 21.8 | 10.6 | 18.9 | 9.6 | 35.4 | 12.4 |
| 9.0 | 17.8 | 8.7 | 24.2 | 12.2 | 21.1 | 11.1 | 38.5 | 14.2 |
| 自然排烟侧窗(口)部风速/(m/s) | 0.94 | 0.64 | 1.06 | 0.78 | 1.01 | 0.74 | 1.26 | 0.84 |

注：1. 建筑空间净高大于 9.0m 的，按 9.0m 取值；建筑空间净高位于表中两个高度之间的，按线性插值法取值；表中建筑空间净高为 6m 处的各排烟量值为线性插值法的计算基准值。

2. 当采用自然排烟方式时，储烟仓厚度应大于房间净高的 20%；自然排烟窗（口）面积 = 计算排烟量/自然排烟窗（口）处风速；当采用顶开窗排烟时，其自然排烟窗（口）的风速可按侧窗口部风速的 1.4 倍计。

3. 当公共建筑仅需在走道或回廊设置排烟时，其机械排烟量不应小于 13000m³/h，或在走道两端（侧）均设置面积不小于 2m² 的自然排烟窗（口）且两侧自然排烟窗（口）的距离不应小于走道长度的 2/3。

4. 当公共建筑房间内与走道或回廊均需设置排烟时，其走道或回廊的机械排烟量可按 60m³/(h·m²) 计算，且不小于 13000m³/h，或设置有效面积不小于走道、回廊建筑面积 2% 的自然排烟窗（口）。

当一个排烟系统担负多个防烟分区排烟时，其系统排烟量的计算应符合下列规定：

1）当系统负担具有相同净高场所时，对于建筑空间净高大于 6m 的场所，应按排烟量最大的防烟分区的排烟量计算；对于建筑空间净高为 6m 及以下的场所，应按同一防火分区中任意两个相邻防烟分区的排烟量之和的最大值计算。

2）当系统负担具有不同净高场所时，应用上述方法对系统中每个场所所需的排烟量进行计算，并取其中的最大值作为系统排烟量。

中庭排烟量的设计计算应符合下列规定：

1）中庭周围场所设有排烟系统时，中庭采用机械排烟系统的，中庭排烟量应按周围场所防烟分区中最大排烟量的 2 倍数值计算，且不应小于 107000m³/h；中庭采用自然排烟系统时，应按上述排烟量和自然排烟窗（口）的风速不大于 0.5m/s 计算有效开窗面积。

2）当中庭周围场所不需设置排烟系统，仅在回廊设置排烟系统时，回廊的排烟量不应小于该标准第 4.6.3 条第 3 款的规定，中庭的排烟量不应小于 4000m³/h；中庭采用自然排烟系统时，应按上述排烟量和自然排烟窗（口）的风速不大于 0.4m/s 计算有效开窗面积。

除《建筑防烟排烟系统技术标准》（GB 51251—2017）第 4.6.3 条、第 4.6.5 条规定的场所外，其他场所的排烟量或自然排烟窗（口）面积应按照烟羽流类型，根据火灾热释放速率、清晰高度、烟羽流质量流量及烟羽流温度等参数计算确定。

各类场所的火灾热释放速率可按式（7-8）计算，且不应小于表 7-7 规定的值。设置自动喷水灭火系统（简称喷淋）的场所，其室内净高大于 8m 时，应按无喷淋场所对待。

火灾热释放速率：

$$Q = at^2 \qquad\qquad (7\text{-}8)$$

式中　$Q$——热释放速率（kW）；

　　　$t$——火灾增长时间（s）；

　　　$a$——火灾增长系数（kW/s²），按表 7-8 取值。

表 7-7　火灾达到稳态时的热释放速率

| 建筑类别 | 喷淋设置情况 | 热释放速率 $Q$/MW |
| --- | --- | --- |
| 办公室、教室、客房、走道 | 无喷淋 | 6.0 |
| | 有喷淋 | 1.5 |
| 商店、展览厅 | 无喷淋 | 10.0 |
| | 有喷淋 | 3.0 |
| 其他公共场所 | 无喷淋 | 8.0 |
| | 有喷淋 | 2.5 |
| 汽车库 | 无喷淋 | 3.0 |
| | 有喷淋 | 1.5 |
| 厂房 | 无喷淋 | 8.0 |
| | 有喷淋 | 2.5 |
| 仓库 | 无喷淋 | 20.0 |
| | 有喷淋 | 4.0 |

表 7-8 火灾增长系数

| 火灾类别 | 典型的可燃材料 | 火灾增长系数/(kW/s²) |
|---|---|---|
| 慢速火 | 硬木家具 | 0.00278 |
| 中速火 | 棉质、聚酯垫子 | 0.011 |
| 快速火 | 装满的邮件袋、木制货架托盘、泡沫塑料 | 0.044 |
| 超快速火 | 池火、快速燃烧的装饰家具、轻质窗帘 | 0.178 |

当储烟仓的烟层与周围空气温差小于 15℃ 时，应通过降低排烟口的位置等措施重新调整排烟设计。

走道、室内空间净高不大于 3m 的区域，其最小清晰高度不宜小于其净高的 1/2，其他区域的最小清晰高度应按下式计算：

$$H_q = 1.6 + 0.1H' \tag{7-9}$$

式中　$H_q$——最小清晰高度（m）；

$H'$——对于单层空间，取排烟空间的建筑净高度（m）；对于多层空间，取最高疏散楼层的层高（m）。

烟羽流质量流量计算宜符合下列规定：

1）轴对称型烟羽流

当 $Z > Z_1$ 时

$$M_\rho = 0.071Q^{\frac{1}{3}}Z^{\frac{5}{3}} + 0.0018Q_C \tag{7-10}$$

当 $Z \leqslant Z_1$ 时

$$M_\rho = 0.032Q_C^{\frac{3}{5}}Z \tag{7-11}$$

$$Z_1 = 0.166Q_C^{\frac{2}{5}} \tag{7-12}$$

式中　$Q_C$——热释放速率的对流部分，一般取值为 $Q_C = 0.7Q$（kW）；

$Z$——燃料面到烟层底部的高度（m）（取值应大于或等于最小清晰高度与燃料面高度之差）；

$Z_1$——火焰极限高度（m）；

$M_\rho$——烟羽流质量流量（kg/s）。

2）阳台溢出型烟羽流。

$$M_\rho = 0.36(QW^2)^{\frac{1}{3}}(Z_b + 0.25H_1) \tag{7-13}$$

$$W = \omega + b \tag{7-14}$$

式中　$H_1$——燃料面至阳台的高度（m）；

$Z_b$——从阳台下缘至烟层底部的高度（m）；

$W$——烟羽流扩散宽度（m）；

$\omega$——火源区域的开口宽度（m）；

$b$——从开口至阳台边沿的距离（m），$b \neq 0$；

3）窗口型烟羽流。

$$M_\rho = 0.68(A_W H_W^{\frac{1}{2}})^{\frac{1}{3}}(Z_W + \alpha_W)^{\frac{5}{3}} + 1.59A_W H_W^{\frac{1}{2}} \tag{7-15}$$

$$\alpha_W = 2.4A_W^{\frac{2}{5}}H_W^{\frac{1}{5}} - 2.1H_W \tag{7-16}$$

式中   $A_W$——窗口开口的面积（m²）；

      $H_W$——窗口开口的高度（m）；

      $Z_W$——窗口开口的顶部到烟层底部的高度（m）；

      $\alpha_W$——窗口型烟羽流的修正系数（m）。

烟层平均温度与环境温度的差按下式计算：

$$\Delta T = KQ_c / M_\rho c_p \tag{7-17}$$

式中   $\Delta T$——烟层平均温度与环境温度的差（K）；

      $c_p$——空气的比定压热容，一般取 $c_p = 1.01\text{kJ}/(\text{kg} \cdot \text{K})$；

      $K$——烟气中对流放热量因子。当采用机械排烟时，取 $K = 1.0$；当采用自然排烟时，取 $K = 0.5$。

每个防烟分区排烟量按下式计算：

$$V = M_p T / \rho_0 T_0 \tag{7-18}$$

$$T = T_0 + \Delta T \tag{7-19}$$

式中   $V$——排烟量（m³/s）；

      $\rho_0$——环境温度下的气体密度（kg/m³），通常 $T_0 = 293.15\text{K}$，$\rho_0 = 1.2\text{kg/m}^3$；

      $T_0$——环境的绝对温度（K）；

      $T$——烟层的平均绝对温度（K）。

不同火灾规模下的机械排烟量与烟羽流质量流量、火灾热释放速率以及烟层平均温度与环境温度的差关系可以见《建筑防烟排烟系统技术标准》（GB 51251—2017）附录 A。

机械排烟系统中，单个排烟口的最大允许排烟量 $V_{max}$ 宜按式（7-20）计算，或按《建筑防烟排烟系统技术标准》（GB 51251—2017）附录 B 选取。

$$V_{max} = 4.16\gamma d_b^{\frac{5}{2}} \left( \frac{T - T_0}{T_0} \right)^{\frac{1}{2}} \tag{7-20}$$

式中   $V_{max}$——排烟口最大允许排烟量（m³/s）；

      $\gamma$——排烟位置系数；当风口中心点到最近墙体的距离大于或等于 2 倍的排烟口当量直径时，$\gamma$ 取 1.0；当风口中心点到最近墙体的距离小于 2 倍的排烟自当量直径时，$\gamma$ 取 0.5；当吸入口位于墙体上时，$\gamma$ 取 0.5。

      $d_b$——排烟系统吸入口最低点之下烟气层厚度（m）；

      $T$——烟层的平均绝对温度（K）；

      $T_0$——环境的绝对温度（K）。

采用自然排烟方式所需自然排烟窗（口）截面积宜按式（7-21）计算：

$$A_V C_V = \frac{M_\rho}{\rho_0} \left[ \frac{T^2 + \left( \dfrac{A_V C_V}{A_0 C_0} \right)^2 T T_0}{2 g d_b \Delta T T_0} \right]^{\frac{1}{2}} \tag{7-21}$$

式中   $A_V$——自然排烟窗（口）截面积（m²）；

      $A_0$——所有进气口总面积（m²）；

$C_V$——自然排烟窗（口）流量系数，通常选定在 0.5~0.7；

$C_0$——进气口流量系数，通常约为 0.6；

$g$——重力加速度（$m/s^2$）。

计算时，$A_V$、$C_V$ 应采用试算法。

## 7.3.7　排烟风机

排烟风机的设置应符合下列规定：

1）排烟风机的全压应满足排烟系统最不利环路的要求。其排烟量应考虑 10%~20% 的漏风量。

2）排烟风机可采用离心风机或排烟专用的轴流风机。

3）排烟风机应能在 280℃ 的环境条件下连续工作不少于 30min。

4）在排烟风机入口处的总管上应设置当烟气温度超过 280℃ 时能自行关闭的排烟防火阀，该阀应与排烟风机联锁，当该阀关闭时，排烟风机应能停止运转。

排烟风机应设置在该排烟系统最高排烟口的上部，位于防火分区的机房内，机房隔墙耐火极限不小于 2.5h，机房的门应采用耐火极限不低于 0.6h 的防火门。当设在机房有困难时，也尽量使排烟风机与其所负担的房间或走道之间由墙体、楼板等隔开，以确保风机安全运行。

为了方便维修，排烟风机外壳至墙壁或设备的距离不应小于 60cm，如图 7-6 所示。若排烟风机的设置地点为耐火构造，且当其热量向周围传递时，不会发生事故，此时机壳外可不保温。

排烟风机及系统中设置的软接头，应能在 280℃ 的环境条件下连续工作不少于 30min。

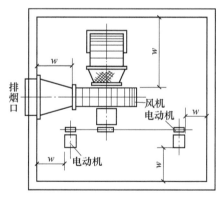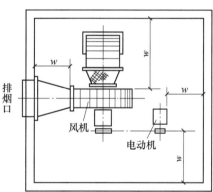

图 7-6　排烟风机与墙壁和设备的距离

排烟风机与排烟道的连接方式应合理。实践证明，因为排烟风机与排烟风道连接方式不正确，常常会引起风机的性能显著下降。因此，在设计中当采取的连接方式可引起风机性能降低时，则选择的风量、风压一定要留有一定的裕量。

排烟风机与排烟口应设有联锁装置。当任何一个排烟口开启时，排烟风机即能自动启动。即一经报警，确认发生火灾时，由手动或由消防控制室遥控开启排烟口，则排烟风机立即投入运行，同时立即关闭着火区的通风空调系统。

排烟风机应设在混凝土或钢架基础上，但可不设置减振装置。风机吸入口管道上不应设有调节装置。

## 思考题与习题

1. 防烟排烟的作用有哪些？
2. 建筑的哪些场所或部位应设置防烟设施？
3. 民用建筑的哪些场所或部位应设置防烟设施？
4. 自然排烟窗（口）开启的有效面积应符合哪些规定？

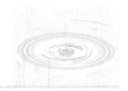

# 第8章
# 火灾自动报警系统

## 8.1 火灾自动报警系统的组成与工作原理

### 8.1.1 火灾自动报警控制系统的构成

火灾报警控制系统通常由三部分组成，即火灾探测、报警和联动控制。

火灾探测部分主要由探测器组成，是火灾自动报警系统的检测元件，它将火灾发生初期产生的烟、热、光转变成电信号，送入报警系统。

报警控制部分由各种类型的报警器组成，它主要将收到的报警电信号显示和传递，并对自动消防装置发出控制信号。前两个部分可构成独立单纯的火灾自动报警系统。

联动控制部分由一系列控制系统组成，如报警、灭火、防烟排烟、广播和消防通信等。联动控制部分其自身是不能独立构成一个自动的控制系统的，因为它必须根据来自火灾自动报警系统的火警数据，经过分析处理，方能发出相应的联动控制信号。

### 8.1.2 火灾自动报警控制系统的基本原理

火灾自动报警控制系统的工作原理如图8-1所示。安装在保护区的火灾探测器通过对火灾发出燃烧气体、烟雾粒子、温升和火焰的探测，将探测到的火情信号转化为火警电信号。现场的人员发现火情后，应立即直接按动手动报警按钮，发出火警电信号。火灾报警控制器接收到火警电信号，经确认后，一方面发出预警、火警声光报警信号，同时显示并记录火警地址和时间，告诉消防控制中心的值班人员；另一方面将火警电信号传送至各楼层（防火分区）设置的火灾显示盘，火灾显示盘经信号处理，发出预警和火警声光报警信号，并显示火警发生的地址，通知楼层（防火分区）值班人员立即查看火情并采取相应的扑灭措施。在消防控制中心还可能通过火灾报警控制器的通信接口，将火警信号在CRT微机彩显系统显示屏上更直观地显示出来。各应急疏散指示灯亮，指明疏散方向。只有确认是火灾时，火灾报警控制器才发出系统控制信号，驱动灭火设备，实现快速、准确灭火。与一般自动控制系统不同，火灾报警控制器在运算、处理这两个信号的差值时，要人为地加一段适当的延时。在这段延时时间内，对信号进行逻辑运算、处理、判断、确认，这段人为的延时一般为20~40s。如果火灾未经确认，火灾报警控制器就发出系统控制信号，驱动灭火系统动作，势必造成不必要的浪费与损失。

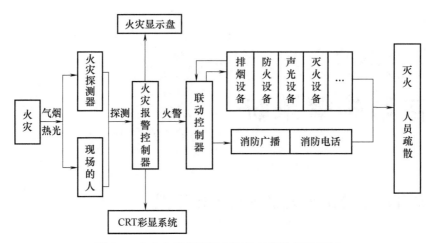

图 8-1 火灾自动报警控制系统的基本原理框图

## 8.2 火灾探测器

火灾探测器是能感知火灾发生时物质燃烧过程中所产生的物理、化学现象，并据此判别火灾而发出警报信号的器件。它是火灾自动报警和自动灭火系统最基本和最关键的部件之一，对被保护区域进行不间断的监视和探测，把火灾初期阶段能引起火灾的参量（烟、热及光等信息）尽早、及时和准确地检测出来并报警，是整个火灾报警控制系统警惕火情的"眼睛"。

### 8.2.1 火灾探测器的种类

火灾发生时，会产生烟雾、高温、火光及可燃气体等物理、化学现象，火灾探测器按其探测火灾不同的物理、化学现象可分为：感烟型、感温型、感光型、可燃气体型、复合型等类型。同时，按探测器结构可分为点型和线型两种类型。

#### 1. 感烟火灾探测器

感烟火灾探测器是响应燃烧或热解产生的固体或液体微粒的火灾探测器，实物如图 8-2 所示。利用一个小型传感器来响应悬浮在周围空气中的烟雾粒子

图 8-2 感烟火灾探测器实物图

和气溶胶粒子，随着烟雾粒子浓度的增大，传感器的物理效应发生变化，这种变化经电路处理后转化为电信号。由于传感器的形式和原理不同，所以一般制成点型和线型。

点型感烟火灾探测器有离子感烟探测器、光电感烟探测器和电容感烟探测器等。离子感烟探测器分为双源及单源两种；光电感烟探测器分为遮光型和散光型两种。

线型感烟火灾探测器有红外光束型和激光光束型。

#### 2. 感温火灾探测器

感温火灾探测器是一种响应异常温度、温升速率和温差的火灾探测器，实物如图 8-3 所示。感温火灾探测器的优点是：结构简单、电路少，与感烟探测器相比可靠性高、误报率

低。且可以做成密封结构，防潮、防水、防腐蚀性能好，可在恶劣环境（风速大、多灰尘、潮湿等）中使用。它的缺点是灵敏度低、报警时间迟。

感温火灾探测器的响应过程是，环境气温温度的升高使探测器中的热敏元（器）件发生物理变化，这种变化经机械或电路处理后转化为电信号。由于热敏元（器）件的种类较多，所以感温火灾探测器的形式也较多。

点型感温火灾探测器可分为定温式、差温式和差定温式。定温式有双金属型、易熔合金型、酒精玻璃球型、热电偶型、水银接点型、热敏电阻型、半导体型等；差温式有膜盒型、热敏电阻型、双金属型等；差定温式有膜盒型、热敏电阻型等。

图 8-3 感温火灾探测器实物图

线型感温火灾探测器也分为定温式、差温式和差定温式。定温式有缆式线型、半导体线型等；差温式有空气管线型等；差定温式有膜盒型、热敏电阻型和双金属型等。

### 3. 感光火灾探测器

感光火灾探测器是一种响应火焰辐射出的紫外、红外、可见光的火灾探测器，通常又称火焰探测器，实物如图 8-4 所示。主要有紫外火焰型（紫外辐射波长 $\lambda < 4000\text{Å}$）和红外火焰型（红外辐射波长 $\lambda > 7000\text{Å}$）两种。

a)                              b)

图 8-4 感光火灾探测器实物图

a）紫外火焰探测器 b）红外火焰探测器

火焰探测器的特点是：响应速度快，一方面由于光辐射的传播速度快（$3 \times 10$ m/s），另一方面火焰探测器的传感器件接收光辐射的响应时间极短（在 ms 数量级）。这类探测器对快速发生的火灾（特别是可燃液体火灾）或爆炸引起的火灾能及时响应，故适用于突然起火而又无烟雾的易爆易燃场所。尤其是紫外火焰探测器不受风雨、阳光、高湿度、气压变化、极限环境温度等影响，能在室外使用；一般紫外火焰探测器同快速灭火系统和抑爆系统联动，组成快速自动报警灭火系统和自动报警抑爆系统。

### 4. 可燃气体火灾探测器

这种探测器是对火灾早期阶段，由于预热和汽化作用所产生的燃烧气体做出响应和对可燃气体进行泄漏监测的探测器。

燃烧气体中一般包括的成分有：一氧化碳（CO）、二氧化碳（$CO_2$）、氢气（$H_2$）、碳氢化合物（$C_xH_x$）、水蒸气（$H_2O$）等。还可能有烃类、氰化物类、盐酸蒸气或其他特殊燃烧材料产生的分子化合物等。这些气体比烟雾粒子产生得早，在感烟火灾探测器尚未发出报警信号前已达到相当大的浓度。因此，利用气敏元（器）件实现对燃烧气体的探测在理论上是可行的，而且早期报警的效果应比感烟火灾探测器好。对煤气、液化石油气、甲烷、乙烷、丙烷、丁烷、汽油和氨等，用于预防潜在的爆炸或毒气危害的工业场所（如炼油厂、化学实验室或车间、溶剂仓库、过滤车间、压气机站、汽车库和输油输气管道等），以及民用建筑（煤气管道、液化气罐等），起到防爆、防火、监测环境污染的作用。

可燃气体探测器有催化型（如铂丝催化型、铂铑催化型），气敏半导体型及固体电介质型、光电型。

### 5. 复合式火灾探测器

同时具有两种或两种以上探测传感功能的火灾探测器称为复合式火灾探测器，实物如图 8-5 所示。复合式火灾探测器是利用多参量/多判据技术，多个传感器从火灾不同现象获得多个信号，并从这些信号寻出多样的报警和诊断判据。

例如，把差温和定温两种功能组合起来的差定温探测器，既能对某个异常高温值做出响应，又能对异常升温速率做出响应。再如，把离子感烟和光电感烟两种功能组合起来的离子光电感烟复合探测器，是早期探测各类火灾的较理想的探测器，它既能探测开放性燃烧的小颗粒烟雾，又能探测阴燃火产生的大颗粒浓烟、黑烟。

图 8-5　复合式火灾探测器实物图

复合式火灾探测器有复合式感温感烟探测器、红外光束感烟感温探测器、复合式感烟感光探测器及复合式感温感光探测器。

## 8.3　火灾报警控制器

火灾报警控制器是一种为火灾探测器供电、接收、转换、处理和传递火灾报警信号，进行声光报警，并对自动消防等装置发出控制信号的报警装置。火灾报警控制器由控制器和声、光报警显示器组成，它是整个火灾报警控制系统的核心和"指挥中心"。

火灾报警控制器种类繁多，从不同角度有不同分类。

按用途火灾报警控制器可分为区域火灾报警控制器、集中火灾报警控制器和通用火灾报警控制器三种。

### 8.3.1　区域火灾报警控制器

区域火灾报警控制器是一种能直接接收火灾探测器或中继器发来的报警信号的多路火灾报警控制器。

区域火灾报警控制器是由输入回路、声报警单元、光报警单元、自动监控单元、手动检查试验单元、输出回路、稳压电源、备用电源等组成，如图 8-6 所示。

输入回路接收各火灾探测器送来的火灾报警信号或故障报警信号，由声、光报警单元转换为报警信号，即发出声响报警，并在显示器上显示着火部位，通过输出回路一方面控制有关的消防设备，另一方面向集中火灾报警控制器传送报警信号。自动监控单元起着监控各类故障的作用，当线路出现故障，故障显示黄灯亮，故障报警同时动作。通过手动检查试验单元，可以检查整个火灾报警系统是否处于正常工作状态。

区域火灾报警控制器的供电方式有两种：一是交流主电源为 AC 220V（1±10%），频率（50±1）Hz；二是直流备用电源为 DC 24V，全封闭蓄电池。

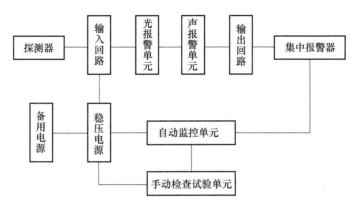

图 8-6　区域火灾报警控制器组成框图

### 8.3.2　集中火灾报警控制器

集中火灾报警控制器一般是区域报警控制器的上位控制器，能接收区域火灾报警控制器发来的报警信号，并可判别火灾报警信号的地点和位置，通过联动控制器实现对各类消防设备的控制，从而实施防排烟、开消防泵、切断非消防电源等灭火措施；进行火灾事故广播、启动火灾报警装置、打火灾报警电话等。

集中火灾报警控制器由输入单元、光报警单元、声报警单元、自动监控单元、手动检查试验单元和稳压电源、备用电源等电路组成。

集中火灾报警控制器在供电方式、使用环境要求、外控功能、监控功率与额定功率、火灾优先报警功能等方面与区域报警控制器类似。不同之处如下：

（1）容量　指集中报警控制器监控的最大部位数及所监控的区域报警控制器的最大台数。如某集中报警控制器控制的区域报警控制器为 60 个，而每个区域报警控制器监控的部位为 60 个，则集中报警控制器的容量为 60×60＝3600 个部位，基本容量为 60。

（2）系统布线数　指集中报警控制器与区域报警控制器之间的连线数。

（3）巡检速度　指集中报警控制器在单位时间内巡回检测区域报警控制器的个数。

（4）报警功能　集中报警控制器接收到某区域报警控制器发送的火灾或故障信号时，便自动进行火警或故障部位的巡检并发出声、光报警。可手动按动按钮消声，但不影响光报警信号。

（5）故障自动监测功能　能检查区域报警控制器与集中报警控制器之间的连线是否连接良好，区域报警控制器接口电子电路与本机是否工作正常。若发现故障，则集中报警控制器能立即发出声光报警。

（6）自检功能　与区域报警控制器类似，当检查人员按下自检按钮，即把模拟火灾信号送至各区域报警控制器。若有故障，显示这一组的部位号，不显示的部位号为故障点。对各区域的巡检，有助于了解和掌握各区域报警控制器的工作情况。

### 8.3.3　通用火灾报警控制器

通用火灾报警控制器是通过硬件及软件的配置，既可作区域级使用，直接连接火灾探测器，又可作集中级使用，连接区域火灾报警控制器。

按其使用环境可分为陆用型火灾报警控制器和船用型火灾报警控制器。陆用型火灾报警控制器即一般常用的火灾报警控制器。环境指标：温度-10~50℃，相对湿度≤92% [（40±2)℃]，风速<5m/s，气压85~106kPa。船用型火灾报警控制器的工作温度、相对湿度等环境要求均高于陆用型。

按其结构形式可分为台式火灾报警控制器、柜式火灾报警控制器和壁挂式火灾报警控制器三种。

台式火灾报警控制器连接火灾探测器的数量较多，联动控制较复杂，操作使用较方便，消防控制室（中心）面积较大的工程可选用台式机形式。

柜式火灾报警控制器与台式火灾报警控制器基本要求相同，一般用于大、中型工程系统。

壁挂式火灾报警控制器连接火灾探测器的数量相应少一些，控制功能较简单，一般区域火灾报警控制器常采用此形式。

按其防爆性能可分为防爆型火灾报警控制器和非防爆型火灾报警控制器。防爆型火灾报警控制器具有防爆性能，常用于石油化工企业、油库、化学品仓库等易爆场合。非防爆型火灾报警控制器无防爆性能，民用建筑中使用的绝大多数火灾报警控制器均属此形式。

## 8.4 火灾自动报警控制系统的设计

### 8.4.1 火灾探测器的选择与布置

#### 1. 火灾探测器的选择原则

在火灾自动报警系统的设计中，选择火灾探测器的种类，要根据探测区域内可能发生的初期火灾的形成和发展特点、房间高度、环境条件，以及可能引起误报的原因等因素综合确定。根据国家标准《火灾自动报警系统设计规范》（GB 50116—2013）的规定，火灾探测器的选择应符合以下要求。

1) 对火灾初期有阴燃阶段，产生大量的烟和少量的热，很少或没有火焰辐射的场所，应选择感烟火灾探测器。

2) 对火灾发展迅速，可产生大量热、烟和火焰辐射的场所，可选择感温火灾探测器、感烟火灾探测器、火焰探测器或其组合。

3) 对火灾发展迅速，有强烈的火焰辐射和少量的烟、热的场所，应选择火焰探测器。

4) 对火灾初期有阴燃阶段，且需要早期探测的场所，宜增设一氧化碳火灾探测器。

5) 对使用、生产可燃气体或可燃蒸气的场所，应选择可燃气体火灾探测器。

6) 应根据保护场所可能发生火灾的部位和燃烧材料的分析，以及火灾探测器的类型、灵敏度和响应时间等选择相应的火灾探测器，对火灾形成特征不可预料的场所，可根据模拟试验的结果选择火灾探测器。

7) 同一探测区域内设置多个火灾探测器时，可选择具有复合判断火灾功能的火灾探测器和火灾报警控制器。

### 2．火灾探测器的适用场所

火灾探测器的适用场所见表 8-1。

表 8-1　常用火灾探测器的适用场所

| 序号 | 场所或类型 | 感烟 离子 | 感烟 光电 | 感温 定温 | 感温 差温 | 感温 差定温 | 感温 缆式 | 火焰 红外 | 火焰 紫外 | 说明 |
|---|---|---|---|---|---|---|---|---|---|---|
| 1 | 饭店、旅馆、教学楼、办公楼的厅堂、卧室、办公室、商场、列车载客车厢等 | ○ | ○ | | | | | | | 厅堂、办公室、会议室;值班室、娱乐室、接待室等,灵敏度档次为中、低,可延时;卧室、病房、休息厅、衣帽室、展览室等,灵敏度档次为高 |
| 2 | 计算机房、通信机房、电影或电视放映室等 | ○ | ○ | | | | | | | 这些场所灵敏度要高或高、中档次联合使用 |
| 3 | 楼梯、走道、电梯机房、车库等 | ○ | ○ | | | | | | | 灵敏度档次为高、中 |
| 4 | 书库、档案库等 | ○ | ○ | | | | | | | 灵敏度档次为高 |
| 5 | 有电器火灾危险 | ○ | ○ | | | | | | | 早期热解产物,气溶胶微粒小,可用离子型;气熔胶微粒大,可用光电型 |
| 6 | 气流速度大于 5m/s | × | ○ | | | | | | | |
| 7 | 相对湿度经常高于95% | × | | | | ○ | | | | 根据不同要求也可选用定温或差温 |
| 8 | 有大量粉尘、水雾滞留 | × | × | ○ | ○ | ○ | | | | 根据具体要求选用 |
| 9 | 有可能发生无烟火灾 | × | × | ○ | ○ | ○ | | | | 根据具体要求选用 |
| 10 | 在正常情况下,有烟和蒸气滞留 | × | × | ○ | ○ | ○ | | | | 根据具体要求选用 |
| 11 | 有可能产生蒸气和油雾 | | × | | | | | | | |
| 12 | 厨房、锅炉房、发电机房、茶炉房、烘干车间等 | | | ○ | | ○ | | | | 在正常高温下,感温探测器的额定动作温度值可定得高些,或选用高温感温探测器 |
| 13 | 吸烟室、小会议室等 | | | | ○ | ○ | | | | 若选用感烟探测器,则应选低灵敏度档次 |
| 14 | 汽车库 | | | | ○ | ○ | | | | |
| 15 | 其他不宜安装感烟火灾探测器的厅堂和公共场所 | × | × | ○ | ○ | ○ | | | | |
| 16 | 可能发生了阴燃或者若发生火灾不及早报警将造成重大损失的场所 | ○ | ○ | × | × | × | | | | |
| 17 | 温度在 0℃ 以下 | | | × | | | | | | |
| 18 | 正常情况下,温度变化较大的场所 | | | | × | | | | | |

（续）

| 序号 | 场所或类型 | 感烟 | | 感温 | | | | 火焰 | | 说　明 |
|---|---|---|---|---|---|---|---|---|---|---|
| | | 离子 | 光电 | 定温 | 差温 | 差定温 | 缆式 | 红外 | 紫外 | |
| 19 | 可能产生腐蚀性气体 | × | | | | | | | | |
| 20 | 产生醇类、醚类、酮类等有机物质 | × | | | | | | | | |
| 21 | 可能产生黑烟 | | × | | | | | | | |
| 22 | 存在高频电磁干扰 | | × | | | | | | | |
| 23 | 银行、百货店、商场、仓库 | ○ | ○ | | | | | | | |
| 24 | 火灾时有强烈的火焰辐射 | | | | | | | ○ | ○ | 如：含有易燃材料的房间、飞机库、油库、海上石油钻井和开采平台；炼油裂化厂等 |
| 25 | 需要对火焰做出快速反应 | | | | | | | ○ | ○ | 如：镁和金属粉末的生产，大型仓库、码头 |
| 26 | 无阴燃阶段的火灾 | | | | | | | ○ | ○ | |
| 27 | 博物馆、美术馆、图书馆 | ○ | ○ | | | | | ○ | ○ | |
| 28 | 电站、变压器间、配电室 | ○ | ○ | | | | | ○ | ○ | |
| 29 | 可能发生无焰火灾 | | | | | | | × | × | |
| 30 | 在火焰出现前有浓烟扩散 | | | | | | | × | × | |
| 31 | 探测器的镜头易被污染 | | | | | | | × | × | |
| 32 | 探测器的"视线"易被油雾、烟雾、水雾和冰雪遮挡 | | | | | | | × | × | |
| 33 | 探测器易受阳光或其他光源直接或间接照射 | | | | | | | × | × | |
| 34 | 在正常情况下有明火作业以及 X 射线、弧光等影响 | | | | | | | × | × | |
| 35 | 电缆隧道、电缆竖井、电缆夹层等 | | | | | | | | ○ | 发电厂、变电站、化工厂、钢铁厂 |
| 36 | 原料堆垛 | | | | | | | | ○ | 纸浆厂、造纸厂、卷烟厂及工业易燃堆垛 |
| 37 | 仓库堆垛 | | | | | | | | ○ | 粮食、棉花仓库及易燃仓库堆垛 |

（续）

| 序号 | 探测器类型<br>场所或类型 | 感烟 | | 感温 | | | | 火焰 | | 说　明 |
|---|---|---|---|---|---|---|---|---|---|---|
| | | 离子 | 光电 | 定温 | 差温 | 差定温 | 缆式 | 红外 | 紫外 | |
| 38 | 配电装置、开关设备、变压器、电控中心 | | | | | | | ○ | | |
| 39 | 地铁、名胜古迹、市政设施 | | | | | | ○ | | | |
| 40 | 耐碱、防潮、耐低温等恶劣环境 | | | | | | ○ | | | |
| 41 | 带式运输机、生产流水线和滑道的易燃部位 | | | | | | ○ | | | |
| 42 | 控制室、计算机室的闷顶内、地板下及重要设施隐蔽处等 | | | | | | ○ | | | |
| 43 | 其他环境恶劣，不适合点型感烟探测器安装的场所 | | | | | | ○ | | | |

注：1. 符号说明：在表中，"○"为适合的探测器，应优先选用；"×"为不适合的探测器，不应选用；空白，无符号表示，须谨慎使用。

2. 在散发可燃性气体和可燃蒸气的场所宜选用可燃气体探测器，实现早期报警。

3. 对可靠性要求高、需要有自动联动装置或安装自动灭火系统时，宜采用感烟、感温、火焰探测器（同类型或不同类型）的组合。这些场所通常重要性很高，火灾危险性很大。

4. 在实际使用中，如果在所列项目中找不到时，可以参照类似场所。如果没有把握或很难判定是否合适时，最好做燃烧模拟试验最终确定。

5. 下列场所可不设火灾探测器：①厕所、浴室等；②不能有效探测火灾者；③不便维修、使用（重点部位除外）者。

**3. 点型火灾探测器的设置**

1）对不同高度的房间，可按表 8-2 选择点型火灾探测器。

表 8-2　房间高度与点型火灾探测器选择关系

| 房间高度 h/m | 点型感烟火灾探测器 | 点型感温火灾探测器 | | | 火焰探测器 |
|---|---|---|---|---|---|
| | | A1、A2 | B | C、D、E、F、G | |
| 12<h≤20 | 不适合 | 不适合 | 不适合 | 不适合 | 适合 |
| 8<h≤12 | 适合 | 不适合 | 不适合 | 不适合 | 适合 |
| 6<h≤8 | 适合 | 适合 | 不适合 | 不适合 | 适合 |
| 4<h≤6 | 适合 | 适合 | 适合 | 不适合 | 适合 |
| h≤4 | 适合 | 适合 | 适合 | 适合 | 适合 |

注：表中 A1、A2、B、C、D、E、F、G 为点型感温火灾探测器的不同类别，其具体参数应符合《火灾自动报警系统设计规范》（GB 50116—2013）附录 C 的规定。

2）点型火灾探测器的设置数量。探测区域内的每个房间至少应设置一只火灾探测器，一个探测区域内所需设置的探测器数量，不应小于下式的计算值：

$$N = \frac{S}{KA} \tag{8-1}$$

式中　　$N$——探测器数（只），应取整数；

　　　　$S$——该探测区域面积（$m^2$）；

　　　　$A$——探测器的保护面积（$m^2$）；

　　　　$K$——修正系数，容纳人数超过 10000 人的公共场所宜取 0.7~0.8；容纳人数为 2000~10000 人的公共场所宜取 0.8~0.9；容纳人数为 500~2000 人的公共场所宜取 0.9~1.0，其他场所可取 1.0。

3）点型火灾探测器的安装位置应符合如下要求：

a. 火灾探测器周围 0.5m 范围内，不应有遮挡物。

b. 火灾探测器至墙壁、梁边的水平距离，不应小于 0.5m，否则对感烟探测器的进烟或感温探测器的受热会有影响，造成探测器迟报警或不报警，不能达到早期火灾预报的目的。

c. 感烟火灾探测器至空调送风口边的水平距离，不应小于 1.5m，因为气流会影响烟的扩散，可能会造成探测器迟报或不报警，但可以靠近回风口安装，距回风口边也至少有 40cm 的水平距离。

d. 梁对烟气流、热气流会形成障碍，并会吸收一部分热量，因此会影响火灾探测器的保护面积。如果梁间净距小于 1m，可不计梁对探测器保护面积的影响；如果梁突出顶棚的高度小于 200mm，可不考虑梁对探测器保护面积的影响；如果梁突出顶棚的高度为 200~600mm，应按《火灾自动报警系统设计规范》（GB 50116—2013）附录 F、附录 G 确定梁对探测器保护面积的影响和一只探测器能保护的梁间区域的数量。如果梁突出顶棚的高度超过 600 mm，被梁隔断的每个梁间区域应至少设置一只探测器。

e. 房间被书架、设备或隔断等分隔，其顶部至顶棚或梁的距离小于房间净高的 5% 时，每个被隔开的部分应安装一只探测器。

f. 多孔顶棚（即网络结构要考虑孔的影响）孔径极小时，可看作封闭结构，不考虑孔的影响。孔径较大且有把握认为烟可进入顶棚时，即可看作敞开，不考虑顶棚的存在，探测器可以设置在顶棚内。当孔径不是很大，但可能形成一个空气覆盖层，阻碍燃烧产生的烟和热到达探测器时，应采取挡风措施，使探测器至孔口水平距离不小于 0.5m。

g. 感烟探测器下表面至顶棚（或屋顶）应有必要的距离。因为顶棚（或屋顶）下可能会产生热屏障，从而影响烟的扩散，使烟不能达到探测器的位置。此距离大小视顶棚（或屋顶）形状和房间高度而定，详见表 8-3。

h. 火灾探测器宜水平安装。当必须倾斜安装时，倾斜角不应大于 45°。

i. 当环境中存在热源时，如太阳、加热设备等，其周围会形成热屏障（热空气滞留层），人字形或锯齿形屋顶更为严重。探测器设置应避开热源，应在每个屋脊处设置一排探测器，探测器下表面距屋顶最高处距离应符合表 8-3 所示的数据。

表 8-3　感烟探测器下表面与顶棚或屋顶的距离

| 探测器的安装高度 $h/m$ | 感烟探测器下表面距顶棚或屋顶的距离 $d/mm$ | | | | | |
|---|---|---|---|---|---|---|
| | 顶棚或屋顶坡度 $\theta$ | | | | | |
| | $\theta \leqslant 15°$ | | $15° < \theta \leqslant 30°$ | | $\theta > 30°$ | |
| | 最小 | 最大 | 最小 | 最大 | 最小 | 最大 |
| $h \leqslant 6$ | 30 | 200 | 200 | 300 | 300 | 500 |

（续）

| 探测器的安装高度 $h/m$ | 感烟探测器下表面距顶棚或屋顶的距离 $d/mm$ | | | | | |
|---|---|---|---|---|---|---|
| | 顶棚或屋顶坡度 $\theta$ | | | | | |
| | $\theta \leqslant 15°$ | | $15° < \theta \leqslant 30°$ | | $\theta > 30°$ | |
| | 最小 | 最大 | 最小 | 最大 | 最小 | 最大 |
| $6 < h \leqslant 8$ | 70 | 250 | 250 | 400 | 400 | 600 |
| $8 < h \leqslant 10$ | 100 | 300 | 300 | 500 | 500 | 700 |
| $10 < h \leqslant 12$ | 150 | 350 | 350 | 600 | 600 | 800 |

j. 火灾探测器在以下特定场所的安装位置：①过道：小于 3m 宽度时应居中安装，感烟探测器间距不超过 15m，感温探测器间超过 10m，建议在过道的交叉或汇合处安装一只探测器。②电梯井、升降机井：探测器宜设置在井道上方的机房顶棚上。③楼梯间：至少每隔 3~4 层设置 1 只探测器，若被防火门、防火卷帘门等隔开，则隔开部位应安装一只探测器，楼梯顶层应设置探测器。④锅炉房：探测器安装要避开防爆门、远离炉口、燃烧口及燃料填充口等。⑤厨房：厨房内有烟气，还有蒸汽、油雾等，感烟探测器易发生误报，不宜使用，使用感温探测器，且要避开蒸汽流等热源。

**4. 线型火灾探测器的设置与安装**

线型火灾探测器的选择应符合以下原则：

1）无遮挡的大空间或有特殊要求的房间，宜选择线型光束感烟火灾探测器。

2）不宜选择线型光束感烟火灾探测器的场所是：

a. 有大量粉尘、水雾滞留。

b. 可能产生蒸气和油雾。

c. 在正常情况下有烟滞留。

d. 固定探测器的建筑结构由于振动等原因会产生较大位移的场所。

3）宜选择缆式线型感温火灾探测器的场所或部位是：

a. 电缆隧道、电缆竖井、电缆夹层、电缆桥架。

b. 不易安装点型探测器的夹层、闷顶。

c. 各种带式输送装置。

d. 其他环境恶劣不适合点型探测器安装的场所。

4）宜选择线型光纤感温火灾探测器的场所或部位是：

a. 除液化石油气外的石油储罐。

b. 需要设置线型感温火灾探测器的易燃易爆场所。

c. 需要监测环境温度的地下空间等场所宜设置具有实时温度监测功能的线型光纤感温火灾探测器。

d. 公路隧道、敷设动力电缆的铁路隧道和城市地铁隧道等。

5）线型定温火灾探测器的选择，应保证其不动作温度符合设置场所的最高环境温度的要求。

线型光束感烟火灾探测器的设置应符合以下要求：

1）探测器的光束轴线距顶棚的垂直距离宜为 0.3~1.0m，距地高度不宜超过 20m。

2）相邻两组探测器的水平距离不应大于14m。探测器至侧墙水平距离不应大于7m且不应小于0.5m。探测器的发射器和接收器之间的距离不宜超过100m。

3）探测器应设置在固定结构上。

4）选择反射式探测器时，应保证在反射板与探测器间任何部位进行模拟试验时，探测器均能正确响应。

线型感温火灾探测器的设置应符合以下要求：

1）探测器在保护电缆、堆垛等类似保护对象时，应采用接触式布置；在各种带式输送装置上设置时，宜设置在装置的过热点附近。

2）设置在顶棚下方的线型感温火灾探测器，至顶棚的距离宜为0.1m。探测器的保护半径符合点型感温火灾探测器保护半径要求；探测器至墙壁的距离宜为1~1.5m。

3）光栅光纤感温火灾探测器每个光栅的保护面积和保护半径，应符合点型感温火灾探测器保护面积和保护半径要求。

4）设置线型感温火灾探测器的场所有联动要求时，宜采用两只不同火灾探测器的报警信号组合。

5）与线型感温火灾探测器连接的模块不宜设置在长期潮湿或温度变化较大的场所。

**5. 火灾探测器的保护面积**

火灾探测器的保护面积是指一只探测器能有效探测的地面面积。火灾探测器的保护面积与诸多因素有关，是一个比较复杂的问题，至少要考虑以下几点。

（1）火灾探测器特性　一般来说，感烟火灾探测器的灵敏度高，保护面积也大。离子感烟探测器灵敏度分为两级，Ⅰ级使用于禁烟场所，Ⅱ级使用于一般场所，系统调试时可现场整定；感温火灾探测器整定的动作温度也就是灵敏度等级，一般灵敏度高，保护面积大。点型感温火灾探测器灵敏度共分为三级，Ⅰ级动作温度62℃，Ⅱ级动作温度70℃，Ⅲ级动作温度78℃。

（2）建筑物的结构特点

1）与房间高度和地面面积大小有关。对于感烟探测器，当其监视的地面面积大于80m²时，安装在顶棚上的探测器受其他环境条件的影响较小。房间越高，烟均匀扩散的区域越大，探测器保护的地面面积也越大，但感烟探测器的灵敏度要求也相应提高；对于感温探测器，房间越高，对流或辐射的热量减少，保护面积也减少，必须提高探测器的灵敏度等级才行。

2）与顶棚（或屋顶）的坡度有关。随着坡度的增大，烟雾和热气流沿斜顶棚向屋脊聚集、形成"烟囱效应"，使安装在屋脊的探测器进烟或感受热气流的机会增加，因此保护面积也增大。

3）与环境条件有关。环境温度和湿度、自然气流或空调系统及加热系统产生的热气流等，均可影响探测器保护面积。

点型感烟探测器、感温探测器的保护面积和保护半径应按表8-4所示确定。此外，对于线型光束感烟探测器，其保护面积可按下式计算

$$A = 14L \qquad (8-2)$$

式中　$A$——探测器保护面积（m²）；

$L$——光束长度，3~100m。

表8-4 点型感烟火灾探测器和A1、A2、B型感温火灾探测器的保护面积和保护半径

| 火灾探测器的种类 | 地面面积 $S$ /m$^2$ | 房间高度 $h$ /m | 一只探测器的保护面积 $A$ 和保护半径 $R$ | | | | | |
|---|---|---|---|---|---|---|---|---|
| | | | 屋顶坡度 $\theta$ | | | | | |
| | | | $\theta \leqslant 15°$ | | $15° < \theta \leqslant 30°$ | | $\theta > 30°$ | |
| | | | $A/m^2$ | $R/m$ | $A/m^2$ | $R/m$ | $A/m^2$ | $R/m$ |
| 感烟火灾探测器 | $S \leqslant 80$ | $h \leqslant 12$ | 80 | 7.7 | 80 | 7.2 | 80 | 8.0 |
| | $S > 80$ | $6 < h \leqslant 12$ | 80 | 7.7 | 100 | 8.0 | 120 | 9.9 |
| | | $h \leqslant 6$ | 60 | 5.8 | 80 | 7.2 | 100 | 9.0 |
| 感温探测器 | $S \leqslant 30$ | $h \leqslant 8$ | 30 | 4.4 | 30 | 4.9 | 30 | 5.5 |
| | $S > 30$ | $h \leqslant 8$ | 20 | 3.6 | 30 | 4.9 | 40 | 7.3 |

注：建筑物高度不超过14m的封闭探测空间，且火灾初期会产生大量的烟时，可设置点型感烟火灾探测器。

## 8.4.2 火灾自动报警系统设计

### 1. 一般要求

1）火灾自动报警系统可用于人员居住和经常有人滞留的场所、存放重要物资或燃烧后产生严重污染需要及时报警的场所。

2）火灾自动报警系统应设有自动和手动两种触发装置。自动触发装置，即火灾探测器，是系统中最基本的触发装置。它自动探测火灾，产生和发出火灾报警信号并将火灾报警信号传输给火灾报警控制器。手动触发装置，即手动火灾报警按钮，它是系统中必不可少的组成部分。

3）火灾自动报警系统设备应选用符合国家有关标准和有关市场准入制度的产品。

4）系统中各类设备之间的接口和通信协议的兼容性应符合现行国家标准《火灾自动报警系统组件兼容性要求》（GB 22134—2008）的有关规定。

5）任意一台火灾报警控制器连接的火灾探测器、手动火灾报警按钮和模块等设备总数和地址总数，均不应超过3200点，其中每一总线回路连接设备的总数不宜超过200点，且应留有不少于额定容量10%的余量；任意一台消防联动控制器的地址总数或火灾报警控制器（联动型）控制的各类模块总数不应超过1600点，每一联动总线回路连接设备的总数不宜超过100点，且应留有不少于额定容量10%的余量。

6）系统总线上应设置总线短路隔离器，每只总线短路隔离器保护的火灾探测器、手动火灾报警按钮和模块等消防设备的总数不应超过32点；总线穿越防火分区时，应在穿越处设置总线短路隔离器。

7）高度超过100m的建筑中，除消防控制室内设置的控制器外，每台控制器直接控制的火灾探测器、手动火灾报警按钮和模块等设备不应跨越避难层。

8）水泵控制柜、风机控制柜等消防电气控制装置不应采用变频启动方式。

9）地铁列车上设置的火灾自动报警系统，应能通过无线网络等方式将列车上发生火灾的部位信息传输给消防控制室。

### 2. 火灾自动报警系统形式的设计要求

（1）区域报警系统设计要求 区域报警系统是一种简单的报警系统。其保护对象一般是规模较小，对联动控制功能要求简单，或没有联控功能的场所。区域报警系统的设计，应

符合下列规定：

1）系统应由火灾探测器、手动火灾报警按钮、火灾声光警报器及火灾报警控制器等组成，系统中可包括消防控制室图形显示装置和指示楼层的区域显示器。

2）火灾报警控制器应设置在有人值班的场所。

3）系统设置消防控制室图形显示装置时，该装置应具有传输火灾报警信息、可燃气体探测报警信息、电气火灾监控报警信息、屏蔽信息、故障信息，系统还应具有设置部位、系统形式、维护保养单位名称、联系电话；控制器、探测器、手动火灾报警按钮、消防电气控制室等的类型、型号、数量、制造商；火灾自动报警系统图。系统未设置消防控制室图形显示装置时，应设置火警传输设备。

（2）集中报警系统的设计要求　集中报警系统是一种较复杂的报警系统，其保护对象一般规模较大，联动控制功能要求较复杂。集中报警系统的设计，应符合下列要求：

1）系统应由火灾探测器、手动火灾报警按钮、火灾声光警报器、消防应急广播、消防专用电话、消防控制室图形显示装置、火灾报警控制器、消防联动控制器等组成。

2）系统中火灾报警控制器、消防联动控制器和消防控制室图形显示装置、消防应急广播的控制装置、消防专用电话总机等起集中控制作用的消防设备，应设置在消防控制室内。

3）系统设置的消防控制室图形显示装置应具有传输火灾报警信息、可燃气体探测报警信息、电气火灾监控报警信息、屏蔽信息、故障信息，系统还应具有设置部位、系统形式、维护保养单位名称、联系电话；控制器、探测器、手动火灾报警按钮、消防电气控制室等的类型、型号、数量、制造商；火灾自动报警系统图。集中火灾报警控制器，应能显示火灾报警部位信号和控制信号，也可进行联动控制。

4）集中火灾报警控制器，消防联动控制设备等在消防控制室（或值班室）内的布置，应符合下列的规定：

① 设备面盘前的操作距离：单列布置时不应小于1.5m；双列布置时不应小于2m。

② 在值班人员经常工作的一面，设备面盘至墙的距离不应小于3m。

③ 设备面盘后的维修距离不宜小于1m。

④ 设备面盘的排列长度大于4m时，其两端应设置宽度不小于1m的通道。

⑤ 集中火灾报警控制器安装在墙上时其底边距地高度宜为1.3~1.5m，其靠近门轴的侧面距墙不应小于0.5m，正面操作距离不应小于1.2m。

3. 控制中心报警系统的设计要求

控制中心报警系统是一种复杂的报警系统。其保护对象一般规模大，联动控制功能要求复杂。控制中心报警系统的设计，应符合下列要求：

1）有两个及以上消防控制室时，应确定一个主消防控制室。

2）主消防控制室应能显示火灾报警信号和联动控制状态信号，并应能控制重要的消防设备；各分消防控制室内消防设备之间可互相传输、显示状态信息，但不应互相控制。

3）系统设置的消防控制室图形显示装置应具有传输《火灾自动报警系统设计规范》（GB 50116—2013）附录A和附录B规定的有关信息的功能。

4. 消防联动控制设计要求

消防联动设备是火灾自动报警系统的重要控制对象，联动控制的正确可靠与否，直接影响火灾扑救工作的成败。根据国家标准《火灾自动报警系统设计规范》（GB 50116—2013）

规定，消防联动控制设计应当符合下列要求：

1）当消防联动设备的编码控制模块和火灾探测器底座的控制信号和火警信号在同一总线回路上传输时，其传输总线应按消防控制线路的要求敷设，而不应按报警信号传输线路的要求敷设。即：采用暗敷时，宜采用金属管或阻燃型硬塑料管保护，并应敷设在不燃烧体的结构内，且保护层的厚度不宜小于 30mm。当采用明敷时，应采用金属管或金属线槽保护，并应在金属管或金属线槽上采取防火保护措施。当采用经阻燃处理的电缆时，可不穿金属管保护，但应敷设在电缆竖井或吊顶内有防火保护措施的封闭式线槽内。

2）消防水泵、防烟排烟风机的控制设备，当采用总线编码控制模块时，还应在消防控制室设置手动直接控制装置。这是因为，消防水泵、防烟排烟风机等属重要的消防设备，其动作的可靠性直接关系到消防灭火工作的成败。这些消防设备不应当单一采用火灾报警系统传输总线上的编码模块控制其启动，而应同时采用硬件电路直接启动的控制线路。

3）设置在消防控制室以外的消防联动控制设备的动作状态信号，均应在消防控制室显示，以便实行系统的集中控制管理。

5. 火灾应急广播

火灾应急广播是火灾自动报警系统中的一种重要的消防安全设备。根据《火灾自动报警系统设计规范》（GB 50116—2013）的规定，火灾应急广播的设置应符合下列要求：

1）控制中心报警系统应设置火灾应急广播，集中报警系统宜设置火灾应急广播。

2）火灾应急广播扬声器的设置应符合下列要求：

① 民用建筑内扬声器应设置在走道和大厅等公共场所，每个扬声器的额定功率不应小于 3W，其数量应能保证从一个防火区内的任何部位到最近一个扬声器的步行距离不大于 25m。走道内最后一个扬声器与走道末端的距离不应大于 12.5m。

② 在环境噪声大于 60dB 的场所设置的扬声器，在其播放范围内最远点的播放声压级应高于背景噪声 15dB。

③ 客房设置专用扬声器时，其功率不宜小于 1.0W。

3）火灾应急广播与公共广播合用时，应符合下列要求：

① 火灾时应能在消防控制室将火灾疏散层的扬声器和公共广播扩音机强制转入火灾应急广播状态。

② 消防控制中心应能监控用于火灾应急广播时的扩音机的工作状态，并应具有遥控开启扩音机和采用传声器播音的功能。

③ 床头控制柜内设有服务性音乐广播扬声器时，应有火灾应急广播功能。

④ 应设置火灾应急广播备用扩音机，其容量不应小于火灾时需同时广播的范围内，火灾应急广播扬声器最大容量总和的 1.5 倍。

6. 消防专用电话

消防专用电话是重要的消防通信工具之一。为了保证火灾自动报警系统快速反应和可靠报警，同时保证火灾时消防通信指挥畅通，消防专用电话的设置应符合下列要求：

1）消防专用电话网络应为独立的消防通信系统，而不得利用一般电话线路或综合布线系统（POS 系统）代替。

2）消防控制室应设置消防专用电话总机，且宜选择共电式电话总机或对讲通信电话设备。消防专用电话总机与电话分机或塞孔之间的呼叫方式应当是直通的，而不应有交换或转接程序。

3）电话分机或电话塞孔的设置应符合下列要求：

① 下列部位应设置消防专用电话分机：消防水泵房，备用发电机房，配变电室，主要通风，空调机房，排烟机房，消防电梯机房及其他与消防联动控制有关的且经常有人值班的机房；灭火控制系统操作装置处或控制室；企业消防站、消防值班室、总调度室。

② 设有手动火灾报警按钮、消火栓按钮等处宜设置电话塞孔。电话塞孔在墙上安装时，其底边距地高度宜为1.3~1.5m。

③ 特级保护对象的各避难层应每隔20m设置消防专用电话分机或塞孔。

④ 消防控制室、消防值班室或企业消防站等处应设置可直接报警的外线电话。

### 7. 系统接地

火灾自动报警系统属于电子设备，接地良好与否对系统工作影响很大。特别是大多数采用微机控制的火灾自动报警系统，若不能正确合理地解决接地问题，将导致系统不能正常可靠地工作。这里所说的接地，是指工作接地，即为保证系统中"零"电位点稳定可靠而采取的接地。根据国家标准《火灾自动报警系统设计规范》（GB 50116—2013）规定，系统接地应符合下列要求：

1）火灾自动报警系统接地装置的接地电阻值应符合下列要求：

① 采用专用接地装置时，接地电阻值不应大于4Ω。

② 采用共用接地装置时，接地电阻值不应大于1Ω。

2）火灾自动报警系统应设置专用接地干线，并应在消防控制室设置专用接地板。专用接地干线应从消防控制中心专用接地板引至接地体。

3）专用接地干线应采用铜芯绝缘导线，其芯线截面面积不应小于$25mm^2$。专用接地干线宜穿硬质塑料管埋设至接地体。

4）由消防控制室接地板引至各消防电子设备的专用接地线应选用铜芯塑料绝缘导线，其芯线截面面积不应小于$4mm^2$。

5）消防电子设备凡采用交流供电时，设备金属外壳和金属支架等应做保护接地，接地线应与电气保护接地干线（PE线）连接。

思考题与习题

1. 火灾探测器的种类及作用是什么？
2. 点型火灾探测器的数量如何确定？
3. 火灾报警控制器的种类及功能是什么？

# 给水钢管（水煤气管）水力计算表

（流量 $q_g$ 为 L/s、管径 $D$ 为 mm、流速 $v$ 为 m/s、单位管长的水头损失 $i$ 为 kPa/m）

| $q_g$ | D15 | | D20 | | D25 | | D32 | | D40 | | D50 | | D60 | | D80 | | D100 | |
|---|---|---|---|---|---|---|---|---|---|---|---|---|---|---|---|---|---|---|
| | $v$ | $i$ | $v$ | $i$ | $v$ | $i$ | $v$ | $i$ | $v$ | $i$ | $v$ | $i$ | $v$ | $i$ | $v$ | $i$ | $v$ | $i$ |
| 0.05 | 0.29 | 0.284 | | | | | | | | | | | | | | | | |
| 0.07 | 0.41 | 0.518 | 0.22 | 0.111 | | | | | | | | | | | | | | |
| 0.10 | 0.58 | 0.985 | 0.31 | 0.208 | | | | | | | | | | | | | | |
| 0.12 | 0.70 | 1.37 | 0.37 | 0.288 | 0.23 | 0.086 | | | | | | | | | | | | |
| 0.14 | 0.82 | 1.82 | 0.43 | 0.38 | 0.26 | 0.113 | | | | | | | | | | | | |
| 0.16 | 0.94 | 2.34 | 0.50 | 0.485 | 0.30 | 0.143 | | | | | | | | | | | | |
| 0.18 | 1.05 | 2.91 | 0.56 | 0.601 | 0.34 | 0.176 | | | | | | | | | | | | |
| 0.20 | 1.17 | 3.54 | 0.62 | 0.72 | 0.38 | 0.213 | 0.21 | 0.05 | | | | | | | | | | |
| 0.25 | 1.46 | 5.51 | 0.78 | 1.09 | 0.47 | 0.318 | 0.26 | 0.07 | 0.20 | 0.03 | | | | | | | | |
| 0.30 | 1.76 | 7.93 | 0.93 | 1.53 | 0.56 | 0.442 | 0.32 | 0.10 | 0.24 | 0.05 | | | | | | | | |
| 0.35 | | | 1.09 | 2.04 | 0.66 | 0.586 | 0.37 | 0.141 | 0.28 | 0.08 | | | | | | | | |
| 0.40 | | | 1.24 | 2.63 | 0.75 | 0.748 | 0.42 | 0.17 | 0.32 | 0.08 | | | | | | | | |
| 0.45 | | | 1.40 | 3.33 | 0.85 | 0.932 | 0.47 | 0.22 | 0.36 | 0.11 | 0.21 | 0.031 | | | | | | |
| 0.50 | | | 1.55 | 4.11 | 0.94 | 1.13 | 0.53 | 0.26 | 0.40 | 0.13 | 0.23 | 0.037 | | | | | | |
| 0.55 | | | 1.71 | 4.97 | 1.04 | 1.35 | 0.58 | 0.31 | 0.44 | 0.15 | 0.26 | 0.044 | | | | | | |
| 0.60 | | | 1.86 | 5.91 | 1.13 | 1.59 | 0.63 | 0.37 | 0.48 | 0.18 | 0.28 | 0.051 | | | | | | |
| 0.65 | | | 2.02 | 6.94 | 1.22 | 1.85 | 0.68 | 0.43 | 0.52 | 0.21 | 0.31 | 0.059 | | | | | | |
| 0.70 | | | | | 1.32 | 2.14 | 0.74 | 0.49 | 0.56 | 0.24 | 0.33 | 0.068 | 0.20 | 0.020 | | | | |
| 0.75 | | | | | 1.41 | 2.46 | 0.79 | 0.56 | 0.60 | 0.28 | 0.35 | 0.077 | 0.21 | 0.023 | | | | |
| 0.80 | | | | | 1.51 | 2.79 | 0.84 | 0.63 | 0.64 | 0.31 | 0.38 | 0.085 | 0.23 | 0.025 | | | | |
| 0.85 | | | | | 1.60 | 3.16 | 0.90 | 0.70 | 0.68 | 0.35 | 0.40 | 0.096 | 0.24 | 0.028 | | | | |
| 0.90 | | | | | 1.69 | 3.54 | 0.95 | 0.78 | 0.72 | 0.39 | 0.42 | 0.107 | 0.25 | 0.0311 | | | | |
| 0.95 | | | | | 1.79 | 3.94 | 1.00 | 0.86 | 0.76 | 0.43 | 0.45 | 0.118 | 0.27 | 0.0342 | | | | |
| 1.00 | | | | | 1.88 | 4.37 | 1.05 | 0.95 | 0.80 | 0.47 | 0.47 | 0.129 | 0.28 | 0.0376 | 0.20 | 0.016 | | |
| 1.10 | | | | | 2.07 | 5.28 | 1.16 | 1.14 | 0.87 | 0.56 | 0.52 | 0.153 | 0.31 | 0.0444 | 0.22 | 0.019 | | |
| 1.20 | | | | | | | 1.27 | 1.35 | 0.95 | 0.66 | 0.56 | 0.18 | 0.34 | 0.0518 | 0.24 | 0.022 | | |
| 1.30 | | | | | | | 1.37 | 1.59 | 1.03 | 0.76 | 0.61 | 0.208 | 0.37 | 0.0599 | 0.26 | 0.026 | | |
| 1.40 | | | | | | | 1.48 | 1.84 | 1.11 | 0.88 | 0.66 | 0.237 | 0.40 | 0.0683 | 0.28 | 0.029 | | |
| 1.50 | | | | | | | 1.58 | 2.11 | 1.19 | 1.01 | 0.71 | 0.27 | 0.42 | 0.0772 | 0.30 | 0.033 | | |
| 1.60 | | | | | | | 1.69 | 2.40 | 1.27 | 1.14 | 0.75 | 0.304 | 0.45 | 0.0870 | 0.32 | 0.037 | | |
| 1.70 | | | | | | | 1.79 | 2.71 | 1.35 | 1.29 | 0.80 | 0.340 | 0.48 | 0.0969 | 0.34 | 0.041 | | |
| 1.80 | | | | | | | 1.90 | 3.04 | 1.43 | 1.44 | 0.85 | 0.378 | 0.51 | 0.107 | 0.36 | 0.046 | | |

（续）

| $q_g$ | D15 | | D20 | | D25 | | D32 | | D40 | | D50 | | D60 | | D80 | | D100 | |
|---|---|---|---|---|---|---|---|---|---|---|---|---|---|---|---|---|---|---|
| | $v$ | $i$ | $v$ | $i$ | $v$ | $i$ | $v$ | $i$ | $v$ | $i$ | $v$ | $i$ | $v$ | $i$ | $v$ | $i$ | $v$ | $i$ |
| 1.90 | | | | | | | 2.00 | 3.39 | 1.51 | 1.61 | 0.89 | 0.418 | 0.54 | 0.119 | 0.38 | 0.051 | | |
| 2.0 | | | | | | | | | 1.59 | 1.78 | 0.94 | 0.460 | 0.57 | 0.13 | 0.40 | 0.056 | 0.23 | 0.014 |
| 2.2 | | | | | | | | | 1.75 | 2.16 | 1.04 | 0.549 | 0.62 | 0.155 | 0.44 | 0.066 | 0.25 | 0.017 |
| 2.4 | | | | | | | | | 1.91 | 2.56 | 1.13 | 0.645 | 0.68 | 0.182 | 0.48 | 0.077 | 0.28 | 0.020 |
| 2.6 | | | | | | | | | 2.07 | 3.01 | 1.22 | 0.749 | 0.74 | 0.21 | 0.52 | 0.090 | 0.30 | 0.023 |
| 2.8 | | | | | | | | | | | 1.32 | 0.869 | 0.79 | 0.241 | 0.56 | 0.103 | 0.32 | 0.026 |
| 3.0 | | | | | | | | | | | 1.41 | 0.998 | 0.85 | 0.274 | 0.60 | 0.117 | 0.35 | 0.029 |
| 3.5 | | | | | | | | | | | 1.65 | 1.36 | 0.99 | 0.365 | 0.70 | 0.155 | 0.40 | 0.039 |
| 4.0 | | | | | | | | | | | 1.88 | 1.77 | 1.13 | 0.468 | 0.81 | 0.198 | 0.46 | 0.050 |
| 4.5 | | | | | | | | | | | 2.12 | 2.24 | 1.28 | 0.586 | 0.91 | 0.246 | 0.52 | 0.062 |
| 5.0 | | | | | | | | | | | 2.35 | 2.77 | 1.42 | 0.723 | 1.01 | 0.30 | 0.58 | 0.074 |
| 5.5 | | | | | | | | | | | 2.59 | 3.35 | 1.56 | 0.875 | 1.11 | 0.358 | 0.63 | 0.089 |
| 6.0 | | | | | | | | | | | | | 1.70 | 1.04 | 1.21 | 0.421 | 0.69 | 0.105 |
| 6.5 | | | | | | | | | | | | | 1.84 | 1.22 | 1.31 | 0.494 | 0.75 | 0.121 |
| 7.0 | | | | | | | | | | | | | 1.99 | 1.42 | 1.41 | 0.573 | 0.81 | 0.139 |
| 7.5 | | | | | | | | | | | | | 2.13 | 1.63 | 1.51 | 0.657 | 0.87 | 0.158 |
| 8.0 | | | | | | | | | | | | | 2.27 | 1.85 | 1.61 | 0.748 | 0.92 | 0.178 |
| 8.5 | | | | | | | | | | | | | 2.41 | 2.09 | 1.71 | 0.844 | 0.98 | 0.199 |
| 9.0 | | | | | | | | | | | | | 2.55 | 2.34 | 1.81 | 0.946 | 1.04 | 0.221 |
| 9.5 | | | | | | | | | | | | | | | 1.91 | 1.05 | 1.10 | 0.245 |
| 10.0 | | | | | | | | | | | | | | | 2.01 | 1.17 | 1.15 | 0.269 |
| 10.5 | | | | | | | | | | | | | | | 2.11 | 1.29 | 1.21 | 0.295 |
| 11.0 | | | | | | | | | | | | | | | 2.21 | 1.41 | 1.27 | 0.324 |
| 11.5 | | | | | | | | | | | | | | | 2.32 | 1.55 | 1.33 | 0.354 |
| 12.0 | | | | | | | | | | | | | | | 2.42 | 1.68 | 1.39 | 0.385 |
| 12.5 | | | | | | | | | | | | | | | 2.52 | 1.83 | 1.44 | 0.418 |
| 13.0 | | | | | | | | | | | | | | | | | 1.50 | 0.452 |
| 14.0 | | | | | | | | | | | | | | | | | 1.62 | 0.524 |
| 15.0 | | | | | | | | | | | | | | | | | 1.73 | 0.602 |
| 16.0 | | | | | | | | | | | | | | | | | 1.85 | 0.685 |
| 17.0 | | | | | | | | | | | | | | | | | 1.96 | 0.773 |
| 20.0 | | | | | | | | | | | | | | | | | 2.31 | 1.07 |

# 参 考 文 献

[1] 中华人民共和国公安部. 建筑设计防火规范：GB 50016—2014 [S]. 北京：中国计划出版社，2014.

[2] 中华人民共和国公安部. 消防给水及消火栓系统技术规范：GB 50974—2014 [S]. 北京：中国计划出版社，2014.

[3] 上海市城乡建设和交通委员会. 建筑给水排水设计规范（2009 年版）：GB 50015—2003 [S]. 北京：中国计划出版社，2010.

[4] 中华人民共和国住房和城乡建设部. 自动喷水灭火系统设计规范：GB 50084—2017 [S]. 北京：中国计划出版社，2017.

[5] 中华人民共和国住房和城乡建设部. 建筑防烟排烟系统技术标准：GB 51251—2017 [S]. 北京：中国计划出版社，2017.

[6] 李亚峰，张克峰. 建筑给水排水工程 [M]. 3 版. 北京：机械工业出版社，2018.

[7] 李亚峰，李军，崔焕颖. 建筑工程消防实例教程 [M]. 2 版. 北京：机械工业出版社，2015.

[8] 中华人民共和国公安部. 汽车库、修车库、停车场设计防火规范：GB 50067—2014 [S]. 北京：中国计划出版社，2014.

[9] 李亚峰，班福忱，蒋白懿，等. 高层建筑给水排水工程 [M]. 2 版. 北京：机械工业出版社，2016.

[10] 中华人民共和国住房和城乡建设部. 泡沫灭火系统设计规范：GB 50151—2010 [S]. 北京：中国计划出版社，2010.

[11] 中华人民共和国住房和城乡建设部. 人民防空工程设计防火规范：GB 50098—2009 [S]. 北京：中国计划出版社，2009.

[12] 中华人民共和国建设部. 干粉灭火系统设计规范：GB 50347—2004 [S]. 北京：中国计划出版社，2004.

[13] 中华人民共和国公安部. 固定消防炮灭火系统设计规范：GB 50338—2003 [S]. 北京：中国计划出版社，2003.

[14] 黄晓家，姜文源. 自动喷洒灭火系统设计手册 [M]. 北京：中国建筑工业出版社，2002.

[15] 崔长起，任放. 建筑消防设施·消防给水及消火栓系统工程设计规范解读 [M]. 北京：中国建筑工业出版社，2016.

[16] 徐志嫱，李梅. 建筑消防工程 [M]. 北京：中国建筑工业出版社，2009.

[17] 沈晔. 楼宇自动化技术与工程 [M]. 3 版. 北京：机械工业出版社，2014.

[18] 公安部消防局. 火灾自动报警系统设计规范：GB 50116—2013 [S]. 北京：中国计划出版社，2014.

# 信息反馈表

尊敬的老师：您好！

感谢您多年来对机械工业出版社的支持和厚爱！为了进一步提高我社教材的出版质量，更好地为我国高等教育发展服务，欢迎您对我社的教材多提宝贵意见和建议。另外，如果您在教学中选用了《建筑消防工程》第 2 版（李亚峰 唐婧 余海静等编著），欢迎您提出修改建议和意见。索取课件的授课教师，请填写下面的信息，发送邮件即可。

## 一、基本信息

姓名：_____ 性别：_____ 职称：_____ 职务：_____

邮编：_____ 地址：_____

学校：_____ 院系：_____ 任课专业：_____

任教课程：_____ 手机：_____ 电话：_____

电子邮件：_____ QQ：_____

## 二、您对本书的意见和建议

（欢迎您指出本书的疏误之处）

## 三、您对我们的其他意见和建议

**请与我们联系：**

100037 机械工业出版社·高等教育分社

Tel：010-88379542（O）刘涛

E-mail：Ltao929@163.com QQ：1847737699

http://www.cmpedu.com（机械工业出版社·教育服务网）

http://www.cmpbook.com（机械工业出版社·门户网）